国家林业和草原局普通高等教育"十三五"规划教材
天目山大学生野外实践教育基地联盟系列教材

天目山动物学实践教程

高 欣 王义平 主编

中国林业出版社
China Forestry Publishing House

内容简介

《天目山动物学实践教程》是国家林业和草原局普通高等教育"十三五"规划教材,是在多年动物学野外实习实践的基础上,根据生物学和农林学科发展的新形势编写而成。全书共分9章,主要内容包括:第1章动物学实习概述,包括实习的目的、实习组织与实施、天目山自然保护区概况;第2章软体动物,包括软体动物基本形态特征、天目山区常见软体动物分类与识别;第3章蜘蛛,包括蜘蛛的基本形态特征、天目山区常见蜘蛛分类与识别;第4章昆虫,包括昆虫基本形态特征,昆虫的调查、采集与标本制作、天目山区常见昆虫分类与识别;第5章鱼类,包括鱼类的基本形态特征、鱼类的采集与记录、天目山区常见鱼类分类与识别;第6章两栖动物,包括两栖动物的基本形态特征、天目山区常见两栖动物分类与识别;第7章爬行动物,包括爬行动物的基本形态特征、天目山区常见爬行动物分类与识别;第8章鸟类,包括鸟类的基本形态特征、鸟类的调查与识别、天目山区常见鸟类分类与识别;第9章兽类,包括兽类的基本形态特征、兽类调查、天目山区常见兽类分类与识别。书后附有天目山区常见动物彩色图片。

本书是高等农林、师范院校及综合类院校林学、森林保护、植物保护、野生动植物保护与利用、动植物检验检疫、生物科学、动物科学、生物技术、生态学、生态工程等专业本、专科学生、函授学生的专业基础课实践教材,也可供自然保护区、农业、林业、水利、环境保护等部门的科技、管理工作者参考使用。

图书在版编目(CIP)数据

天目山动物学实践教程/高欣,王义平主编. —北京:中国林业出版社,2022.6
国家林业和草原局普通高等教育"十三五"规划教材
天目山大学生野外实践教育基地联盟系列教材
ISBN 978-7-5219-1734-5

Ⅰ.①天… Ⅱ.①高… ②王… Ⅲ.天目山-动物学-高等学校-教材
Ⅳ.①Q958.525.53

中国版本图书馆 CIP 数据核字(2022)第 106058 号

中国林业出版社教育分社

策划、责任编辑:肖基浒

电　话:(010)83143555　　传　真:(010)83143516

出版发行	中国林业出版社(100009　北京市西城区刘海胡同7号) E-mail:jiaocaipublic@163.com　电话:(010)83143500 http://www.forestry.gov.cn/lycb.html
经　销	新华书店
印　刷	北京中科印刷有限公司
版　次	2022年6月第1版
印　次	2022年6月第1次印刷
开　本	787mm×1092mm　1/16
印　张	11.5　插页24
字　数	325千字
定　价	44.00元

未经许可,不得以任何方式复制或抄袭本书之部分或全部内容。

版权所有　侵权必究

天目山大学生野外实践教育基地联盟系列教材编委会

主　任：沈月琴

副主任：王正加　伊力塔　黄坚钦　俞志飞

委　员：（按姓氏笔画排列）

王　彬　王正加　代向阳　伊力塔
杨淑贞　吴　鹏　沈月琴　金水虎
周红伟　赵明水　俞志飞　高　欣
郭建忠　黄有军　黄坚钦　黄俊浩

秘　书：庞春梅　胡恒康

《天目山动物学实践教程》编写人员

主　　编：高　欣　王义平

副 主 编：徐川梅　杨淑贞　杨永春　郭光普
　　　　　蔺辉星　罗　远

编写人员：(按姓氏笔画排序)
　　　　　王义平(浙江农林大学)
　　　　　杨永春(浙江农林大学)
　　　　　杨淑贞(天目山国家级自然保护区)
　　　　　罗　远(天目山国家级自然保护区)
　　　　　徐川梅(浙江农林大学)
　　　　　高　欣(浙江农林大学)
　　　　　郭光普(同济大学)
　　　　　蔺辉星(南京农业大学)

序

在高等教育教学中，实习作为一个十分重要的教学环节，可以使学生从感性的角度进一步熟悉所学专业知识和技能，从而进一步理解、巩固与深化从课堂上和教材里学到的理论和方法，完成从"学"到"习"的完整过程，推动知识向能力的转化。

农林类学科专业，大都具有较强的实践性特征。如果在学习阶段，相关课程都能有其对应的实习教材作为指导，一定能够大幅提高课程学习的成效。但又因各院校具体实习条件的差异性，以及农林类学科的研究对象本身在时间、空间、环境的多维属性，加之相关材料、实例的搜集整理难度大，就更加难以形成共性很强的经验和指南，也导致了实习教材的编写难度比其他教材更大，编好更难。

位于天目山国家级自然保护区内的浙江农林大学实践教学基地，以天目山独有的、极其丰富的、享誉海内外的野生动植物资源禀赋，在浙江农林大学60余年的办学进程中，既为学校人才培养和科学研究发挥了巨大的作用，也同时为整个华东地区乃至全国相关院校和科研机构开展教学科研提供了十分有力的支持，被相关部门列为国家级大学生校外实践教育基地，是全国普通高等院校实习基地建设的典范。

近年来，浙江农林大学坚持开放办学理念，学校和相关学科发展迅速，成为全国农林类院校高速高质发展的优秀代表。2019年，浙江农林大学依托天目山实践教育基地，成立了由国内近40所院校组成的天目山大学生野外实践教育基地联盟，并将他们60余年的宝贵教学实习资料进行细致整理，组织专门力量编写出版了这套"天目山大学生野外实践教育基地联盟系列教材"，为相关院校的专业课程实习提供了从理论到实践的完整解决方案，难能可贵，值得称赞。

这套系列教材的编撰，集结了国内多所优秀高校及科研院所的骨干力量，凝聚了多个专业领域科研工作者的努力和心血，无论是作为天目山自然保护区开展实践，还是用以指导在其他地区开展相关实践教学都能够有较好的指导和借鉴作用，相信能够很好地促进相关高校大学生野外实习教学质量的提升。

这套系列教材的出版，不仅在一定程度上解决了相关学科领域教学实践上的迫切需求，也很好地呼应了国家对"新农科"建设的新愿景，充分体现了浙江农林大学对"新农科"人才培养的重视和涉农涉林涉草高校和科研院所在"新农科"建设和人才培养中的责任和担当，为其他相关院校的实习基地和实习教材建设提供了很好的范式。

中国工程院院士

2020 年 1 月

前　言

　　动物学野外实习是高等农林、师范院校及综合类院校林学、生物学、生态学、野生动植物保护与利用等领域的专业基础实践课程。天目山国家级自然保护区地处东南沿海丘陵区的北缘、中亚热带北部，属温暖湿润的季风气候，是以保护生物多样性和森林生态系统为目标的野生植物类型国家级自然保护区。区内生物多样性突出，生物资源极其丰富，计有植物 2000 余种。其中木本植物 700 余种；珍稀、特有物种多，如银杏、连香树、羊角槭、天目铁木、天目木兰、香果树等；植物区系成分复杂。动物种类繁多，其中昆虫模式标本种类丰富，是世界著名的昆虫模式标本产地。

　　本教材以华东地区最大的生物环境野外实习目的地——天目山国家级自然保护区为野外实践基地，详细介绍了天目山区代表性的野生动物类群及常见野生动物种类的分类与识别。主要特点如下：

　　(1)特色性：针对华东地区高校生物、农业、林业、生态、环境及资源保护类野外实践教学需求，以天目山国家级自然保护区野生动物资源为特色，适合华东地区相关各个高校生物、农业、林业、生态、环境及资源保护类不同专业学生选择使用。

　　(2)科学性：各部分章节在编写过程中参考了《中国动物志》《浙江动物志》《天目山动物志》各卷；同时无脊椎动物部分还参考了《常见蜗牛野外识别手册》《中国蝴蝶图鉴》《中国蜘蛛生态大图鉴》《中国蜻蜓生态大图鉴》等；鱼类部分参考了《中国内陆鱼类物种及分布》《鱼类分类学》等，两栖动物参考了《中国两栖动物图鉴》《中国两栖动物及其分布彩色图鉴》，爬行动物参考了《中国爬行动物图鉴》《中国龟鳖分类原色图鉴》《常见爬行动物野外识别手册》等，鸟类部分参考了《中国鸟类分类与分布名录》（第三版）、《中国鸟类图鉴》等，兽类部分参考了《中国兽类野外手册》《中国哺乳动物多样性及地理分布》《中国兽类图鉴》等最新出版物。此外，还参考了天目山区野生动物资源调查方面的相关资料。

　　(3)实用性：以天目山区代表性动物类群和常见种类为主，介绍了每一类群的基本特点、调查方法、分目或分科检索表；介绍了常见种类的基本形态特征及保护情况，部分常见种类配有图片记录便于读者对照识别。

　　本教材由浙江农林大学高欣高级实验师和王义平教授担任主编，浙江农林大学徐川梅博士、杨永春副教授，南京农业大学蔺辉星博士，同济大学郭光普副教授，浙江天目山国家级自然保护区杨淑贞教授级高级工程师、罗远工程师担任副主编。具体编写分工如下：第 1 章由高欣、杨淑贞编写，第 2 章由王义平编写，第 3 章由王义平、蔺辉兴编写，第 4

章由王义平、徐川梅编写，第 5 章由高欣编写，第 6、7 章由杨淑贞、罗远编写，第 8 章由高欣、杨永春编写，第 9 章由郭光普编写。

  本教材在编写过程中参考和引用了大量资料、文献及研究成果，特对原作者致以诚挚谢意。由于编者水平所限，书中难免有所错误和疏漏，敬请读者批评指正。

编 者
2022 年 3 月

目 录

序
前 言

第1章 动物学实习概述 (1)
1.1 实习目的和要求 (1)
1.1.1 实习目的 (1)
1.1.2 实习要求 (1)
1.2 实习组织与实施 (2)
1.2.1 实习组织 (2)
1.2.2 实习地点选择 (2)
1.2.3 实习时间安排 (3)
1.2.4 实习准备 (3)
1.3 实习总结 (4)
1.3.1 实习考核 (4)
1.3.2 实习报告撰写 (4)
1.4 天目山国家级自然保护区概况 (4)
1.4.1 植物资源 (5)
1.4.2 动物资源 (5)

第2章 软体动物 (7)
2.1 软体动物的基本形态特征 (7)
2.1.1 腹足类的形态特征 (7)
2.1.2 瓣鳃类的形态特征 (7)
2.2 天目山区常见软体动物分类与识别 (8)
2.2.1 天目山区软体动物系统分类 (8)
2.2.2 天目山区常见软体动物 (9)

第3章 蜘蛛 (18)
3.1 蜘蛛的基本形态特征 (18)
3.2 天目山区常见蜘蛛分类与识别 (19)
3.2.1 天目山区蜘蛛系统分类 (19)

3.2.2　天目山区常见蜘蛛 ·· (22)

第4章　昆虫 ··· (32)
4.1　昆虫的基本形态特征 ·· (32)
　　4.1.1　昆虫的主要特征 ·· (32)
　　4.1.2　头部 ·· (32)
　　4.1.3　胸部 ·· (34)
　　4.1.4　腹部 ·· (37)
4.2　昆虫采集与标本制作 ·· (37)
　　4.2.1　昆虫的采集 ·· (37)
　　4.2.2　昆虫标本制作 ·· (39)
4.3　天目山区常见昆虫分类与识别 ···································· (40)
　　4.3.1　天目山区昆虫系统分类 ·· (40)
　　4.3.2　天目山区常见昆虫 ·· (44)

第5章　鱼类 ··· (77)
5.1　鱼类的基本形态特征 ·· (77)
　　5.1.1　鱼类的外部形态 ·· (77)
　　5.1.2　鱼鳍 ·· (78)
　　5.1.3　鱼鳞 ·· (78)
5.2　鱼类的采集与记录 ·· (79)
　　5.2.1　鱼类的采集 ·· (79)
　　5.2.2　鱼类样本的处理与记录 ·· (79)
5.3　天目山区常见鱼类分类与识别 ···································· (81)
　　5.3.1　天目山区鱼类系统分类 ·· (81)
　　5.3.2　天目山区常见鱼类 ·· (82)

第6章　两栖动物 ·· (91)
6.1　两栖动物的基本形态特征 ·· (91)
　　6.1.1　有尾目的形态特征 ·· (91)
　　6.1.2　无尾目的形态特征 ·· (93)
6.2　两栖动物的调查 ·· (94)
　　6.2.1　两栖动物的调查方法 ·· (94)
　　6.2.2　两栖动物的采集 ·· (95)
6.3　天目山区常见两栖动物分类与识别 ································ (95)
　　6.3.1　天目山区两栖动物系统分类 ···································· (95)
　　6.3.2　天目山区常见两栖动物 ·· (97)

第7章　爬行动物 ··· (103)
7.1　爬行动物的基本形态特征 ······································· (103)

  7.1.1 龟鳖类的外部形态特征 ……………………………………………… (103)
  7.1.2 蜥蜴类的外部形态特征 ……………………………………………… (104)
  7.1.3 蛇类的外部形态特征 ………………………………………………… (106)
 7.2 爬行动物的调查 ………………………………………………………… (108)
  7.2.1 爬行动物的调查方法 ………………………………………………… (108)
  7.2.2 爬行动物的采集 ……………………………………………………… (108)
 7.3 天目山区常见爬行动物分类与识别 …………………………………… (109)
  7.3.1 天目山区爬行动物系统分类 ………………………………………… (109)
  7.3.2 天目山区常见爬行动物 ……………………………………………… (112)

第8章 鸟类 …………………………………………………………………… (119)
 8.1 鸟类的基本形态特征 …………………………………………………… (119)
  8.1.1 鸟类身体分区及外部形态 …………………………………………… (119)
  8.1.2 鸟类头部主要部位及斑纹 …………………………………………… (120)
 8.2 鸟类的识别与调查 ……………………………………………………… (121)
  8.2.1 鸟类的识别 …………………………………………………………… (121)
  8.2.2 鸟类调查 ……………………………………………………………… (127)
 8.3 天目山区常见鸟类分类与识别 ………………………………………… (129)
  8.3.1 天目山区鸟类系统分类 ……………………………………………… (129)
  8.3.2 天目山区常见鸟类 …………………………………………………… (130)

第9章 兽类 …………………………………………………………………… (155)
 9.1 兽类的基本形态特征 …………………………………………………… (155)
  9.1.1 兽类躯体外部形态及量度 …………………………………………… (155)
  9.1.2 翼手目的外部形态特征 ……………………………………………… (156)
 9.2 兽类的识别与调查 ……………………………………………………… (156)
  9.2.1 常见兽类的野外识别 ………………………………………………… (156)
  9.2.2 兽类调查方法 ………………………………………………………… (158)
  9.2.3 不同类群兽类的调查 ………………………………………………… (160)
 9.3 天目山区常见兽类分类与识别 ………………………………………… (160)
  9.3.1 天目山区兽类系统分类 ……………………………………………… (160)
  9.3.2 天目山区常见兽类 …………………………………………………… (163)

参考文献 …………………………………………………………………………… (170)

第1章 动物学实习概述

1.1 实习目的和要求

动物学野外实习是林学、森林保护、植物保护、生物科学、生物技术、生态学、动植物检验检疫等相关本科专业教学的一个重要组成部分,是掌握和巩固动物学课堂教学的基础理论知识和基本实验技能的重要环节。

1.1.1 实习目的

通过野外动物实习,使学生能进一步学习并掌握野外调查、采集、处理及鉴定识别多种类型动物的方法,掌握基本的生物学野外工作方法,提高学生运用分类学原理和方法进行动物资源调查和种类鉴定的能力;让学生通过观察不同类型动物的生活方式,了解其数量分布及与环境之间的关系,从而进一步了解生态系统的结构和功能;同时还能培养学生对大自然的热爱,了解野生动物保护方面取得的成绩及面临的问题,增强学生对野生动物的保护意识,提高对生物多样性保护及科学合理开发自然资源的认识。

通过野外实习,理论联系实际,提高学生的综合实践能力,培养学生独立工作的能力和创新意识。同时培养学生吃苦耐劳和团队协作精神,促进学生之间以及师生之间的交流,全面提高学生综合素质。

1.1.2 实习要求

1.1.2.1 实践能力

掌握不同类群动物种类调查、标本采集、制作和分类鉴定方法,熟悉常用的调查、采集工具的使用方法。掌握利用动物图鉴、分类检索表和相关资料对天目山区调查、采集的野生动物进行野外初步识别、鉴定及实验室进一步深入识别、鉴定的方法。物种基本要求鉴定到科级水平,常见种类鉴定到种级水平。熟悉天目山区一些典型代表动物和常见动物的分布、生活习性及其与环境的关系。

野外调查、观察时,学生要认真听取实习指导老师的讲解并作必要的记录,每天实习结束后及时进行整理、总结,包括日期、地点、天气、观察的内容等。有计划地采集标本,一般以采集无脊椎动物标本为主,鱼类、两栖、爬行动物可少量采集,鸟类、兽类主要以野外观察和记录为主。采集的标本要在当日实习结束返回驻地后及时进行测量和处理。

1.1.2.2 实习纪律

严格遵守实习纪律，服从领队和指导老师的安排，统一行动，严禁擅自离队活动，以保证安全、顺利地进行实习。根据要求认真地做好实习笔记及工作记录，爱护实习用具及仪器，注意保管。在实习基地注意礼貌，讲究卫生，注意节约水电。

野外考察时，应尽量保持安静、有序，以免惊扰动物，影响观察。提高注意力和警觉性，以获得较好的野外调查效果，同时，要保护实习基地的自然环境。野外活动期间应穿长衣长裤，方便野外活动并减少户外蚊虫叮咬。服装颜色、花纹与野外环境尽量相协调，以免影响野外调查、观察的效果。

野外实习存在多种安全隐患，因此要组织有力、纪律严明，提前对学生进行安全教育，实习期间认真管理。野外调查过程中尽量不要掉队，禁止个人单独行动。充分发扬团队协作精神，团结互助，取长补短，圆满完成实习任务。建议为实习师生购买野外实习期间的意外伤害保险。

1.2 实习组织与实施

1.2.1 实习组织

实习领队老师及辅导员负责实习期间的全面指导工作，下设业务、后勤等组。各组在老师、班长等人的统一指导和协调下，既要明确分工，又要互相配合，确保在安全的前提下顺利完成实习任务。

业务组由专业课老师及实验员等其他实习指导教师组成，负责实习日程的安排调配，具体指导学生实习、讨论以及总结工作。根据指导教师人数，将学生分成10~15人的实习小组。

后勤组由辅导员或班主任老师与学生组成，根据实习日程的安排，负责实习工具的准备管理，实习仪器、药品的保管和供应，实习期间食宿、交通等事务方面的工作。有条件的学校应该配备一名医务人员随行。

1.2.2 实习地点选择

实习地点的选择需考虑的因素包括：①具有多样而典型的自然景观；②动物的种类丰富及数量较大；③人为干扰较少；④交通便捷，能解决师生基本的食宿问题。应先了解拟选择实习地区的自然地理概况，再通过现场调查后确定实习地点及具体实习路线。

天目山国家级自然保护区于1998年开始与大专院校合作共建天目山教学实习基地，至2017年年底，在天目山国家级自然保护区挂牌的大专院校教学实习单位已达30个。2007年与复旦大学、浙江大学、南京师范大学、南京农业大学等单位一起成功申报"国家级生物学野外实习基地项目"，2013年被教育部批准为理科教育基地和农科教育基地，成为国家级大学生野外实践教育基地，每年平均接待20余所院校3000余人次师生的科教实习。天目山国家级自然保护区1987年兴建天目山科技馆，2007年在浙江省自然博物馆指导下建设浙江自然博物馆天目山分馆（新天目山科技馆），2008年全新布展开馆，全馆设5

个展厅，展示天目山国家级自然保护区自然资源、科教和文化等内容。

1.2.3 实习时间安排

实习时间的安排必须考虑气候、动物活动习性和食宿费用价格等各方面因素。天目山区野生动物实习一般安排在每年的 6~7 月间较为合适，此时昆虫种类繁多，鸟类处于繁殖季节，两栖爬行动物也处于活跃期。

每天的调查时间应根据动物的日活动规律安排，鸟类在日出和日落前后活动性较强，在清晨及傍晚观察为宜。待日出后，昆虫活动频率逐渐加强，可在观察同时利用扫网捕捉昆虫。部分爬行动物可在中午前后进行观察，而大部分蛇类及两栖类动物多在晚上活动，适合晚上观察。兽类则多在夜间活动，一般只能根据其足迹、洞穴、粪便等分析判断或利用红外线相机自动拍摄进行监测调查。夜间可以张挂白色幕布及利用诱虫灯进行夜间昆虫诱集，或布放鼠夹、鼠笼等工具进行鼠类调查。鱼类则适合天气晴好的白天在溪流、水塘中进行采集。

1.2.4 实习准备

1.2.4.1 了解实习地自然概况

实习地区的自然地理概况、植被类型、植物种类和水源地位置等是动物居住和生存的必要条件，与动物的种类、分布及种群数量有着密切的关系。要求在对实习环境整体了解的基础上，进一步深入了解每一种生境内的地形、植被、食物条件、动物隐蔽处和活动痕迹等概况。

1.2.4.2 熟悉实习地常见动物

根据已有资料将实习地区常见的动物类群按分类阶元的顺序编写成生物名录，熟悉常见种类的基本特征和分类地位，这样有利于野外实习时更好地对物种进行识别和记录。

1.2.4.3 准备实习工具

采集各种动物的网具如昆虫网、手抄网、水网等；不同型号的鼠夹或鼠笼等夹具、笼具；小型锹、铲等挖掘工具。

标本制作处理工具和用品：镊子、三级台、各种型号昆虫针、展翅板、各种标签、毒瓶、昆虫用三角纸袋、标本盒、各种标签、广口瓶及各种大小的玻璃瓶、指形管。白瓷盘、各种固定液、杀虫剂、麻醉剂、一次性手套等。

观察及摄影仪器设备如双筒望远镜、单筒望远镜、相机、红外线数码相机、便携式显微镜、双筒解剖镜、放大镜、手电筒、头灯等。

测量和记录工具，包括 GPS 定位仪、海拔仪、电子温度计、直尺、卷尺、便携式电子秤或电子天平等。

1.2.4.5 其他实习用品准备

药品及用品如防中暑、防感冒、防腹泻、防蚊、防外伤、防晒伤等的常备药品；季德胜蛇药片、纱布、药棉、碘伏等。

个人用具包括便于山地行走的鞋、换洗衣服、洗漱等生活用品；背包、帽子、水杯、雨具以及必要的文具、记录本、铅笔等。

参考资料：教科书、实习指导书，以及必要的分类学参考书和动物识别图鉴等。

1.3 实习总结

1.3.1 实习考核

(1) 实习表现

主要从学生参与实习的积极性、配合老师工作、遵守实习纪律等几个方面进行评价。

(2) 动物标本、图片的采集和识别

主要考核不同类群动物标本采集的数量以及标本制作的规范性(无脊椎动物为主)；动物生态照片拍摄的种类和数量；不同类群动物标本、图片的辨认能力等。

(3) 检索表

主要考核编制检索表(分目、分科检索表)的科学性、规范性。

(4) 实习报告或论文

主要考核实习报告或论文所阐述问题的完整性、科学性和逻辑性。

1.3.2 实习报告撰写

实习报告的内容应包含：实习目的、实习方法、实习过程、实习结果。实习结果包含通过实习学习认识的动物类群以及部分物种名称及其主要特征和分类地位；对采集到的动物编制分目或分科检索表；选择一个与动物实习内容相关的问题(有关分类学、生态学、生物多样性等的问题)进行分析论述等。

各个实习小组在实习报告基础上可以进一步撰写研究性实习论文。根据实习过程中各小组的实际调查情况和个人兴趣，选择一个研究方向作为论文的研究主题。例如，实习地及周边森林鸟类、湿地水鸟、森林昆虫等的物种多样性调查，计算多样性、优势度等指数，不同生境中的鸟类种群密度或物种丰富度等的对比研究。

1.4 天目山国家级自然保护区概况

天目山国家级自然保护区位于浙江省杭州市临安区境内，1956 年被林业部划定为森林禁伐区，1986 年经国务院批准成为全国首批 20 个国家级自然保护区之一，1996 年加入联合国教科文组织国际人与生物圈保护区网络，2006 年成为全国自然保护区示范单位。

天目山国家级自然保护区总面积 4284 hm^2，地处东南沿海丘陵区的北缘，中亚热带北部，属温暖湿润的季风气候。天目山国家级自然保护区是一个以保护生物多样性和森林生态系统为目标的野生植物类型国家级自然保护区，气候适宜，雨量充沛，土壤肥沃，植物生长茂盛。区内生物多样性突出，生物资源极其丰富，是一块具有物种多样性、遗传多样性、生态系统多样性的独特宝地。

1.4.1 植物资源

(1) 植物资源丰富

天目山国家级自然保护区共计有苔藓植物59科143属285种，蕨类植物35科72属184种，种子植物155科827属1882种，其中木本植物86科277属675种。常绿树种主要有壳斗科的青冈栎属、栲属、石栎属，樟科的樟属、紫楠属、润楠属，山茶科的柃属、山茶属，还有杜鹃属、山矾属、冬青属等。落叶树种主要有槭科，蔷薇科，豆科，壳斗科的栗属、栎属、水青冈属，樟科的木姜子属和山胡椒属，以及桦木科、胡桃科、木兰科等，种类也较多。

(2) 珍稀、特有物种多

有国家重点保护野生植物43种：国家一级重点保护野生植物有银杏、天目铁木、南方红豆杉、象鼻兰等4种；国家二级重点保护野生植物有羊角槭、连香树、金钱松等39种。模式标本产地植物92种，以"天目"命名的植物37种，药用植物1400多种，古树名木5500余株，中国特有属21个，天目山特有植物17种。植物活化石——银杏是中生代孑遗植物，为我国特有，天目山野生银杏树是世界银杏之祖。在植物区系研究中具有重要价值的连香树，稀有的领春木、天目木兰、天目木姜子，古老的香果树、鹅掌楸、银鹊树等在天目山都有分布。种子植物中的天目金粟兰、天目铁木、羊角槭等为天目山的特有种。

(3) 植物区系成分复杂

天目山地处中亚热带向北亚热带过渡地带，植物区系既有中国—日本森林植物亚区的许多特征，又有保护区本身的特点：我国特有属和古老孑遗植物较多，单种属和少种属占优势，亚热带东亚成分显著。天目山地势高峻，海拔相差悬殊，较多的暖温带、温带植物侵入到天目山，如水青冈属、椴属、槭属、鹅耳枥属、桦属等。天目山与华南植物区系共有种有20多种，与华中植物区系共有种有150余种。天目山出现了与北美有联系的替代种，如檫木、鹅掌楸、香果树等，这从植物区系上说明了东亚大陆与北美大陆的历史渊缘关系。

1.4.2 动物资源

丰富的植物资源，适宜的栖息环境，给各种动物的生存、栖息、繁殖提供了良好的条件。天目山动物种类颇多，区系成分复杂。据统计，天目山国家级自然保护区有两栖类2目9科20余种，包括东方蝾螈、秉志肥螈、淡肩角蟾、泽陆蛙、大树蛙、饰纹姬蛙等；爬行类2目10科50余种，主要有乌龟、黄缘闭壳龟、中华鳖、蓝尾石龙子、北草蜥、赤链蛇、王锦蛇、乌梢蛇、短尾蝮、福建竹叶青、尖吻蝮等；鸟类17目54科180余种，包括白鹇、白颈长尾雉、灰胸竹鸡、红嘴蓝鹊、喜鹊、山斑鸠、红嘴相思鸟、大斑啄木鸟、四声杜鹃、画眉、三宝鸟、寿带、大山雀、白鹡鸰等；兽类9目23科60余种，主要有野猪、黑麂、毛冠鹿、猕猴、东北刺猬、中国豪猪、中华穿山甲、华南兔、赤腹松鼠、黄鼬等。列为国家重点保护的野生动物共有74种，其中国家一级保护野生动物有云豹、黑麂、梅花鹿、中华穿山甲、白颈长尾雉、安吉小鲵等12种，国家二级保护的野生动物有猕猴、黄喉貂、大灵猫、小灵猫、中华鬣羚、黑鸢、红隼、白鹇、红角鸮、黄缘闭壳龟、虎纹蛙、中华虎凤蝶、拉步甲等62种，还有许多动物被列为省级保护动物。昆虫共记录33目380科5000余种，蜘蛛类1目31科178种，还有许多其他无脊椎动物。天目山的动物区系成分，主要属东洋界类型，但有少量古北界成分渗入。其中动物模式标本种类丰富，以天目山为模式产地的新种有753种，以"天目"命名的动物135种。可见其动物区系具有明显的独特性，是名副其实的世界著名动物模式产地。

第 2 章　软体动物

天目山区软体动物主要包括腹足纲和瓣鳃纲的一些种类。腹足纲足部发达，位于身体腹面，故称为腹足类；具一个完整的贝壳，因而又称为单壳类。腹足纲分为前鳃亚纲、后鳃亚纲和肺螺亚纲3个亚纲。瓣鳃纲身体左右扁平，具两片合抱身体的贝壳，因此称为双壳纲。身体由躯干、足和外套膜3部分组成。软体两侧和外套膜之间均有外套腔，腔内有瓣状鳃，故名瓣鳃类。足部发达，位于身体腹面，呈斧状，故亦称斧足类。

2.1　软体动物的基本形态特征

2.1.1　腹足类的形态特征

腹足类足部发达，位于身体腹面；头部明显，具1对或2对触角，触角基部或顶端具明显的眼；头部腹面具口，口内具颚片及齿舌；多具一个贝壳，大部分淡水腹足类贝壳为右旋，少数种类左旋，个别类群贝壳退化。

除了头部、外套膜和腹足，贝壳一般包括螺旋部和口部，螺旋部又可分为壳顶、胚螺层、体螺层、次体螺层及体螺层，各个螺层之间相交为缝合线。口部包括壳口、壳口缘、腔壁、腭壁、轴唇等。口部与体螺层相交基部具脐孔。贝壳的大小，螺层的数量、高度，口部各个结构的形态是区分不同种类的主要特征。

2.1.2　瓣鳃类的形态特征

瓣鳃纲具有2片合抱身体的贝壳，一般为左右对称，少数种类不对称。身体扁平，由躯干、足和外套膜3部分组成；头部退化，无触角和眼；外套腔内身体两侧各具2片瓣状鳃；足部发达，位于身体腹面，呈斧状。

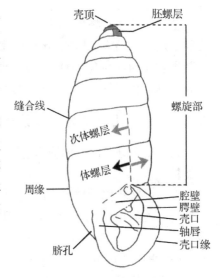

图 2-1　腹足类外部形态结构
（引自吴岷，2015）

瓣鳃类壳分左右两瓣，近椭圆形或圆形，前端钝圆，后端稍尖，或前后对称；两壳绞合的一面为背面，分离的一面为腹面。壳背隆起的部分为壳顶，壳表面以壳顶为中心、与壳腹面边缘相平行的弧线即生长线。韧带为左右两壳背部关联的部分，呈角质、褐色，具

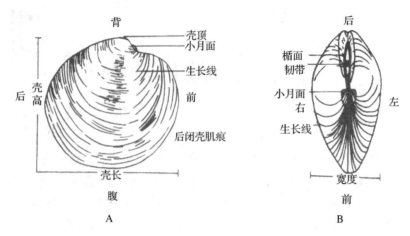

图 2-2　瓣鳃类外部形态结构（引自刘凌云，2009）
A. 右壳外侧面　B. 背面

韧性。贝壳后侧具出入水管开口。

2.2　天目山区常见软体动物分类与识别

全世界软体动物现有种类估计超过 10 万种，以蚌、蛤、珍珠贝、砗磲为代表的双壳类和以蜗牛、蛞蝓、田螺和各类海螺为代表的腹足类占有软体动物中 99% 的物种数量。我国陆生软体动物约有 2 000 余种。根据多年来的调查，天目山区共发现软体动物 90 余种，隶属 2 纲 6 目 27 科 53 属，其中淡水类 2 纲 4 目 10 科 13 属，陆地类 1 纲 4 目 17 科 40 属。

2.2.1　天目山区软体动物系统分类

天目山区分布的软体动物包括腹足纲和瓣鳃纲。其中以肺螺亚纲陆生种类为主，淡水种类较少。

天目山区软体动物 90 余种，分别属于中腹足目、基眼目、柄眼目、蚌目、帘蛤目。常见的种类如中国圆田螺、赤豆螺、扁旋螺、弗氏拟管螺、灰尖巴蜗牛、双线嗜黏液蛞蝓等。

（1）中腹足目 Mesogastropoda

贝壳形状不一，壳表面光滑或具壳饰，厣为角质或石灰质。排泄系统和呼吸系统不对称，右侧者退化。心脏具 1 个心耳。

（2）基眼目 Basommatophora

外部具螺旋形或杯形的贝壳。头部具伸缩性的触角 1 对，眼无柄，位于触角基部。水中生活的种类具嗅检器，陆生种类无。交接突起一般距生殖孔的位置相当远，在大多数情况下生殖孔分离。除少数种类外，一般生活在淡水中。

（3）柄眼目 Stylommatophora

所有陆生肺螺类的种类皆属柄眼目，柄眼目个体头部具有 2 对触角，眼具柄，位于后触角顶端，触角能内外翻转和伸缩。雌雄生殖孔为共同孔。发育期均不经过面盘幼虫。

(4) 蚌目 Unionida

两壳相等，前后不对称，具拟主齿或铰合齿退化。珍珠层及角质层厚。直肠穿过心室，育儿囊由2片外鳃瓣或内外4片鳃瓣构成。

(5) 帘蛤目 Veneroida

铰合部发达，主齿强壮，常有侧齿。水管发达。

天目山区常见软体动物分目检索表

1. 壳1个，多数呈螺旋状；头部明显 ·· 腹足纲 Gastropoda 2
   壳2个，扁平状，一般左右对称；头部退化 ·· 瓣鳃纲 Lamellibranchia 5
2. 具厣，鳃发达或退化；多数水生 ·· 前鳃亚纲 Prosobranchia 3
   无厣，鳃退化，代以血管网，多数陆生 ·· 肺螺亚纲 Pulmonata 4
3. 贝壳形状不一，排泄、呼吸系统右侧退化，心脏1心耳；水生栉状鳃，陆生退化 ······ 中腹足目 Mesogastrpoda
   心脏多数2心耳，鳃楯状；多数水生 ·· 原始腹足目 Archaeogastropoda
4. 触角1对，眼无柄，位于触角基部 ··· 基眼目 Basommatophora
   触角2对，眼具柄，眼着生于后触角顶端 ··· 柄眼目 Stylommatophora
5. 单侧壳前后不对称；铰合部弱，无齿 ··· 蚌目 Unionida
   壳前后对称，铰合齿发达 ·· 帘蛤目 Veneroida

2.2.2 天目山区常见软体动物

2.2.2.1 中腹足目

(1) 中国圆田螺 *Cipangopaludina chinensis*（附图1）

田螺科 Viviparidae。贝壳大型，壳高43.0~59.0 mm，壳宽28.0~40.0 mm。贝壳薄而坚固，圆锥形。螺层6~7个，螺层高、宽度增长迅速。壳面凸，缝合线极明显。螺旋部高起呈圆锥形，高度大于壳口高度。壳顶尖锐，体螺层膨大。贝壳表面光滑，无肋，生长线细密而明显。壳面黄褐色或绿褐色，壳口卵圆形，上方具1锐角，周缘具黑色框边，外唇简单，内唇上方覆于体螺层上，部分或全部遮盖脐孔。脐孔缝状。厣黄褐色卵圆形，具明显同心圆生长线。生活在水草茂盛的湖泊、水库、河沟、池塘及水田内。

(2) 梨形环棱螺 *Bellamya quadrata*

田螺科。贝壳中等大小，壳高19.0~36.0 mm，壳宽13.0~22.0 mm。壳质厚，梨形。螺层6~7个，各螺层膨胀。壳顶尖，螺旋部宽圆锥形，体螺层特别膨胀，体螺层及倒数第二螺层常具3~4条螺棱，体螺层螺棱更明显。幼螺螺棱常具许多细毛。缝合线明显。壳面绿褐色或黄褐色，壳口卵圆形，常具黑色框边，上方具1锐角，外唇简单，内唇肥厚。厣卵圆形，黄褐色，具同心圆生长纹。脐孔明显。常生活于湖泊、河流及池塘内，喜群栖于底层、水草或岸边岩石上。

(3) 赤豆螺 *Bithynia fuchsiana*

豆螺科 Bithyniidae。贝壳小型，壳高9.0~11.0 mm，壳宽5.0~6.0 mm。壳质较薄，宽卵圆锥形。螺层5个，皆外凸，各螺层迅速均匀增长。壳顶钝，螺旋部短圆锥形，略等于或大于全部壳高的1/2；体螺层膨大，缝合线深。壳面灰褐色、淡褐色，光滑，生长纹不明显。壳口卵圆形，周缘完整，具黑色框边，内唇上缘呈斜直线状覆于体螺层。厣与壳口同大，具同心圆生长线。无脐孔。栖息在河流、小溪、沟渠、稻田、池塘及湖泊水域内。

(4) 檞豆螺 *Bithynia misella*

豆螺科。贝壳小型，壳高不超过 7.0 mm，壳宽 4.0 mm。壳质薄，长圆锥形，体螺层略膨大，缝合线深。壳面淡褐色或淡灰色，光滑，生长线明显。壳口宽卵圆形，周缘完整锋锐。厣卵圆形，具同心圆生长线。脐孔明显。栖息在溪流、河流、沟渠、稻田及池塘内，附着在水草上或者匍匐在泥底。

(5) 放逸短沟蜷 *semisulcospira libertine*

肋蜷科 Pleuroceridae。贝壳中等大小，壳高 25.0~27.0 mm，壳宽 11.0~13.0 mm，壳质厚，尖圆锥形，螺层 6~7 个，各层缓慢均匀增长，螺层略外凸或平坦；体螺层略膨胀。壳面黄褐色或暗褐色，有的体螺层具 2~3 层红褐色带及细致螺纹和较粗生长线，交叉形成布纹状花纹，或者壳面光滑。壳口梨形，周缘完整。厣角质黄褐色，具稀疏螺旋形生长纹。栖息于山岳丘陵地带的山溪中，分布于河底布满卵石、岩石或者是砂底的环境中。

(6) 褐带环口螺 *Cyclophorus martensians*（附图 2）

环口螺科 Cyclophridae。贝壳中等大小，壳高 19.0 mm，壳宽 22.0 mm。壳质较厚，圆锥形。螺层 5 个，各螺层迅速均匀增长；螺旋部低矮圆锥形，体螺层膨大，靠近壳口处尤其膨大，下部圆球形，壳顶钝，缝合线深。壳面光滑，有光泽，淡黄色，具褐色雾状花纹和环带；体螺层周缘下方具 1 宽棕褐色环带，宽度常随个体而不同。壳面生长线细致，壳口处略变粗。壳口圆形，略倾斜，周缘完整，白瓷状。厣角质圆形，具螺旋形环纹，微内陷。脐孔圆形，大而深，洞穴状。常生活在阴暗潮湿、多腐殖质的林区、丘陵坡地，多地衣及苔藓的岩石、树干上或灌木丛、草丛中。

(7) 双叶褶口螺 *Ptychopoma bifrons*

环口螺科。贝壳较大，壳高 8.0~10.0 mm，壳宽 12.0~14.0 mm。壳质厚，坚实，不透明，矮圆锥形。螺层 5 个，前几个螺层增长缓慢，螺旋部低矮；体螺层增长迅速，膨大，壳口处向下倾斜。壳面深栗色或深黄褐色，体螺层周缘上具 1 个由箭形图案组成的色带环绕。壳顶钝圆，光滑，缝合线深。壳口圆形，口缘双唇，内唇短，外唇膨大，锋利而外折。厣角质，角黄褐色。脐孔大而深，呈洞穴状。常生活在阴暗潮湿、富含腐殖质的林区、丘陵地带，喜栖息于阴暗潮湿、多地衣及苔藓的岩石、树干上或落叶、腐木下。

2.2.2.2 基眼目

(1) 折叠萝卜螺 *Radix plicatula*

椎实螺科 Lymmnaeidae。贝壳中等大小，壳高 25.0~28.0 mm，壳宽 17.0~20.0 mm。壳质薄。螺层 4 个，螺旋部极短，常被腐蚀，体螺层极其膨大。壳口极大，向外扩张呈耳状，外缘薄，内缘外翻贴覆于体螺层上，轴缘强烈扭转，遮住脐孔。壳面黄褐色，生长线明显。栖息于水生植物较多的静水稻田、池塘、沟渠、浅水的小溪及湖泊的沿岸带等水域内。

(2) 椭圆萝卜螺 *Radix swinhoei*

椎实螺科。贝壳中等大小，壳高 16.0~17.0 mm，壳宽 10.0~17.0 mm。壳质薄，略呈椭圆形。螺层3~4个，增长缓慢均匀，螺旋部渐削尖；体螺层较长，上部缩小，中、下部扩大。壳面淡褐色或褐色，生长线明显。壳口椭圆形，上方狭小，下方宽大，内缘肥厚，外缘锋利。脐孔缝状或不明显。栖息于静水稻田、池塘、沟渠、浅水的小溪及湖泊的沿岸带。

(3) 小土蜗 *Galba pervia*

椎实螺科。贝壳小型，壳高8.5~10.0 mm，壳宽5.5~6.0 mm。壳质薄，卵圆形。螺层4~5个，各螺层不倾斜，增长缓慢均匀，前四个螺层组成宽圆锥形螺旋部；体螺层膨大，缝合线浅。壳内淡褐色或黄褐色，具明显生长线。壳口狭小，卵圆形，高度等于或略大于螺旋部高度，外缘锐利，脐孔较宽。栖息于湖泊、小溪沿岸的静水带及浅水的沟渠。

(4) 凸旋螺 *Gyraulus convexiusculus*

扁蜷螺科 Planorbidae。贝壳小型，壳高1.5 mm，壳宽8.0 mm。壳质薄，扁圆盘状。螺层4~5个，各螺层缓慢均匀增长，贝壳上、下两面螺层相同，中央皆凹入；体螺层周缘具或少具周缘龙骨，缝合线明显。壳口外缘呈弧形，壳口略呈斜卵圆形，壳内无内隔板。壳面灰色、灰黄色或淡褐色，常覆有黑色的壳皮。广泛栖息于湖泊、小溪、沟渠、池塘、稻田、小水洼及沼泽地等水域中。

(5) 扁旋螺 *Gyraulus compressus*

扁蜷螺科。贝壳小型，壳高1.0 mm，壳宽5.0 mm。壳质薄而坚固，圆盘状。螺层4个，各螺层宽度缓慢增长，螺层上、下两层较小膨胀且排列相同。体螺层在壳口附近宽度及高度增长迅速，周缘具钝的龙骨。缝合线浅。壳面淡灰色、黑色或茶褐色。壳口斜椭圆形，外唇半圆形，轴缘弧形。脐孔宽而浅。栖息于池塘、沟渠、水田、湖泊及缓流的小溪内。

(6) 白旋螺 *Gyraulus albus*

扁蜷螺科。贝壳小型，壳高1.5 mm，壳宽5.5 mm。壳质薄，圆盘状。螺层3~4个，各螺层均匀增长；体螺层附近增长迅速，上、下两面皆膨胀，中央皆凹入，体螺层周缘有弱的龙骨。壳面黄褐色、褐色或淡灰色，生长线较细。壳口斜椭圆形，外缘薄，锐利。脐孔略大，较浅。栖息于池塘、沟渠、水田、湖泊及缓流的小溪内。

(7) 尖口圆扁螺 *Hippeutis cantori*

扁蜷螺科。贝壳小型，壳高1.0~1.5 mm，壳宽9.0~10.0 mm。壳质薄，略透明，扁圆盘状。壳面灰色或灰褐色，螺层4~5个，各层宽度增长迅速。贝壳背腹部平坦，中央略凹入。体螺层膨大，底部周缘具尖锐的龙骨突。壳口心形，缝合线深。脐孔宽而浅。栖息于池塘、沟渠、水田及缓流的小溪内。

2.2.2.3 柄眼目

(1) 赤琥珀螺 *Succinea erythrophana*

琥珀螺科 Succineidae。贝壳小型，壳高8.0 mm，壳宽4.5 mm。壳质薄，半透明、长卵圆锥形。螺层3个，前两个螺层增长缓慢，稍突出；体螺层增长迅速，特别膨大，高度约为壳高的4/5。壳顶尖，缝合线深。壳面淡黄色或黄褐色，有光泽，生长线和皱褶稠密。壳口长卵圆形，外唇薄，其上方与体螺层形成一锐角，内唇贴覆于体螺层上，形成不明显的肧胝部。无脐孔。常生活在阴暗潮湿、多腐殖质的灌木丛、草丛中，喜栖息于阴暗潮湿的小河、小溪旁的杂草丛中。

(2) 滑槲果螺 *Cochlicopa lubrica*

琥珀螺科。贝壳小型，壳高 7.0 mm，壳宽 2.8 mm。壳质薄，半透明，有光泽，纺锤形。螺层 5~7 个，各螺层缓慢均匀增长；螺旋部高，体螺层稍膨胀。壳顶钝，缝合线深。壳面黄褐色，光滑而有光泽，生长线稠密细致。壳口梨形，周缘完整而锋利，外唇光滑。无脐孔。常生活在阴暗潮湿、多腐殖质的山区、农田、公园、牧场及住宅附近的杂草丛中，石块下。

(3) 康氏奇异螺 *Mirus cantori* (附图 3)

艾纳螺科 Enidae。贝壳中等大小，壳高 18.0~26.0 mm，壳宽 6.0~9.0 mm。壳质厚，坚实，长纺锤形。螺层 8~9 个，稍膨胀，前 4~5 个螺层缓慢、均匀增长，后几个螺层缓慢增长。螺旋部高，长圆锥形，高度约为壳高的 3/4。体螺层缩小，底部较狭窄。壳顶尖，缝合线较深。壳面淡褐色或栗色，胚螺层光滑，呈乳白色，其余各螺层生长线明显而细致。壳口卵圆形，口缘肥大，外折，边缘白瓷状。脐孔明显，呈缝隙状，位于轴缘前方被轴缘遮盖。本种个体大小、形状、颜色等有很大差异。常生活在阴暗潮湿、多腐殖质的林区，丘陵坡地灌木丛、草丛中，石块下、岩石缝隙中。

(4) 斯氏拟管螺 *Hemiphaedusa cecillei*

烟管螺科 Clausiliidae。贝壳大型，壳高 32.7 mm，壳宽 6.8 mm，壳口高 6.9 mm，壳口宽 4.9 mm。壳质厚，坚实，有光泽，纺锤形。螺层 16.5 个，各螺层均膨胀，前几个螺层增长较快；螺旋部细长，呈塔形。壳面棕褐色或深黄褐色，螺纹稠密而细致。壳顶尖，胚螺层(1~3 个螺层)光滑，有光泽，无螺纹。缝合线深。壳口呈梨形，较小，口缘厚，扩大而外折，呈白瓷状。上板与下板彼此接近。常生活在阴暗潮湿、多腐殖质的灌木丛、草丛中，喜栖息于多石灰岩地区的潮湿岩石上或腐木下。

(5) 弗氏拟管螺 *Hemihaedusa fortunei*

烟管螺科。贝壳大型，壳高 27.0~36.0 mm，壳宽 5.0~7.5 mm，壳口高 8.1 mm，壳口宽 6.0 mm。壳质稍厚，长纺锤形。螺层 15 个，各螺层均膨胀，前几个螺层增长快，螺旋部长，呈长塔形。壳面黄棕褐色，螺纹细致而稠密。壳顶尖，缝合线深。壳口呈梨形，口缘完整，扩大，外折，呈白瓷状。常生活在阴暗潮湿、多腐殖质的灌木丛、草丛中。

(6) 麦氏拟管螺 *Hemiphaedusa moellendorffiana*

烟管螺科。贝壳大型，壳高 27.0 mm，壳宽 6.7 mm，壳口高 5.0 mm，壳口宽 5.1 mm。壳质薄，坚实，纺锤形。螺层 13 个，前 5~6 个螺层不向外突出，螺层宽度上增长极缓慢，几乎呈圆柱形，后几个螺层膨大。体螺层上部膨大，底部缩小，螺旋部长，呈塔形。壳面紫棕褐色或淡棕色。壳顶两个螺层光滑，无螺纹，其他螺层螺纹和生长线细致而稠密。壳口梨形，口缘稍厚，外折。常生活在阴暗潮湿、多腐殖质的灌木丛、草丛中，石块下或腐木下。

(7) 厄氏拟管螺 *Hemiphaedusa heudeana*

烟管螺科。贝壳小型，壳高 11.5~12.5 mm，壳宽 2.5~3.2 mm，壳口高 2.5~

3.0 mm，壳口宽 2.2~2.5 mm。壳质稍厚，坚实，有光泽，纺锤形。螺层 9~10 个，各螺层均膨胀，突出，前几个螺层增长较快；螺旋部高，呈塔形。壳面深黄褐色或栗褐色，螺纹细致而稠密。体螺层背面具较粗皱褶。壳顶钝，圆锥形，缝合线深。壳口呈梨形，口缘完整而分离，扩大增厚，呈白瓷状。体螺层右侧壳面具 1 条短的主襞褶，1 条月状襞褶和 5 条短的腭褶。常生活在阴暗潮湿、多腐殖质的灌木丛、草丛中，喜栖息于多石灰岩地区的潮湿岩石上或腐木下。

(8) 雨拟管螺 *Hemiphaedusa pluviatlis*

烟管螺科。贝壳较大，左旋，壳高 27.0 mm，壳宽 6.5 mm，壳口高 4.5 mm，壳口宽 3.8 mm。壳质厚而坚固，纺锤形。螺层 10~14 个，各螺层缓慢增长，略膨大，前 4 个螺层较细，余下各螺层逐渐变宽膨大，倒数第 2 螺层下部逐渐缩小；螺旋部长，长塔形。壳面角黄色，螺纹和生长线细而稠密，缝合线附近螺纹和生长线不明显。壳顶乳头状，缝合线十分明显。壳口方卵圆形，口缘完整，肥厚而外折。壳口左上角具 1 个小沟。脐孔不明显，被轴缘遮盖。常生活在阴暗潮湿、多腐殖质的灌木丛、草丛中，喜栖息于多地衣、苔藓的潮湿石灰岩石上或树干上，落叶或腐木下。

(9) 尖真管螺 *Euphaedusa aculus*

烟管螺科。贝壳小型，壳高 13.0~18.5 mm，壳宽 3.2~4.0 mm，壳口高 3.5 mm，壳口宽 2.6 mm。左旋，壳薄而坚实，略透明，尖塔形。螺层 11 个，各螺层缓慢均匀增长，稍向外突起，前 3 个螺层较细，自第 4 个螺层逐渐增大，体螺层下部略缩小。缝合线浅，明显。壳面黄褐色或红褐色，生长线和螺纹细致，壳口左侧的生长线粗而稠密。壳口梨形，口缘外折，肥厚，白色。上板发达，达到壳口边缘，向内与螺旋板愈合。下板较大，不达壳口边缘。主襞褶与缝合线平行，发达，其他腭褶平行，极短。闭板舌状，两侧边缘平行。无脐孔。常生活在阴暗潮湿、多石灰岩地区的灌木丛、草丛中，喜栖息于多地衣、苔藓的潮湿石灰岩石上，树干上或腐木下。

(10) 似线钻螺 *Opeas filare*

钻头螺科 Subulinidae。贝壳小型，壳高 7.0 mm，壳宽 2.0 mm。壳质薄，半透明，长塔形。螺层 7 个，前几层均匀增长，螺旋部高；体螺层略膨大，高度为壳高 1/2。壳面土黄褐色或淡黄色，生长线和螺纹细致而稠密。壳口底部椭圆形，狭窄，轴缘短而垂直，外唇斜，脐孔非常狭小。常生活在阴暗潮湿、多腐殖质的灌木丛、草丛中及石块下。

(11) 细钻螺 *Opeas gracile*

钻头螺科。贝壳小型，无脐孔，壳高 7.5~9.0 mm，壳宽 3.0~4.5 mm。壳质薄，透明，细长塔形。螺层 6.5~8 个，各螺层均匀增长，略膨胀；螺旋部高，尖细，塔形；体螺层增长稍快，膨大，壳顶钝，缝合线深。壳面椭圆形，口缘简单，完整，薄而锋利；外唇与体螺层呈锐角，轴缘笔直，稍外折。内唇贴覆于体螺层上，形成不明显的胼胝部。常生活在阴暗潮湿、多腐殖质的灌木丛、草丛中，花卉根部或石块下。

(12) 条纹钻螺 *Opeas striatissium*

钻头螺科。贝壳小型，壳高 8.0 mm；壳宽 2.3 mm。壳质薄，细长，透明具光泽，针状。螺层 7.5 个，前几层缓慢增长，略膨胀；螺旋部细长塔形，体螺层稍膨大，高度约为壳高的 1/4。壳面黄褐色或浅黄色，螺纹细致而不规则。壳顶尖，各螺层被锯齿状的缝合线分隔。壳口长椭圆形，口缘薄。内唇贴覆于体螺层上，形成不明显的胼胝部，轴缘稍外折，遮盖脐孔。常生活在阴暗潮湿、多腐殖质的灌木丛、草丛中，喜栖息于潮湿的石块下或腐木下，以及花卉根部。

(13) 角皮圈螺 *Plectopylis cutisculpta*

瞳孔蜗牛科 Coriliidae。贝壳中等大小，壳高 5.0 mm，壳宽 7.0 mm。壳质薄，半透明，扁圆锥形。螺层 7 个，前几层缓慢增长，略膨大；螺旋部低矮，体螺层增长迅速，不扩大。壳面角褐色，有角质壳皮，上具皱褶、交叉螺纹。体螺层周缘具疏远的细长裂片结构，底部有螺纹。上腭具 5 枚短的平行板，具 1 枚宽而厚的壁板。生活在阴暗潮湿、多腐殖质的灌木丛、草丛中，石块或腐木下。

(14) 死圈螺 *Plectopylis emoriens*

瞳孔蜗牛科。贝壳小型，壳高 4.0~5.0 mm，壳宽 7.0~8.0 mm。壳质薄，稍透明，厚圆盘形。螺层 6 个，前几层增长缓慢，体螺层下部平坦，具钝的隆起。壳面红褐色，上具窄而呈片状的皱褶，体螺层周缘具纤毛，底部光滑。体螺层侧面可见上腭具 5 枚平行瓣状隔板，上面一枚较短。壳口小，脐孔大，漏斗状。生活在阴暗潮湿、多腐殖质的灌木丛、草丛中，石块或腐木下。

(15) 双褶圈螺 *Plectopylis diptychia*

瞳孔蜗牛科。贝壳小型，壳高 3.0~4.0 mm，壳宽 5.0~7.0 mm。壳质薄，稍透明，厚圆盘形。螺层 6~6.5 个，前几层增长缓慢，体螺层下部平坦。壳面棕褐色，具明显膜状肋纹，延伸交叉至底部和顶部，并突出于周缘角上，肋纹之间具颗粒和螺纹。体螺层周缘具纤毛，底部光滑。体螺层侧面可见上腭处具 5 枚平行瓣状隔板，有时 6 枚在缝合线处，很短。壳口小，脐孔大，漏斗状。生活在阴暗潮湿、多腐殖质的灌木丛、草丛中，石块或腐木下。常以腐殖质、各种植物幼芽、嫩叶为食。

(16) 穴恰里螺 *Kalieila spelaea*

拟阿勇蛞蝓科 Ariophantidae。贝壳较小，壳高 3.0 mm，壳宽 5.0 mm。壳质薄，坚实，不透明，低圆锥形。螺层 6 个，缓慢均匀增长，略膨胀；螺旋部低矮，约为壳高 1/2。体螺层下部膨大，周缘形成钝角。壳面黄褐色，有光泽，生长线细致而稠密。壳口弯月形，外缘薄，锋利，不扩张不外折，轴缘略外折。脐孔小而深，孔穴状。一般喜阴暗潮湿、多腐殖质的环境。在潮湿的灌木丛、草丛中，石块或落叶、腐木下，潮湿的石灰岩峭壁上常可找到。以地衣、苔藓和腐殖质以及各种植物幼芽、嫩叶为食。

(17) 最低恰里螺 *Kalieila imbellis*

拟阿勇蛞蝓科。贝壳较小，壳高 4.0 mm，壳宽 3.0 mm。壳质薄，坚实，透明，高圆锥形。螺层 5.5 个，缓慢均匀增长，略膨胀；螺旋部高圆锥形，体螺层下部膨大，周缘形成一钝角。壳面棕黄褐色，生长线细致而稠密。壳口弯月形，外缘薄，锋利，不扩张不外折，轴缘略外折。脐孔小而深，孔穴状。一般喜阴暗潮湿、多腐殖质的环境，在潮湿的灌木丛、草丛中，石块或落叶、腐木下，潮湿的石灰岩峭壁上常可找到。

(18) 扁恰里螺 *Kalieila depressa*

拟阿勇蛞蝓科。贝壳较小，壳高 3.0 mm，壳宽 4.0 mm。壳质薄，半透明，扁圆锥形。螺层6个，均匀增长，略膨胀；体螺层增长迅速，膨胀，周缘具1狭窄的龙骨状突起。壳顶钝，缝合线深。壳面黄褐色，有光泽，生长线细致而稠密。体螺层下部平坦，生长线呈放射状排列。壳口弯月形，口缘完整，薄而锋利。轴缘在脐孔处向外折，略遮盖脐孔。脐孔漏斗状，小而深。一般喜阴暗潮湿、多腐殖质的环境，在潮湿的灌木丛、草丛中，石块或落叶、腐木下，潮湿的石灰岩峭壁上常可找到。以地衣、苔藓和腐殖质及各种植物幼芽、嫩叶为食。

(19) 短须小丽螺 Ganesella brevibaribis（附图4）

坚齿螺科 Camaenidae。贝壳中等大小，壳高 13.5 mm，壳宽 16.0 mm。壳质薄，透明，较坚固，高圆锥形。有6.5个螺层，各螺层缓慢均匀增长，稍膨胀；螺旋部较高，体螺层周缘具1锐角状的龙骨突起，底部平坦。壳面角白色，体螺层底部周缘具1个狭窄的栗色色带，其他螺层栗色色带位于缝合线。壳面斜行生长线细致而稠密。壳口半圆形，口缘薄而锋利，略外折。轴缘短，外折，略遮盖部分脐孔。内唇贴覆于体螺层，形成薄的白色胼胝部。脐孔小而深，圆孔穴状。一般生活在阴暗潮湿、多腐殖质的树林、灌木丛，草丛中，石块下或腐木下。

(20) 日本小丽螺 Ganesella japonica

坚齿螺科。贝壳中等大小，壳高 20.0 mm，壳宽 18.0 mm。壳质稍厚，坚实，圆锥形。螺层5.5个，前几个螺层增长缓慢，略膨胀；体螺层增长迅速，特膨大，周缘具1条龙骨状突起，上具1条栗褐色色带。壳面黄褐色，壳口马蹄形，前方方向下倾斜，口唇薄，扩大，内唇贴覆于体螺层，形成薄的胼胝部。常生活在阴暗潮湿、多腐殖质的灌木丛与草丛中。

(21) 三褶裂口螺 Traumatophora triscalpta

坚齿螺科。贝壳较大，壳高 13.0~18.0 mm，宽 23.0~38.0 mm。壳质稍厚，坚实，扁圆锥形。螺层5个，螺层生长缓慢；螺旋部扁平，体螺层增长迅速，膨大，下部特别膨胀，周缘形成一个角度，在壳口处倾斜。壳面黄褐色，生长线和螺纹斜行排列。壳顶钝，缝合线深。壳口马蹄形，口缘厚，向外翻折，淡白色；内具3条皱褶，较长2条位于外唇内壁，较短1条位于基部，皱褶背面具相应3条凹陷。脐孔大而深，洞穴状。常生活在阴暗潮湿、多腐殖质的灌木丛与草丛中，石块下或腐木下。

(22) 蠕虫大脐蜗牛 Aegista vermes

巴蜗牛科 Bradybaenidae。贝壳较大，壳高 14.0 mm，壳宽 32.0 mm。壳厚坚实，有光泽，扁圆盘形。螺层8个，前几个螺层增长缓慢，略膨胀，各螺层略突出；螺旋部低矮，呈矮圆锥形；体螺层膨大，周缘具1明显棱角，上部平坦，底部膨胀。壳面黄褐色，螺纹细致而规则。壳顶钝，缝合线深。壳口马蹄形，向下偏斜，口缘完整，向外翻折，其内灰白色，内唇贴覆于体螺层，形成薄而透明的胼胝部。脐孔大，漏斗状。常生活在丘陵山区农田附近灌木丛、草丛、石块下多腐殖质、阴暗潮湿的环境中。

(23) 同型巴蜗牛 Bradybaena similaris（附图5）

巴蜗牛科。贝壳中等大小，壳高 12.0 mm，壳宽 16.0 mm。壳质厚，扁球形。螺层5~6个，前几个螺层缓慢增长，略膨胀；螺旋部低矮，矮圆锥形；体螺层增长迅速，特膨大。壳顶钝，缝合线深。壳面黄褐色、红褐色或梨色，生长线和螺纹稠密而细致，体螺层周缘或缝合线上常具1条暗褐色色带，有些个体无此色带。壳口马蹄形，口缘锋利，轴缘上部和下部略外折，略遮盖脐孔。脐孔小而深。本种个体形态大小、颜色等有较大变异。常生活在潮湿的灌木丛、草丛、田埂、乱石堆中的落叶、树枝、石块下，农作物根部土块、缝隙等阴暗潮湿、多腐殖质的环境，为广适性种类。

(24) 弗氏巴蜗牛 *Bradybaena fortunei*

巴蜗牛科。贝壳中等大小，左旋，壳高13.5 mm，壳宽20.0 mm。壳质薄，扁圆锥形。螺层5.5个，各螺层逐渐增长，略膨胀；螺旋部低矮，宽圆锥形；体螺层增长迅速，特膨大。壳面乳白色，体螺层中部稍上方及各螺层缝合线上方生长线和螺纹细而稠密。壳口椭圆形，向左下方倾斜，口缘薄，稍外折。轴缘短，外折，略遮盖脐孔。内唇贴覆于体螺层上，形成白色薄膜状的胼胝部。脐孔圆形。生活在山区、丘陵地带农田附近潮湿的灌木丛、草丛中，落叶、石块下或石缝隙中。

(25) 灰尖巴蜗牛 *Bradybaena ravida*（附图6）

巴蜗牛科。贝壳中等大小，壳高18.0 mm，壳宽21.0 mm。壳质稍厚，圆球形。螺层5.5~6个，前几个螺层增长缓慢，略膨胀；螺旋部低矮，体螺层急骤增长，特膨大。壳面黄褐色或琥珀色，生长线和螺纹细而稠密。壳顶尖，缝合线深。壳口椭圆形，口缘完整，略外折。外唇笔直，内唇稍偏斜，轴缘在脐孔处外折，略遮盖脐孔。脐孔狭小，缝隙状。本种个体大小、螺体颜色等均有较大变异。生活在农田、庭院、林边等阴暗潮湿、多腐殖质的环境。生活习性与同型巴蜗牛相似。

(26) 多毛环肋螺 *Plectotropis trichotropis*

巴蜗牛科。贝壳较小，壳高8.0 mm，壳宽15.0 mm。壳质薄，坚实，矮圆锥形。螺层6.5个，各螺层略膨胀，宽度缓慢均匀增长；螺旋部高，圆锥形；体螺层增长迅速，膨大，体螺层周缘中部具1龙骨状突起，下部膨胀。壳面角褐色或黄褐色，具细致而稠密的生长线和螺纹，龙骨周缘具毛状壳皮附属物和毛刺。壳口近卵圆形，口缘薄，锋利，轴缘与外唇稍外折，但不遮盖脐孔。脐孔较大，直径约为壳宽1/4。一般生活在阴暗潮湿、多腐殖质的灌木丛、草丛中，石块、落叶下或岩石缝隙中。

(27) 刚毛环肋螺 *Plectotropis barbosella*

巴蜗牛科。贝壳中等大小，壳高6.0 mm，壳宽11.0 mm。壳质薄，扁圆锥形。螺层6个，前几个螺层增长缓慢，略膨胀；螺旋部低矮，体螺层增长迅速，膨大，其周缘具1角形棱角，在壳口处几乎不偏斜。壳面浅褐色，壳皮粗糙。壳顶钝，缝合线浅。壳口马蹄形，口缘薄，稍扩大。生活在阴暗潮湿、多腐殖质的环境如山区、丘陵及农田附近杂草丛、灌木丛中，石块或腐木、落叶下。

(28) 黄蛞蝓 *Limax flavus*（附图7）

蛞蝓科 Limacidae。身体裸露而柔软，无保护外壳。伸展时体长可达100 mm，体宽12 mm。头部具淡蓝色触角2对。体背部前端1/3处具1椭圆形外套膜，前半部呈游离状，收缩时可覆盖头部，外套膜内具1薄而透明的椭圆形石灰质盾板(退化贝壳)。呼吸孔位于体右侧外套膜边缘，生殖孔位于右前触角基部稍后方2~3 mm处，尾部具短尾嵴。体色黄褐色或深橙色，具零散浅黄色斑点，靠近足部两侧颜色较浅。蹠足淡黄色。颚片弓形，黄褐色。齿舌角质，约有150列齿，中央齿1枚以及侧齿、侧缘齿、缘齿等。生活在阴暗潮湿、多腐殖质的温室、住宅附近，农田田埂等处。

(29) 双线嗜黏液蛞蝓 *Philomycus Bilineatus*（附图8）

蛞蝓科。无外壳，身体柔软，裸露，外套膜覆盖全身。伸展时体长35.0~37.0 mm，体宽6.0~7.0 mm。体灰白色或淡黄褐色，背部中央具1条黑色斑点纵带。身体前端较宽，后端狭长，尾部具1嵴状突起。触角2对，前短后长。呼吸孔圆形，在体右侧距头部5 mm处，右侧1条色带从下方绕过呼吸孔。蹠面肉白色，黏液乳白色。生活在阴暗潮湿、多腐殖质的灌木丛、草丛中，石块下或腐木下。

2.2.2.4　蚌目

(1) 舟形无齿蚌 *Anodonta euscaphys*（附图9）

蚌科 Unionidae。贝壳中等大小，壳长87.0 mm，壳高51.0 mm，壳宽21.0 mm。壳质稍厚而坚实，两壳略膨胀，外形呈长椭圆形。前部短而略低，后部长而略高，前端圆后端稍尖。背缘略弯，前背缘比后背缘略短，腹缘呈弱弧形，后缘呈斜切状，与腹缘相联呈钝角状。壳顶略膨胀，突出于背缘之上，约位于背缘距前端处1/3，通常被腐蚀。壳面光滑，具细微的同心环状生长轮脉。壳面呈灰黑色、棕色或淡绿色。珍珠层呈淡蓝色或灰白色，有珍珠光泽。壳顶窝浅，韧带短，前后闭壳肌痕略明显，呈卵圆形。铰合部弱，无齿。栖息于底质为泥底或淤泥底的缓流及静水水域内。

2.2.2.5　帘蛤目

(1) 河蚬 *Corbicula fluminea*（附图10）

蚬科 Corbiculidae。贝壳中等大小，成体一般壳长40.0 mm，壳高37.0 mm，壳宽20.0 mm左右。壳质厚而坚硬，两壳膨胀，外形略呈正三角形。贝壳两侧略对称。前部短于后部，前部短圆，后部稍呈角度。壳顶膨胀，突出，向内和向前弯曲，形成两壳顶极为接近，略偏前方，位于壳长2/5处。腹缘很弯几乎呈半圆形，背缘略呈截状，前缘圆。壳面呈棕黄色、黄绿色、黑褐色或漆黑色，具光泽，具粗的同心圆生长轮脉。壳顶窝较深，外韧带强，黄褐色，位于壳顶后部。外套痕明显，完整。前、后闭壳肌痕皆呈卵圆形，铰合部发达，左、右两壳各具3枚主齿，左壳具有前、后侧齿各1枚，右壳前、后侧齿各2枚。栖息于淡水的沟渠、池塘内。

第 3 章　蜘蛛

蜘蛛是节肢动物门蛛形纲中的一个大目，数量仅次于蜱螨目。蜘蛛不仅种类多，而且种群数量也很大。蜘蛛全系掠食性的，极大部分捕食的对象是害虫；加之蜘蛛的适应性强，繁殖率高，捕食量大的特点，所以，蜘蛛在消灭农林害虫中起很大的作用，是维持自然生态平衡重要的生态因素。

蜘蛛在动物界堪称为一奇特的类群，如有复杂的纺腺和纺器，蛛丝的强度和弹性，以及在生活和生殖中对丝的广泛应用，都是其他动物无法比拟的。由此可见，蜘蛛在经济上和学术上均有重要的意义，促使人类更好地研究、保护并利用它们。

3.1　蜘蛛的基本形态特征

蜘蛛身体分为头胸部和腹部，两者之间具细柄。头部和胸部愈合，具隆起的背甲，前方有3~4对单眼。头胸部具6对附肢，位于最前方的第一对螯肢较宽短，末端具爪，毒腺开口于爪尖。第二对脚须细长，6节，内缘具刚毛和细齿，用来把持和撕裂食物；雄性末

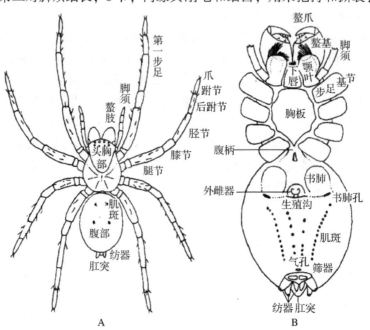

图 3-1　蜘蛛的外部形态特征（引自宋大祥，1987）
A. 背侧　B. 腹侧

节膨大成交配器。其余4对为步足,由基节、转节、腿节、膝节、胫节、后跗节和跗节组成,跗节末端具爪,爪下具毛丛,适于织网或爬行。腹部膨大,球形或略长,不分节。腹部前面正中具生殖沟和生殖孔,两侧为横向裂缝状的书肺孔。腹部后面中央具气门,后侧紧接2~3对纺绩突,连同体内的丝腺合称纺绩器。

一般雌蛛个体较大,雄蛛个体较小。多数蜘蛛结网捕食,有些蜘蛛不结网,营游猎生活,如蝇虎、狼蛛等。

3.2 天目山区常见蜘蛛分类与识别

蜘蛛属于节肢动物,全世界现存蜘蛛约4.4万余种,我国已经记录有蜘蛛4300余种。根据近年来的调查研究,天目山区共发现蜘蛛目动物25科77属130余种。

3.2.1 天目山区蜘蛛系统分类

天目山区分布的蜘蛛主要包括球蛛科、皿蛛科、肖蛛科、络新妇科、园蛛科、狼蛛科、盗蛛科、猫蛛科、漏斗蛛科、栅蛛科、蟹蛛科、跳蛛科等,种类较多的类群有球蛛科、皿蛛科、狼蛛科、蟹蛛科、跳蛛科,常见的种类如中华圆腹蛛、温室拟肥腹蛛、长肢盖蛛、西里银鳞蛛、沟渠豹蛛、森林漏斗蛛、三门近狂蛛、陷狩蛛、千岛花蟹蛛、白斑猎蛛、卡氏金蝉蛛等。

(1)球蛛科 Theridiidae

小到中型(3.0~16.0 mm),无筛器类蜘蛛。腹部通常为球形,背甲光滑,形状多变。8眼2列,少数为6眼、4眼或无眼;通常具棕色眼环。螯肢无侧结节,具毛丛,后齿堤无齿,前齿堤具齿数量因种类不同而异。下唇前缘不增厚。额高通常较高。步足粗短,一般具环状斑纹,3爪;步足第四跗节腹面具锯齿状毛,为本科重要鉴别特征。腹部多球形,部分种类表面具光泽,少数被毛。纺器3对。雄蛛触肢器复杂,一般不具副跗舟,可与园蛛科和皿蛛科加以区别。雌蛛外雌器常有明显陷窝,有些种类无。触肢器较复杂。生境多样,常结不规则的乱网,部分种类有假死现象。

(2)皿蛛科 Linyphiidae

体型小。复杂生殖器类,无筛器类蜘蛛。额高,超过中眼域长。8眼2列,异型,前中眼稍暗。螯肢粗壮,无侧结节,侧面具发音器。下唇前缘加厚。步足细长,胫节和后跗节多具刚毛,3爪。腹部长大于宽;皿蛛亚科的腹部具斑纹,微蛛亚科无斑纹。前后纺器短,圆锥状,中纺器隐藏于前、后纺器之间。有些种类雄蛛具背盾。皿蛛亚科的雄蛛触肢无胫节突,副跗舟发达;微蛛亚科有胫节突,副跗舟通常小。雌蛛外雌器形状多变化。

(3)肖蛸科 Tetragnathidae

小到大型(2.0~20.0 mm)蜘蛛。背甲长大于宽,体色黄褐色到暗褐色,轻微骨化或骨化较强烈。8眼2列,皆后凹,前后侧眼分离或相邻接。螯肢长,具成行大齿和粗壮距状突,个别种类螯肢粗短。下唇前缘加厚。胸板后端尖。步足细长,胫节上具1列直立听毛。腹部形状各异,某些种类腹部后端延伸到纺器之后。生殖沟平直。前、后纺器大小相近，2节，中纺器较小，1节。雄蛛触肢副跗舟多分离而可动。

(4) 络新妇科 Nephilidae

中到大型蜘蛛。活时体色鲜艳，具彩色花纹。8眼2列，前后眼列均后凹。步足长。雌蛛书肺盖上有横沟，外雌器骨质化强，简单；雄蛛触肢器副跗舟近方形，基部骨化程度较弱，背侧紧贴跗舟。

(5) 园蛛科 Araneidae

小到大型，无筛器蜘蛛。头胸部多数梨形，背甲坚硬，光滑或具刻点。8眼2列，侧眼离中眼域远而位于头部边缘，向外突出，中眼域梯形或方形，两侧眼着生于眼丘上，较接近。额窄，额高不超过前中眼直径2倍。螯肢粗短，具侧结节。步足具壮刺，3爪。各足除跗节外均具听毛。腹部大，三角形或椭圆形，背面具明显斑纹或隆起。两书肺，气管气孔接近纺器。纺器大小相近，聚成一簇。外雌器具特化垂体，生殖沟明显。雄蛛触肢复杂，副跗舟大，中突变化较大，生殖球可在跗舟内旋转。

(6) 狼蛛科 Lycosidae

小到大型(1.8~36.0mm)蜘蛛。3爪，游猎型蜘蛛。多数不结网，少数结简单漏斗型小网。体色灰褐色。8眼4-2-2排列；后列眼强烈后凹，后中眼与后侧眼的连线与身体的中轴线相交于头区前方(此特征区别于盗蛛科)。螯肢后齿堤具2~4齿。步足粗壮，具毛簇、刺。腹部椭圆形，后端圆形。无筛器。雄蛛触肢器由跗舟和生殖球组成，生殖球着生于跗舟内。雌蛛外雌器形态、结构因种而异。

(7) 盗蛛科 Pisauridae

中到大型蜘蛛(8.0~30.0 mm)。背甲深色，长大于宽，常具2条侧纵带，被白毛。8眼2列(4-4)或3列(4-2-2)。螯肢粗壮，具侧结节和毛丛，齿堤具齿。下唇长大于宽。步足长，逐渐尖细。各步足的腿、膝、胫和后跗节上具毛，转节具深缺刻，3爪。腹部较长，长卵圆形，向后趋窄，具羽状毛；背部有侧带或其他形状斑纹。游猎型蜘蛛，雌蛛以螯肢和触肢将卵袋携带在胸板的下方，幼蛛孵出后，再将其放到一张网上。有的种类生活在水池边，能在水面上行走。

(8) 蟹蛛科 Thomisidae

小到中型蜘蛛(3.0~23.0 mm)。步足强壮，向两侧伸展，可横行，形似螃蟹。背甲半圆形或卵圆形，部分种类具强大的突起或眼丘。8眼2列，前眼列后凹，后眼列强烈后凹；侧眼通常长在眼丘上，直径比中眼大。步足胫节及后跗节腹面常具数对粗短的刺。跗节2爪。腹部扁，后端宽圆，密被细毛。具舌状体。雄蛛触肢胫节具后侧突和腹突；盾板较平，部分种类具钩状突。雌蛛外雌器变化较大。

(9) 跳蛛科 Salticidae

小型，无筛器蜘蛛。活体是色彩艳丽。背甲前端方形。8眼3列，呈4-2-2排列；前列4眼，平直，前中眼大，像汽车灯；第2列眼最小；第3列眼较大，位于背甲背面；眼区常有成簇刚毛。螯肢后齿堤具单齿、复齿或裂齿3种类型。步足粗壮，善跳跃；跗节2爪，末端具毛丛。腹部形状从短到长方形。雌蛛外雌器形状各异，雄蛛触肢具胫节突，插入器形状不一。

天目山区常见蜘蛛分科检索表

1. 具筛器 ·· 2
    无筛器 ·· 3
2. 眼集中 ·· 拟壁钱科 Oecobiidae 拟壁钱属 Oecobius
    眼分散 ··· 隐石蛛科 Titanoecidae
3. 6 眼 ··· 幽灵蛛科 Pholcidae 六眼幽灵蛛属 Spermophora
    8 眼 ·· 4
4. 3 爪，无毛丛或毛簇 ··· 5
    2 爪，有毛丛或毛簇 ··· 17
5. 2 个纺器特长 ··· 长纺蛛科 Hersiliidae
    纺器正常 ·· 6
6. 纺器成一横列 ·· 栅蛛科 Hahniidae
    前后纺器并列 ·· 7
7. 肛丘密生长毛 ·· 拟壁钱科 Oecobiidae 壁钱属 Uroctea
    肛丘无长毛 ·· 8
8. 中央 2 个眼，左右各 3 个眼 ·· 幽灵蛛科 Pholcidae
    眼排成 2 列或 3 列 ·· 9
9. 眼列前凹或后凹 ·· 10
    眼列近平直或微凹 ··· 12
10. 前眼列强后凹，后眼列强前凹 ·· 猫蛛科 Oxyopidae
    后眼列强后凹 ·· 11
11. 第二行眼稍大于前中眼，第二、三行眼连线与中轴线相交于头区前缘内 ············· 盗蛛科 Pisauridae
    第二行眼显著大于前中眼，第二、三行眼连线与中轴线相交于头区前方 ············· 狼蛛科 Lycosidae
12. 第 4 足跗节腹面有锯状毛 ·· 球蛛科 Theridiidae
    第 4 足跗节腹面无锯状毛 ·· 13
13. 无舌状体 ··· 漏斗蛛科 Agelenidae
    通常具舌状体 ·· 14
14. 颚叶长远大于宽 ·· 15
    颚叶长宽相近或稍大于宽 ·· 16
15. 触肢器发达，副跗舟近方形 ·· 络新妇科 Nephilidae
    触肢器相对简单，副跗舟多数为分离骨片 ·· 肖蛸科 Tetragnathidae
16. 额高通常小于前眼径 2 倍，螯肢通具侧结节，无发声嵴 ···························· 园蛛科 Araneidae
    额高通常大于前眼径 2 倍，螯肢通常无侧结节，具发声嵴 ························ 皿蛛科 Linyphiidae
17. 头胸部近方形，眼域占头胸部 1/3 以上 ·· 跳蛛科 Salticidae
    头端趋窄，眼集中于前方 ·· 18
18. 步足左右伸展 ·· 19
    步足前后伸展 ·· 21
19. 后眼列前凹 ·· 巨蟹蛛科 Sparassidae
    后眼列后凹或平直 ··· 20
20. 前 2 对足显著长于后 2 对足，前侧眼大于前中眼 ··· 蟹蛛科 Thomisidae
    前后足长度相差不大，前侧眼和前中眼同大 ·· 逍遥蛛科 Philodromidae
21. 后眼列强烈后凹 ·· 栉足蛛科 Ctenidae
    后眼列稍前凹或后凹或平直 ·· 22
22. 后中眼多为卵圆形或不规则形；前纺器圆柱形，长于后纺器，相互分离不遮挡中纺器 ···············
    ··· 平腹蛛科 Gnaphosidae
    后中眼圆形；前纺器圆柱形或圆锥形，稍短于后纺器，相互靠近遮挡住中纺器 ············· 23
23. 眼域宽小于背甲宽度 1/2，下唇长宽相等 ··· 光盔蛛科 Liocranidae
    眼域宽至少为背甲宽度 1/2，下唇长大于宽 ··· 管巢蛛科 Clubionidae

3.2.2 天目山区常见蜘蛛

3.2.2.1 球蛛科

(1) 蚓腹阿里蛛 *Ariamnes cylindrogaster*

雌蛛体长 25.3~26.8 mm；背甲平坦，黄褐色，头部较窄长。前眼列后凹，后眼列稍前凹。螯肢黄色，颚叶、下唇呈黄色；胸板黄褐色，呈盾形。步足细长，黄色，腿节、膝节和胫节褐色；腿节、胫节末端肥大，纵列毛排列整齐，第四步足跗节前侧面具1列锯齿状毛。腹部后端向后极度延长呈蚓状，背面及腹面黄褐色，侧面黄绿色或绿色。雄蛛体长 20.0~21.0 mm，背甲颜色较雌蛛深，额部前突。其他特征同雌蛛。

(2) 星斑丽蛛 *Chrysso scintillans*

雌蛛体长 3.6~5.5 mm；背甲黄色，长大于宽。颈沟明显，中窝椭圆形，横向。8眼近乎等大，两眼列均后凹。螯肢黄色，前齿堤3齿，后齿堤无齿。颚叶、下唇橙黄色。胸板黑褐色。步足橙黄色，具黑褐色环纹。腹部金黄色具银鳞斑，长菱形，中段最宽，侧面观略呈三角形。腹面灰黄色。雄蛛体长 3.0~3.5 mm，各步足的黑褐色环纹比雌蛛更明显。腹部后端突出部细长而显著。其他特征同雌蛛。

(3) 中华圆腹蛛 *Dipoena sinica*

雌蛛体长 2.9~3.0 mm；头胸部在眼区最高，额区下缘呈三角形。背甲黄色，三角形。眼区深褐色，颈沟及放射沟隐约可见。螯肢黄色，螯牙长。胸板米黄色，具棕色边。步足黄色，多细毛，各腿节、胫节及跗节近端均具浅黑褐色环纹。腹部长卵形，后端稍尖，密被黄褐色刚毛。背面土黄色，中部两侧各具1列黑色斑，前半部左右两列斑点之外亦呈黑色。腹部腹面浅黄色。雄蛛体长 2.9~3.1 mm，头胸部圆盘形，背面凹陷。螯肢弱小。其他特征同雌性。

(4) 云斑丘腹蛛 *Episinus nubilus*

雌蛛体长 4.3~4.8 mm；头胸部前段狭窄，中、后部宽。背甲黄褐色，两侧缘灰黑色，颈沟及放射沟褐色，头部中央具1"Y"形灰褐色斑。眼域隆起，前眼列下的额部凹入，两眼列均后凹。螯肢黄褐色，前、后齿堤均无齿。胸板灰褐色。腹部背面具不规则黑褐色斑，腹面灰褐色。雄蛛体长 3.2~3.4 mm，步足较短粗，多毛。其他特征同雌性。

(5) 日本拟肥腹蛛 *Parasteatoda japonica*

雌蛛体长 3.3~4.2 mm；背甲橙黄色，颈沟、放射沟黄褐色，中窝呈1菱形刻痕。8眼2列，前侧眼最大，其余6眼等大。螯肢黄色。颚叶、下唇、胸板橙黄色。步足深黄色。腹部卵圆形，背面黄褐色，后部具3个黑色圆形斑；腹面黄褐色，正中具1卵圆形黑褐色斑。雄蛛体长 2.1 mm；背甲棕褐色，步足橙黄色。腹部深黄褐色，背面前半部无斑，后半部具1黑色斑。

(6) 宋氏拟肥腹蛛 *Parasteatoda songi*

雌蛛体长 3.8~4.0 mm；背甲深褐色，颈沟较深，黑褐色，放射沟浅黑褐色，背甲两侧具不明显的浅黑褐色网状纹。8眼2列，各眼均具黑棕色环。螯肢黄色。颚叶、下唇及胸板均黄色，胸板后端褐色。步足黄色，具黑褐色环纹。腹部背面观呈卵圆形，侧面观呈倒梨形，黄褐色，两侧具白色、紫褐色相间斜条纹。腹部腹面白色，正中具1横向紫黑色弧形斑。雄蛛体长2.6~2.8 mm；背甲黑褐色，梨形；腹部浅灰色，中央具1列纵向褐色斑带，两侧夹杂小的棕色点斑。

(7) 温室拟肥腹蛛 *Parasteatoda tepidariorum*

雌蛛体长5.1~8.0 mm；背甲黄橙色，颈沟及放射沟黄褐色。螯肢黄橙色，前齿堤2齿，后齿堤无齿。颚叶黄色，下唇及胸板灰褐色。步足橙色，具棕色斑纹，多毛。腹部椭圆形，背面高度隆起，被棕色毛。背面白色，具网状褐色细线纹，前部中央具黑褐色斑，稍后正中具1三角形黑褐色斑。腹部腹面白色，正中具1黑褐色弧形斑。雄蛛体长2.2~4.1 mm，体色较雌蛛略深。其他特征同雌蛛。

(8) 四斑高汤蛛 *Takayus quadrimaculatus*

雌蛛体长2.8~3.6 mm；背甲黄色，中央具深色纵带。颈沟黑褐色，放射沟不明显。螯肢黄色，前齿堤2齿，后齿堤无齿。颚叶、下唇浅橘黄色，胸板黄色。步足黄色。腹部球形，灰褐色或褐色，背面中央具1黄色叶状纵带，贯通腹背前后。纵带两侧黑色，具白色碎斑。腹部腹面黄色，气孔前具1圆形黑斑。雄蛛体长2.7~3.3 mm，体色较雌蛛深。其他特征同雌蛛。

(9) 圆尾银板蛛 *Thwaitesia glabicauda*

雌蛛体长4.3~4.5 mm；头胸部桃形，眼域隆起，8眼均着生于隆起上。背甲黄色，正中具1黄褐色纵条斑。中窝为1深纵沟，颈沟及放射沟深，色稍暗。8眼近等大，各眼基部均具黑褐色环。颚叶、下唇及胸板均黄色，胸板长大于宽，近三角形，后端钝圆。步足黄色。腹部后端向后上方突出呈圆形，背面和侧面密布银白色骨化斑，背面中央两侧各具4个黑褐色斑，腹部腹面黄色，无斑。雄蛛体长3.2~3.8 mm，腹部后端不向后上方突出。

3.2.2.1 皿蛛科

(1) 膨大吻额蛛 *Aprifrontalia afflata*

雌蛛体长4.1~4.5 mm；背甲棕褐色，前缘较窄。头区稍隆起，正中具1列短毛。颈沟、放射沟不明显，中窝短，纵向，红褐色。前眼列后凹，后眼列前凹。胸板心形。螯肢黄褐色，前齿堤6齿，后齿堤4齿。步足黄褐色。腹部卵圆形，短粗。腹部背面中央具1条浅灰色纵条纹，其余部分黑褐色；腹面灰色，具2个大黑斑。雄蛛体长4.0~4.4 mm；头部向前方延伸，头胸部无隆突，长于腹部，黄褐色。中窝纵长，颜色略深，放射沟不明显。腹部背面颜色较浅，腹面中央两侧各具1黑色长斑。

(2) 日本盖蛛 *Neriene japonica*

雌蛛体长2.8~3.5 mm；头部略隆起，橙黄色。颈沟明显，放射沟不明显，胸部平坦。8眼2列，前、后侧眼相接。胸板黑褐色，前尖后宽，被细长浅色毛。螯肢淡褐色，前齿堤3齿，后齿堤2齿。颚叶和下唇远端淡褐色，近端黑褐色。步足淡褐色。腹部背面黄褐色，具黑色叶斑和白色鳞斑，两侧密被白色鳞斑。腹面黑褐色，中央具少量黄色斑。

(3) 长肢盖蛛 *Neriene longipedella*

体长3.7~4.2 mm；背甲黄色至深黄褐色，边缘黑色。头部隆起，胸部平坦，头胸部黄褐色，两侧具2条黄色带，皮下无白斑。胸板紫褐色。螯肢前基部偏外具1疣突，前齿堤3齿，后齿堤6齿。步足黄色或黄褐色，细长。腹部长筒形，背面灰褐色，两侧缘白色。

(4) 华丽盖蛛 Neriene nitens

雌蛛体长 4.8~6.9 mm；头胸板黄褐色，头部略隆起；中窝纵向，其后具较大倒三角形凹坑。8眼2列，前中眼最小，其余6眼近乎等大。胸板棕色或黄棕色，后端黑色，无斑。螯肢淡黄色，前齿堤4齿，后齿堤5齿。步足黄色。腹部长筒型，背面前端稍向上隆起，底色白色。腹面中央具1宽的浅黑色或灰褐色纵带，内具白色斑块。雄蛛体长 4.7~6.0 mm，头胸板颜色、斑纹同雌蛛。螯肢前基部中央具1小疣突，前齿堤2齿，后齿堤5齿，第1齿较大。

3.2.2.3 肖蛸科

(1) 西里银鳞蛛 Leucauge celebesiana

雌蛛体长 7.6~13.1 mm；背甲浅黄褐色，两侧缘颜色较深，边缘具短细的黄褐色刚毛。两眼列均后凹，接近等宽。螯肢浅黄褐色，前齿堤3齿，后齿堤4齿。下唇、颚叶和胸板浅黑褐色。步足黄褐色，各节顶端黑褐色，步足刺粗而颜色深。腹部长卵形，银白色；前端钝圆，后端稍窄，背面中央具3条后端合并的黑褐色纵条纹，中间1条中段具3对分枝。腹部侧面具2条黑褐色纵条纹，上窄下宽，并散布黄白色鳞斑。腹面中央具1较宽褐色纵带。雄蛛体长 4.4~6.7 mm，似雌蛛，腹部呈长卵形，纵条纹均黄褐色，仅背面中央部位的左右纵条纹末端为黑褐色。

(2) 江崎肖蛸 Tetragnatha esakii

雌蛛体长 7.6 mm；背甲浅黄褐色，头部边缘浅褐色。8眼2列，前眼列后凹，后眼列强烈后凹，各眼均具黑褐色眼斑。螯肢浅黄褐色，前齿堤8齿，后齿堤6齿。下唇、颚叶浅褐色，具褐色细边。胸板浅褐色，三角形。步足黄褐色，细长。腹部长卵圆形，浅黄褐色，密布银白色鳞斑。雄蛛体长 6.12 mm；背甲、腹部背面和腹面浅杏黄色。螯肢无前、后护齿，婚距不分叉，具副齿，螯牙背面近基部具1较大齿突。

(3) 锥腹肖蛸 Tetragnatha maxillosa

雌蛛体长 6.8 mm；背甲相对窄长，以颈沟为界前半部黄褐色，后半部浅褐色。8眼2列，前眼列明显后凹，后眼列稍后凹。螯肢黄褐色，前齿堤8齿，后齿堤11齿。下唇黑褐色，颚叶和胸板浅褐色。步足浅褐色，各节顶端均黑色。腹部由中间向前逐渐加宽，向后则逐渐变细，背面和侧上部被银白色鳞斑，通常背中线具1分支黑色纵条纹。雄蛛体长 3.8 mm；螯肢长于背甲，前面近端部具1顶不分叉的婚距，前、后护齿均较小。前齿堤8齿，后齿堤10齿。腹部长筒形，背面通常无纵条纹。

(4) 前齿肖蛸 Tetragnatha praedonia

雌蛛体长 8.5 mm；头胸部褐色，中部和两侧缘灰黑色。8眼2列，前眼列后凹，后眼列平直，前后两侧眼眼丘基部相连。螯肢棕色，短于头胸部。螯爪基部外缘具1明显的尖锐突起，螯爪黑色。前齿堤9齿，第1、2齿在螯爪基部，距离较远，为1乳突状瘤齿，后齿堤7~8齿。胸板黑褐色，边缘色深。步足黄色，各节末端色深具刺。腹部前端略钝圆，后端稍尖，腹部背面布满银白色鳞斑。近背面中央部分具1黑褐色纵行条斑，条斑两侧分叉，呈数对"人"字形斜纹。腹部末端背侧具2对半月形条状黑斑，腹面正中具1条宽黑带，两侧各具1条黑线直达体末端合并。雄蛛体长5.2 mm；背甲、步足颜色和眼的排列均似雌蛛。螯肢婚距分叉，前面具1副齿，具前、后护齿。前齿堤9~10齿，第1齿呈乳突状，第2齿显著大于其余各齿；后齿堤6齿。螯肢近端部在前、后齿堤间尚具1排4齿。腹部色泽较雌蛛浅，背面不具暗色纵带和黑色条斑，仅中央具1分支的黄褐色纵条纹。

3.2.2.4 络新妇科

（1）棒络新妇 *Nephila clavata*（附图11）

雌蛛体长17.0~25.0 mm；背甲前缘和后缘间具1宽黑褐色带，密被白色细毛。胸部两侧缘具较宽黄褐色边。8眼2列，均后凹，后眼列稍宽于前眼列。螯肢短粗，黑褐色，前齿堤3齿，后齿堤4齿；螯牙短，仅为螯肢长的1/3。下唇和颚叶黑褐色。胸板三角形，黑褐色；前半部中央具1梯形黄色斑，近前缘两侧各具1黄色小圆斑；后半部中央具1短棒状黄色斑。步足黑褐色，多细刺和细毛。腹部背面观长卵圆形，背面黄色，具5条蓝绿色横带。生活时体色艳丽。腹部侧面黄色，前半部具不规则的浅黑褐色斜条斑，后半部近顶部具2条较宽的红色斜条斑，并在纺器之前相连通，形成红色横带。腹部腹面黑褐色，中央具1黄色条斑，两侧各具1黄色纵条斑。雄蛛体长6.0 mm，体色较暗。背甲浅黄褐色，中央两侧各具1暗褐色纵带，从头部侧缘直伸至背甲的近后缘处。腹部长卵形，背面青褐色，前半部中央两侧各具1黄白色纵条斑，后半部具少量黄白斑。

3.2.2.5 园蛛科

（1）大腹园蛛 *Araneus ventricosus*

雌蛛体长16.9~29.0 mm；一般呈褐色。背甲较扁平，颈沟、放射沟均明显，头区前端较宽、平直。胸板黑褐色，仅螯基偶见黄褐色条纹，胸板具"T"字形黄斑。螯肢前、后齿堤各具3齿。步足粗壮，基节至膝节及跗节末端黑褐色，余为黄褐色并具褐色环纹。腹部略近三角形，肩角隆起，幼体更明显。心脏斑黄褐色，有的具白色斑。腹部两侧及腹面褐色。书肺板、纺器及其周围黑褐色。雄蛛体长10.0~16.0 mm，体色、斑纹与雌蛛相同。

（2）银背艾蛛 *Cyclosa argenteoalba*

雌蛛体长5.0~5.5 mm；背甲黑色，头部与胸部明显突出，中窝明显，脐状。放射沟不明显。螯肢黑褐色，螯爪棕红色。触肢黄色，胫、跗节黑褐色，具褐色毛。颚叶、下唇深褐色。胸板灰黑色，密被白色细毛，前端横直，后端尖锐，并显有放射状黄斑。步足黄褐色，具黑褐色轮纹及黑色长毛。腹部呈长卵形，两侧稍突出并微微翘起。整个腹背被大形银色鳞斑，前端具半圆形黑斑，后侧方和腹部末端具黑色块斑对应排列。腹背中央前侧具3对黑色筋点，后侧各具2条黄色纵纹。腹部腹面中央具方形银斑，其中明显有2块黑色纵斑。纺器黑色。雄蛛体长3.4~3.7 mm，体色、斑纹和雌蛛相同，腹部背面银白色成分更多。

3.2.2.6 狼蛛科

(1) 江西熊蛛 *Arctosa kiangsiensis*

雌蛛体长 5.0~6.2 mm；背甲黑褐色，正中斑色较淡。颈沟、放射沟明显。胸板黄褐色，螯肢黑褐色，前、后齿堤均 3 齿。颚叶、下唇基部黑褐色，远端黄褐色。触肢、步足黑褐色，有黄褐色环纹。腹部背面灰黑褐色，斑纹灰黄褐色；心脏斑窄而长，两侧各具 4 个不连续的斑块。腹部腹面灰褐色，纺器褐色。

(2) 宁波熊蛛 *Arctosa ningboensis*

雌蛛 5.2 mm；背甲赤褐色，正中隆起，头区两侧向外斜，前面观，两侧缘不平行。中窝赤褐色，短，位于头胸部中央。颈沟、放射沟明显。侧纵带始自颈沟，宽呈黑褐色。8 眼 3 列，前眼列 4 眼几乎等大，稍后凹，稍短于中眼列。背甲边缘黑色，侧斑不明显，背甲边缘黑色。胸板杏形，赤褐色，被稀疏短硬毛。螯肢稍粗壮，赤褐色，前齿堤 2 齿，后齿堤 3 齿。触肢、颚叶、步足皆黄褐色，步足具环纹。下唇黑褐色。腹部背面灰褐色间有黄褐色斑纹。

(3) 黑腹狼蛛 *Lycosa coelestis*

雌蛛体长 10.1 mm；体被褐色短毛，夹杂有白色短毛，头部两侧倾斜。背甲正中斑黄色，宽带状，明显，被白色短毛，前部前端略窄，前缘伸入第 3 列眼间，并超过第 3 眼列，后端中央具 1 对红褐色小斑，颈沟处略收缩，并具 1 对褐色小斑，后部在中窝之后收缩，中窝细短，位置较靠后，侧纵带褐色，较宽、放射沟较明显，侧斑较明显，基本连续，背甲侧缘黑褐色。8 眼 3 列，前眼列平直，略短于第 2 眼列，前中眼大于前侧眼。螯肢红褐色，前、后齿堤各 3 齿。颚叶近三角形，红褐色，端部黄色。下唇褐色，前缘黄白色，中央略凹陷。胸板黑褐色。步足粗壮，黄褐色。腹部背面浅褐色，散布黄色小点和褐色小斑；腹面褐色，具黄色斑纹。雄蛛体长 10.6 mm，背甲侧斑较不明显，腹部背面中央具 1 黄色宽纵带。其余特征基本同雌蛛。

(4) 星豹蛛 *Pardosa astrigera*（附图 12）

雌蛛体长 8.2 mm；背甲褐色，正中"T"字形斑明显，中窝处略膨大，周缘锯齿状，侧斑明显；放射沟黑褐色。前眼列平直，前中眼大于前侧眼，中眼间距大于中、侧眼间距。触肢腿节具 2 黑色环纹。步足黄褐色。雄蛛体长 7.2 mm；体色较雌蛛深，呈黑褐色。前眼列略前凹。额高约为前中眼直径 1.5 倍。第一步足胫节及跗节两侧具较稀疏长毛，跗节基部背面具 1 根长听毛。

(5) 沟渠豹蛛 *Pardosa laura*

雌蛛体长 6.4 mm；体被褐色短毛，背甲正中斑黄褐色，明显，前端宽，向后渐窄，仅在颈沟处略有收缩，两侧缘在中窝处略呈缺刻状，放射沟较为明显，侧斑模糊，有间断，背甲边缘黑褐色。胸板黑褐色，中央具 1 明显黄褐色纵纹。步足及触肢黄褐色，具明显环纹。腹部背面黄褐色，夹杂黑斑，心脏斑呈红褐色。雄蛛体长 4.7 mm，特征基本同雌蛛。步足环纹不如雌蛛明显。触肢黑褐色，密生黑褐色毛，膝节颜色略浅，散布白色毛，跗节端部有 2 爪。

(6) 类小水狼蛛 Piratula piratoides（附图 13）

雌蛛体长 4.0~6.0 mm；背甲正中斑黄褐色，"V"字形纹及两侧纵带均呈深褐色，较明显。8 眼 3 列，第一眼列 4 眼等距、等大，前眼列短于中眼列。胸板淡黄色，边缘颜色较深。螯肢、颚叶、下唇皆淡褐色，前齿堤 2 齿，后齿堤 3 齿。步足淡黄色，具不清晰的淡色环纹。腹部背面基色变异大，有的黄褐色，有的灰褐色。心脏斑明显，矛形，两侧及后方的银色圆点斑变异大。腹部腹面黄褐色，无斑纹。

(7) 前凹小水狼蛛 Piratula procurvus

雌蛛体长 4.1 mm；体被褐色短毛，头部两侧垂直。背甲正中斑黄褐色，"V"字形斑较明显，侧纵带较宽，放射沟较明显，侧斑宽，黄褐色，无深色斑纹，背甲侧缘黄褐色。8 眼 3 列，第一眼列 4 眼等距、等大，前眼列短于中眼列。螯肢黄褐色，前面具褐色纵纹，前、后齿堤各 3 齿。胸板黄色，边缘颜色较深。步足黄色，具较模糊的环纹。腹部背面褐色，心脏斑黄褐色。

3.2.2.7 盗蛛科

(1) 梨形绞蛛 Dolomedes chinesus

雌蛛体长 14.5~15.0 mm；背甲红褐色，头部及两侧具褐色浅纹。纵向中窝红褐色，前方具 1 对褐色三角形斑。额灰褐色。8 眼 3 列，第一眼列较其他眼列宽。螯肢具 1 条黑色沟纹，自基部延伸向前，前齿堤 2 齿，后齿堤 4 齿。颚叶黄色，下唇淡黑色，胸板黄色。步足赤褐色，具黑刺。腹部背面中央深褐色，散布浅红褐色小斑，两侧深褐色，具数条浅黄褐色线纹；腹面色泽渐淡而呈黄色或淡褐色，生殖沟后方具 1 长方形中黑斑。

(2) 赤条绞蛛 Dolomedes saganus

雌蛛体长 11.1~16.4 mm；背甲红褐色，密被褐色短绒毛，眼区及周围具数根长刚毛，后中眼后方具 1 褐色椭圆形斑。前眼列近平直，后眼列强烈后凹，后眼列宽于前眼列。触肢红褐色。螯肢深红褐色，前齿堤具 3 齿，后齿堤具 4 齿。颚叶红褐色，末端最宽。下唇宽大于长，深红褐色，末端浅黄色。胸板宽大于长，中央浅黄褐色，边缘灰褐色，具垂直的长刚毛。步足红褐色，多刺。腹部背面深褐色，心脏斑褐色，两侧为浅褐色纵带。腹部腹面中部褐色，两侧深褐色。雄蛛体长 8.9~13.2 mm，体色及斑纹等似雌蛛。触肢胫节突起分两叉，其内侧具 1 丛刚毛。

3.2.2.8 漏斗蛛科

(1) 森林漏斗蛛 Agelena silvatica（附图 14）

雄蛛体长 10.3~13.2 mm；背甲黄色，眼区隆起，其后中线两侧具 2 条黄褐色纵带，上具浓密短毛。中窝纵向，颈沟和放射沟明显。两眼列强烈前凹，后眼列宽于前眼列。螯肢褐色，侧结节黄色，前齿堤 3 齿，后齿堤 3 齿。颚叶和下唇深黄色。胸板深黄色。步足黄色，腿节背面、胫节和后跗节具刺。腹部背面黑褐色，中线两侧具 2 条黑色纵带和 5 个灰色"人"字形斑纹。纺器黄色，后侧纺器细长，末节长约为基节 2 倍。雌蛛体长 9.38~18.77 mm，体色及斑纹似雄蛛。

3.2.2.9 蟹蛛科

(1) 陷狩蛛 *Diaea subdola*

雌蛛体长 3.7~7.9 mm；背甲浅黄绿色，头胸部长大于宽，体黄色，具长毛。侧眼丘相连，侧眼远大于中眼。胸板浅黄绿色，四周着生长毛。下唇和胸板均长大于宽。螯肢具2个极小的齿。腹部卵圆形，长大于宽，具长毛。背面色斑不同，黄色、黄褐色、米色至淡褐色，夹杂白色斑，偶见2或3对点斑，常具1暗色不规则形大斑。雄蛛体长 3.3~4.1 mm；头胸部及附肢黄色或黄褐色，少数第一足腿节黑褐色。

(2) 三突艾奇蛛 *Ebrechtella tricuspidata*（附图15）

雌蛛体长 4.7 mm；头胸部通常绿色，眼丘及眼区黄白色。背甲浅黄褐色，无斑纹。颈沟、放射沟不明显。前列眼大致等距离排列。两侧眼丘隆起，基部相连。前侧眼及其眼丘最大。胸板心形，黄色。螯肢较长，螯爪较小。颚叶前端具毛丛。前两对步足显著长于后两对，步足基节、转节、腿节通常绿色，膝节以下黄橙色或带一些棕色环。腹部梨形，背面黄白色或金黄色，并有红棕色斑纹。雄蛛体长 2.7~4.0 mm；头胸部近两侧有时具1条深棕色带，边缘亦呈深棕色。前两对步足膝节、胫节、后跗节、跗节具深棕色斑纹。腹部后端不似雌蛛加宽。背面为黄白色鳞状斑纹，正中具1枝叉状黄橙色纹。

(3) 角红蟹蛛 *Thomisus labefactus*

雌蛛体长 5.3 mm；头胸部长宽相当，头区和额白色。背甲浅黄褐色，无斑纹。颈沟、放射沟不明显。头区及额部具白色斑。胸板长宽相当，或长稍大于宽。腹部土黄色，后部两边突出，背面具褐色斑纹，前端具5个明显肌痕，腹部末端三角形；腹面淡黄色，正中具白或黄色斑纹，长宽约相当。雄蛛体长 2.2~3.4 mm；螯肢无突起，具1~2根短刚毛。

(4) 东方峭腹蛛 *Tmarus orientalis*

雌蛛体长 5.6 mm；头胸部近乎长方形，褐色，夹杂白色斑纹，有对称排列的长刺状毛。前眼列平直，后眼列微后凹。前、后眼丘的基部相连。前眼列中眼间距大于中侧眼间距，后眼列中眼间距小于中侧眼间距。中眼域宽略大于长，后边显著大于前边。额甚长，斜坡状。胸板长椭圆形，生有长毛，毛基有褐色斑。腹部长，后部宽，后端突出，在此突下方的腹部后缘垂直，腹部后端高。腹部背面黄白色，有褐色斑点，并在背甲中线两侧有3对左右对称的褐色横线。外雌器后方有1黄色纵带。雄蛛体长 3.9 mm；头胸部长度略大于宽度，背中部色较淡，两侧色较深。腹部窄长，两侧缘基本平直；后部高度与前部相仿，后缘不垂直，向后方倾斜。腹部背面灰白色，具长刺。

(5) 嵯峨花蟹蛛 *Xysticus saganus*

雌蛛体长 5.8~8.2 mm；背甲黄褐色及1对暗褐色纵纹，侧缘褐色。胸板深褐色，盾形，周围长有较密黑毛。螯肢、颚叶、下唇、胸板、触肢黄褐色。前2对步足粗长，斑纹色深，后2对步足颜色浅，各节末端有褐色斑点。腹部梨形，腹背深褐色，多黑毛，侧缘有灰白斑点；腹面颜色浅。雄蛛体长 3.6 mm。

(6) 鞍形花蟹蛛 *Xysticus ephippiatus*（附图16）

雌蛛体长 5.5 mm；整体淡黄褐色，背甲两侧具红棕色纵行宽纹，头胸部长宽相近。眼周围尤其是侧眼丘部位白色，两前侧眼之间具1条白色横带，穿过中眼域。两眼列均后凹，两侧眼丘愈合。中眼域基本呈方形，前边略长于后边。下唇长大于宽，下唇和颚叶末端青灰色。胸板盾形，前缘宽而略后凹，后端尖。前两对步足较长而粗壮，色泽较后两对足为深，具黄白色斑点。腹部长略大于宽，后半部较宽，后端圆形。腹部背面具黄白色条纹及红棕色斑纹。雄蛛体长4.6~5.3 mm；背甲深红棕色，前两对步足较细长，腿节和膝节亦呈深棕色，与雌蛛有明显区别。

（7）千岛花蟹蛛 *Xysticus kurilensis*

雌蛛体长5.7~6.3 mm；背甲淡黄色，夹杂棕色、白色斑纹。头胸部背面两侧具较宽红棕色纵斑，近侧缘具不规则棕色斑。颈沟、放射沟不明显。两眼列均后凹，前眼列中眼间距大于中侧眼间距，后眼列各眼距离约相等。中眼域宽大于长，后边略大于前边。胸板心形，较小，密布黑色细毛。腹部灰色，梨形，腹末端稍宽；腹面灰色，少毛，密布黑色毛，腹面正中具1大块灰褐色斑。雄蛛体长5.0~6.3 mm；头胸部的棕斑色泽深，范围大。

3.2.2.10 跳蛛科

（1）白斑猎蛛 *Evarcha albaria*

雌蛛体长6.0~8.0 mm；眼域几乎占头胸部1/2，黑褐色，后边等于或短于前边，后边向前凹入。额部具白色长毛。胸板黄橙色，或具黑褐色细斑。步足具淡或深褐色斑纹。腹部背面具3~4条黑褐色弧形横纹，背部后端具1对椭圆形大黑斑；腹面橙黄色，有少数黑斑。有的个体腹部背、腹面暗褐色，无上述斑点。雄蛛体长4.5~5.7 mm；眼区前密生白色短毛，呈白色横纹，眼区后具1对近椭圆形的斜置白斑。步足黑褐色毛较多。触肢胫节外侧具3根突起，跗节背面具白色毛。

（2）美丽蚁蛛 *Myrmarachne formicaria*

雌蛛体长6.0 mm；眼后白斑粗而明显。螯肢前齿堤7齿，后齿堤6齿。触肢红褐色，胫、跗节较宽扁，具长毛。胸板灰褐色，长为宽的3倍。各步足胫、转节黄白色，除第4对步足膝节黄白色外，其余各节红褐色。整个腹部被白色毛，腹面灰黄色，后半部两侧黑色。雄蛛体长6.4 mm；头胸板隆起，深褐色。眼后与胸部相连处具1浅色横缢，上被白色细毛。螯肢、颚叶红褐色，下唇黑褐色，中段较宽。螯肢前齿堤7~10齿，近螯爪处2齿较大，后齿堤4~10齿。腹部背面前半部灰黄色，具1对不明显三角形黑斑，后半部黑褐色。腹部腹面有宽灰黄带，两侧后半部黑褐色。

（3）吉蚁蛛 *Myrmarachne gisti*

雌蛛体长6.8 mm；黑色背甲隆起，前缘具白毛。眼域近方形，后边稍长于前边。螯肢红褐色，前齿堤6~7齿，前4齿较大，后齿堤7~9齿，紧密排列。触肢红褐色，上具白色细毛，末端宽扁。腹部腹面灰黑色，生殖区灰黄色，生殖沟至纺器前具1条正中宽纵带。雄蛛体长6.0 mm；黑色头胸板隆起，前缘具白毛。眼区近方形，后边稍宽于前边，宽略大于长。胸板红褐色，倒卵圆形。头胸部间两侧横溢处各具1处被白色毛三角斑。螯肢前齿堤10齿，近螯爪处2齿较大，其中1齿向前，1齿向前偏外，后齿堤8小齿。颚叶、下唇黄褐色。胸板深红色，长为宽3倍。腹部灰黑色，具两条浅色横带，前狭后宽。

（4）花腹金蝉蛛 *Phintella bifurcilinea*

雌蛛体长3.5 mm；头胸部棕色。眼区宽大于长，具黑褐斑。眼区后散布黑色毛，与腹部相邻斜面具白色毛。背甲侧缘具细黑边，内侧各具1条长的黄白纹。螯肢前齿堤2齿，后齿堤1齿。胸板褐色。触肢与步足橙黄色。腹部、背面黑褐色，沿背中线具纵形黄斑，中间具1长椭圆形黑斑。侧面前半部具1淡黄纵斑，后半部具斜行纹。腹面外雌器后方黑褐色。纵斑两侧各具1条平行的淡黄纵斑。雄蛛体长2.6~3.5 mm；头胸部背面褐色。第3列眼前方及眼区后中部可见3个白斑，眼区后方背甲也具3个白斑，排列成前凹的弧形。螯肢强大，红棕色。各步足后跗节、跗节及第4步足腿节大部分淡黄色，其余各节棕褐色。

(5) 卡氏金蝉蛛 *Phintella cavaleriei*

雌蛛体长4.0~5.0 mm；背甲橙色，第2列眼约在前列眼与第3列眼中间位，眼区色淡，眼周具黑斑。胸部斜坡处具黑纹，背甲边缘略为黑灰色。螯肢前齿堤2齿，后齿堤1齿，较大。胸板淡黄色，触肢生有白毛。步足纤细，淡黄色。腹部背面淡黄色，散生褐色斑，后端具1圆形黑斑，腹面淡黄色。雄蛛体长4.5~4.8 mm；背甲色较红，近褐色。步足较雌蛛粗长，第1步足自腿节至后跗节两侧黑褐色，第2、3步足腿节前侧面、胫节前后侧面具黑边。

(6) 盘触拟蝇虎 *Plexippoides discifer*

雌蛛体长9.8 mm；头胸板黄褐色，背甲边缘黑褐色。眼区黑褐色，胸部具1宽的红褐色正中条斑，侧缘带赤褐色，密被白色鳞状毛。螯肢红褐色，前齿堤2齿，后齿堤1齿。颚叶、下唇褐色，胸板橘黄色无斑纹。步足黄褐色，各节相关连处具褐色环纹。腹部卵圆形，背面黄褐色，具两条褐色纵带，隐约可见淡褐色正中线。腹面黄褐色，正中带褐色，较宽，两侧具数条黑褐色线纹。雄蛛体长6.7 mm，体型、斑纹与雌蛛相似。

(7) 昆孔蛛 *Portia quei*

雄蛛体长6.0~6.5 mm；头胸部高而隆起，背甲褐色，眼域黄褐色，被稀疏黄褐色毛。前中眼周围褐色，其余眼周围黑褐色。背甲腹侧缘密被白色鳞毛，形成2条侧缘毛带。胸板黄褐色，颚叶褐色，下唇灰褐色。步足细长，褐色。腹部背面黄褐色，密被褐色毛，背面前、中、后部共具5个白色毛斑。腹面正中带褐色，密被褐色、灰白色毛。雌蛛体长6.6~7.7 mm，体色及斑纹与雄蛛相似。

(8) 暗宽胸蝇虎 *Rhene atrata*

雌蛛体长6.8~8.0 mm；背甲黑褐色，眼域及胸部两侧黑色被白毛。后中眼位于前侧眼基部。胸板狭长，长约为宽的2倍，赤褐色，被长毛。螯肢黑褐色，被白毛，前齿堤2齿，后齿堤有1大齿，齿堤具毛丛。颚叶、下唇黑褐色，端部颜色较浅，具毛丛。步足褐色至黑褐色，被白毛，刺少而短。腹部背面黄褐色，肌痕3对深褐色，心脏斑长条形。腹部腹面浅灰色，具4条深褐色小点形成的细纹。有的末端具2个大黑斑。纺器灰褐色，基部具1黑色圆环。雄蛛体长4.9 mm，形态特征基本同雌蛛。

(9) 蓝翠蛛 *Siler cupreus*

雌蛛体长6.7~7.2 mm；体黄褐色，头胸部边缘被蓝白色细毛。眼区黑褐色，约占头部的1/2；眼区长方形，宽大于长，前边等于后边。螯肢黑褐色，前齿堤2齿，后齿堤具1大板齿，顶端锯齿状。触肢跗节黄白色，第1步足稍粗大，腿节黑褐色，腿节背面为浅色。腹部背面呈蓝绿珠光色，前和后1/3处各具1黄褐色内凹弧形斑。雄蛛体长4.5 mm；头胸部背面沿黑色边缘具1蓝白色环带。第1步足粗壮，灰褐色，腿节、胫节背面及腹面和膝节腹面均密被黑色长丛毛。

(10) 普氏散蛛 *Spartaeus platnicki*

雌蛛体长8.0 mm；背甲褐色，被白色及褐色毛。前眼列宽于后眼列，眼丘及基部周围、背甲两侧黑褐色。中窝纵向，其后具大的三角形浅色斑。胸板浅褐色，边缘黑褐色，被褐色毛。额褐色，被褐色长毛。螯肢暗褐色，前齿堤6齿，后齿堤7小齿。颚叶、下唇深褐色，端部色浅具绒毛。触肢深褐色，具浓密白色刷状毛。步足褐色，具灰黑色轮纹，足刺长而强壮。腹部长卵形，灰黑色，中央浅褐色，斑纹不清晰；腹面灰黑色，两侧具浅色纵带。纺器灰黑色。雄蛛体长6.4 mm；背甲颜色及斑纹同雌蛛。前齿堤6齿，后齿堤10个齿状突。腹部卵圆形，前端稍宽，背面灰黑色，两侧具灰黑色斜纹，腹面灰褐色。

第4章 昆虫

昆虫种类繁多、形态各异，属于无脊椎动物中的节肢动物，是地球上数量最多的动物群体，在所有生物种类(包括细菌、真菌、病毒)中占了超过50%，它们的踪迹几乎遍布世界的每一个角落。人类已知的昆虫有100余万种，但仍有许多种类尚待发现。昆虫是节肢动物中最多的一类动物，最常见的有蝗虫、蜜蜂、蜻蜓、苍蝇、蝴蝶、蛾类等。

4.1 昆虫的基本形态特征

4.1.1 昆虫的主要特征

昆虫属于节肢动物门，身体左右对称，体躯由若干环节组成，某些体节着生成对而分节的附肢，皮肤硬化成外骨骼，附着肌肉。昆虫成虫身体明显分为头、胸和腹3个体段。头部一般具有口器、1对触角、1对复眼和2~3个单眼。胸部具3对足、2对翅(多数种类)。腹部多由9个以上体节组成，末端具外生殖器，有时还有1对尾须(图4-1)。

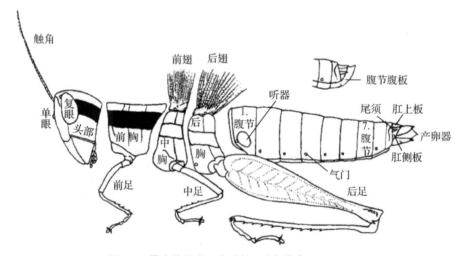

图4-1 昆虫的基本形态结构(引自堵南山，1989)

4.1.2 头部

头部由几个体节愈合而成，形成坚硬的头壳，与可收缩的颈部与胸部相连。头壳前方、介于复眼之间的部分为额，额下方为唇基，上方、复眼之间部分为头顶；额的两侧、复眼下方部分为颊；头顶和复眼后方为后头。头部是昆虫感受和取食中心，触角、复眼、单眼和口器等结构均着生其上。

(1) 眼

眼是昆虫的视觉器官，在栖息、取食、繁殖、避敌、运动等各种行为中起着重要作用。

①复眼：位于头的两侧上方，由多数小眼集合组成，能够感觉物象，是昆虫的主要视觉器官。复眼中的小眼面一般呈六角形，一般复眼越大，小眼数目越多，视觉越清晰。在蝇类和蜂类中雄性复眼常比雌性的大，常以此进行两性区分。

②单眼：分背单眼和侧单眼，只能感觉光线的方向和强弱。一般成虫和不完全变态的幼虫具有背单眼，着生于额区上方复眼之间，一般3个，排列呈倒三角形，有时1或2个。完全变态昆虫的幼虫具有侧单眼，位于头部两侧下缘，一般为1~7个。单眼的数目、位置或排列特点可作为分类的特征。

(2) 口器

口器是昆虫的取食器官，由于昆虫的种类、食性和取食方式不同，它们的口器在外形和构造上有各种不同的特化，形成各种不同的口器类型。

①咀嚼式口器：是昆虫中最基本而原始的口器类型，由上唇、上颚、下颚、下唇和舌5部分构成。其中上唇片状，位于口器上方，咀嚼式口器适合取食固体食物，如直翅目的蝗虫、蟋蟀和蝼蛄，鞘翅目的昆虫、鳞翅目的幼虫。

②刺吸式口器：上颚、下颚、舌及上唇均延长，特化为针状口针；下唇延长成分节的喙，背面内凹形成食物道，将口针包藏于其中。如同翅目的蝉、蚜虫，半翅目的蝽类和双翅目的蚊类。

③嚼吸式口器：兼有咀嚼固体食物和吸食液体食物两种功能，为一些高等蜂类所特有。口器上颚发达，可以咀嚼固体食物，下颚和下唇特化为可临时组成吮吸液体食物的喙，由外颚叶和中唇舌抱合成食物道。

④虹吸式口器：为多数鳞翅目成虫所特有。上颚及下唇退化，上唇为一条很狭的横片；下颚外颚叶十分发达，形成一个卷曲呈钟表发条状的喙，中间具食物道。下颚须退化，下唇须发达。

⑤舐吸式口器：为双翅目蝇类所特有。蝇类的上下颚退化，仅余1对棒状的下颚须；下唇特化成长喙，喙端部膨大成一对具环沟的海绵状吸盘(唇瓣)，适合取食流质的腐败食物。

⑥锉吸式口器：为蓟马类昆虫特有。上颚不对称，右上颚高度退化或消失，口针由左上颚和1对下颚特化而成，取食时先以左上颚锉破植物表皮，然后以头部向下的短喙吮吸汁液。

(3) 触角

除少数种类外，昆虫头部具触角1对，着生于额的两侧，两复眼之间。触角上着生各种感觉器官，具有触觉和嗅觉功能，是昆虫接收信息的主要器官。触角由许多环节组成，基部一节称柄节，第二节称梗节，余下各节称鞭节。

触角的形状因昆虫的种类和性别不同而异，常作为识别昆虫类群和种类的主要依据。常见的昆虫触角有以下几种类型(图 4-2)：

①刚毛状触角：基部 1~2 节较粗，鞭节纤细似一根刚毛，如蜻蜓目、同翅目的触角。

②丝状触角：鞭节各节细长如丝，无特殊变化，如直翅目蝗虫的触角。

③念珠状触角：鞭节各节大小相似，圆球状，如等翅目白蚁的触角。

④锯齿状触角：鞭节各节向一侧突出呈三角形，整个触角形似锯条，如鞘翅目芫菁的触角。

⑤栉齿状触角：鞭节各节向一侧或两侧突出呈梳齿状，整个触角呈栉(梳)状，如一些甲虫、蛾类雌虫的触角。

⑥膝状触角：柄节发达，鞭节与梗节之间弯曲呈一角度，如蚂蚁、蜜蜂的触角。

⑦具芒触角：鞭节仅一节，肥大，其上着生有 1 根芒状刚毛，如蝇类的触角。

⑧环毛状触角：鞭节各节基部着生一圈刚毛，如雄蚊、摇蚊的触角。

⑨棒状(球杆状)触角：鞭节基部若干节细长如丝状，末端数节逐渐稍膨大，似棒球杆，如蝶类的触角。

⑩锤状触角：鞭节末端数节突然膨大，如露尾虫、郭公虫等的触角。

⑪鳃叶状触角：鞭节端部数节向一侧延展成薄片状叠合在一起，状如鱼鳃，各节具 1 片状突起，各片重叠在一起时似鳃片，如金龟子的触角。

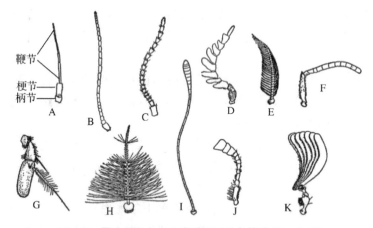

图 4-2　昆虫触角的结构和类型(引自管致和，1980)

A. 刚毛状触角；B. 丝状触角；C. 念珠状触角；D. 锯齿状触角；E. 栉齿状触角；
F. 膝状触角；G. 具芒触角；H. 环毛状触角；I. 棒状触角；J. 锤状触角；K. 鳃叶状触角

4.1.3　胸部

胸部是昆虫的运动中心，由 3 个体节组成，依次称为前胸、中胸和后胸。每个胸节各具 1 对胸足，多数昆虫中后胸还各具 1 对翅。

胸部每一胸节由 4 块骨板构成，背面的称为背板，左右两侧的称侧板，腹面的称为腹板。各骨板又被若干沟划分为一些骨片。前胸发达程度、前胸背板和小盾片的形状、大小、色泽常作为辨识种类的依据。

(1) 胸足

胸足着生于胸部体节两侧下方，依次为前足、中足和后足，由基节、转节、腿节、胫节、跗节、前跗节组成(图4-3)。

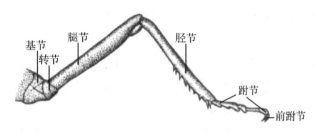

图 4-3　昆虫胸足的基本结构(引自彩万志，2001)

胸足大多用于运动，但由于各种昆虫生活环境和生活方式不同，足的结构和功能发生很大变化，可以分成许多类型(图4-4)。

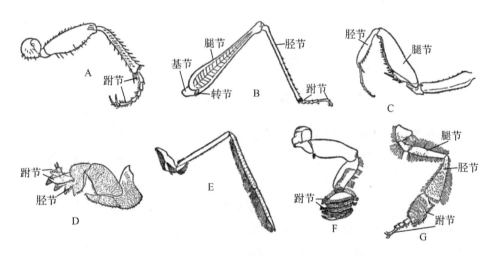

图 4-4　昆虫足的基本类型(引自管致和，1980)
A. 步行足；B. 跳跃足；C. 捕捉足；D. 开掘足；E. 游泳足；F. 抱握足；G. 携粉足

①步行足：各节皆细长，适于步行，如蜚蠊的足，蝗虫的前2对足。
②跳跃足：如蝗虫的后足，腿节膨大，胫节细长而多刺，适于跳跃。
③捕捉足：如螳螂、螳蛉的前足，基节长大，腿节发达，腹缘具沟，沟两侧具成列的尖刺；胫节腹缘亦具两列细刺，适于捕捉与握持食物。
④开掘足：如蝼蛄的前足，各节粗短强壮，胫节扁平，端部具4个发达的齿。跗节3节，极小，着生在胫节外侧，呈齿状。适于挖掘土壤。
⑤游泳足：如仰泳蝽、龙虱的后足。胫节和跗节均扁平呈桨状，边缘具成列的长毛，

适于游泳。

⑥抱握足：如雄龙虱的前足。跗节分5节，前3节变宽，并列呈盘状，边缘具缘毛，每节具横走的吸盘多列，后2节很小，末端具2爪。

⑦携粉足：如蜜蜂的后足。各节均具长毛，胫节端部宽扁，外部光滑面凹陷，边缘具成列长毛。形成花粉篮；跗节分5节，第1节膨大，内侧具数排横列的硬毛，可收集沾在体毛上的花粉。胫节与跗节相接处的缺口为压粉器。

（2）翅

昆虫成虫期通常有2对翅，分别着生于中、后胸，少数种类只有1对翅或完全无翅。翅多数呈三角形，展开时朝前的边缘称前缘，朝后的边缘称后缘或内缘，朝身体外侧的边缘称外缘。与身体相连的一角称肩角，前缘与外缘相交于顶角，外缘与后缘相交于臀角。翅面可划分为臀前区和臀区，有的臀区后面还有轭区。翅基部称为腋区（图4-5）。

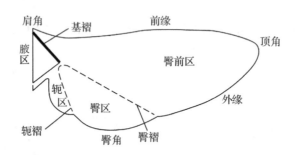

图4-5　昆虫翅的基本构造（引自彩万志等，2001）

根据不同种类昆虫翅面质地结构的差别，翅型可分为以下几类：

①膜翅：膜质，薄而透明，翅脉清晰可见。如蜂类、蜻蜓的翅及大部分其他昆虫的后翅。

②革翅（覆翅）：革质，稍厚，有弹性，半透明，翅脉可见，但基本不用来飞行，平时完全覆盖在身体背侧面和后翅上。如蝗虫的前翅。

③鞘翅：角质，厚而坚硬，不透明，翅脉不可见，不用于飞行，用来保护背部和后翅。如金龟甲、天牛的前翅。

④半鞘翅：基半部厚而坚硬，革质或鞘质，端半部膜质，不用于飞行，用来保护体背和后翅。如蝽类的前翅。

⑤毛翅：膜质，表面密被微毛。如石蛾的翅。

⑥缨翅：膜质，狭长，边缘着生成列缨状毛。如蓟马的翅。

⑦鳞翅：膜质，表面密被由毛特化而成的鳞片。如蛾、蝶类的翅。

⑧平衡棒：前翅膜质，后翅特化呈棒状或勺状，在飞行时具有保持身体平衡的作用。如蚊、蝇的后翅。

4.1.4 腹部

昆虫腹部通常由9~11节组成，除末端几节具有尾须和外生殖器外，一般没有附肢。腹节具背板和腹板，节间有节间膜相连。第1~8节两侧常具1对气门。

雌性外生殖器即产卵器位于腹部第8、9节腹面，由3对产卵瓣组成。因种类不同，产卵环境和产卵位置不同，产卵器变化很多。蝗虫的产卵器短小呈瓣状，蟋蟀的产卵器剑状，姬蜂的产卵器细长似针，蜜蜂的产卵器特化为螫针。在植物组织内产卵的产卵器往往呈锯齿状或刀状。雄性外生殖器称交配器，位于第9腹节腹面，构造复杂，不同类群外形变化极大，在分类时常作为鉴别种类的重要依据。

部分无翅亚纲和有翅亚纲的蜉蝣目、蜻蜓目、蜚蠊目、螳螂目、竹节虫目、直翅目和革翅目等较低等的类群于腹部第11节两侧着生一对须状尾须。尾须分节或不分节，长短不一，缨翅目、蜻翅目、蜉蝣目呈长丝状，由多节组成；蜚蠊目尾须也分节，但较短；蝗虫类则为小三角板形。革翅目的尾须骨化，左右合起来构成尾铗，具有防御敌害和折叠后翅的功能。

属于全变态的广翅目、鳞翅目、长翅目及膜翅目的叶蜂幼虫，腹部具有运动功能的腹足。最常见的是鳞翅目和膜翅目幼虫。鳞翅目幼虫通常有5对腹足，着生在第3~6和第10腹节上，第10节上的也称臀足。腹足呈筒状构造，末端具趾钩，趾钩的排列方式是鳞翅目幼虫分类的常用特征。膜翅目叶蜂类幼虫从第二腹节开始着生腹足，一般为6~8对，有的多达10对。腹足末端无趾钩，可与鳞翅目的幼虫相互区别。

4.2 昆虫采集与标本制作

4.2.1 昆虫的采集

4.2.1.1 采集用具

(1) 采集网

根据各种昆虫生活的环境、取食方式和个体大小等不同，应采用不同的采集网进行采集。

①捕网：采集昆虫的主要工具，由网圈、网杆和网袋组成，用来捕捉能飞善跳的昆虫。可用轻质材料如碳纤维或铝合金等制成可伸缩的网杆和能折叠的网圈，便于携带。网袋用轻便通风的纱布制成，直径约30 cm，袋深约65 cm，略呈圆锥形，底部稍圆，开口可做成结扎状，便于取虫。目前均已有现成的商品出售。

②扫网：主要适用于草丛中扫荡隐藏在枝叶下面的昆虫。网袋要用较结实的布制作，直径和袋深比捕网略小，其他与捕网基本相同。

③水网：用来捕捉水生昆虫。网袋需要用坚固不怕水浸的尼龙或金属纱制作，且要根据虫体大小选取不同孔径，网袋直径约30 cm，袋底做成平底或瓢形底，网柄要适当加长。

(2) 采集盒

用金属、皮革或塑料制作的直角三角形的盒子，用于放置采集到放于三角纸袋中的蝴蝶标本。

(3) 三角纸袋

用于放置采集到的蝴蝶标本。将光滑的半透明硫酸纸或其他纸张折成等腰直角三角形，采集时1袋1虫，写明采集时间、地点和采集人。若在山区应标明采集海拔高度。

(4) 毒瓶

用来收集和快速杀死虫体，常用广口玻璃瓶或塑料瓶，在瓶底放置一层脱脂棉，再铺2层滤纸，采集之前，放入适量的乙酸乙酯、乙醚或三氯甲烷，盖紧盖子备用。因几种试剂易于挥发，使用时注意及时添加试剂以保持麻醉效果。另可购买成品昆虫毒瓶。注意使用氰化钾或氰化钠做毒剂时要特别小心，不能丢失。

(5) 诱虫灯

夜间利用多种昆虫特别是蛾类的趋光性进行诱捕。要求诱虫灯的亮度高，射程远，引诱来的昆虫落进灯下的容器中不易逃脱，或者使昆虫停落在灯旁的白布上随时进行捕捉。

(6) 吸虫管

适于采集微小的虫体。两端开口的玻璃管配以软木塞，各插入一根细玻璃管，一端连一段胶皮管，再套上一小段玻璃管用以含在嘴里吸气，另一端则可将小虫吸入大玻璃管中。

(7) 其他

采集袋、采集箱、采集伞、标签纸、铅笔、毛笔、记录表、脱脂棉、纱布、放大镜、镊子、剪刀、指形管、铲子、塑料筛、酒精等（图4-6）。

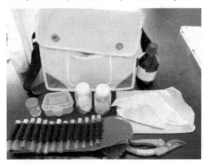 

A　　　　　　　　　　　　B

图4-6 常用昆虫标本采集工具

4.2.1.2 采集方法

昆虫种类繁多，分布广泛，生活习性各异。因此，需要事先掌握昆虫的相关知识，了解昆虫活动的季节、时间、地点和环境，才能确定采用何种采集方法。

(1) 网捕法

对善于飞翔的昆虫，如蝶类、蝗虫、蜂类和蜻蜓等可以使用捕网。使用时先把飞虫兜入网内，然后迅速把网口转叠以封住网口，再将已打开盖子的毒瓶送到网底，把虫子赶入瓶内。有底部开口的网可打开结扎，将虫送入毒瓶中。具蜇刺的蜂类入网后应用镊子夹取，或先隔着网兜将虫弹晕后再放入毒瓶中。对栖息在杂草、灌木丛中的昆虫，应使用较结实的扫网，采集时边上下左右摆动，边向前移动网，将昆虫集中到网底倒入毒瓶中，待毒死后再倒出来挑选。采集水生昆虫应根据虫体的大小及所处水域环境，选用不同用途的水网捕捉。

(2) 引诱法

利用许多昆虫具有趋光性的特点，在夜间用诱虫灯诱捕。利用昆虫的趋食性，把粪便、杂草、糖渣、酒糟堆放在田间地头会引诱来地老虎、蝼蛄等；把糖、醋、酒等有酸甜、发酵气味的浆液涂洒在木板、草堆上或用腐肉、腐烂瓜果能引诱来蛾、蝇等多种昆虫。还可利用昆虫的趋化性、趋异性等有选择地诱捕某些昆虫。

(3) 击落法

针对许多昆虫具有假死的特点，或当昆虫专心取食时，趁其不备猛烈震动寄主植物，昆虫会被击落下来。配合使用采集伞、捕虫网等效果会更好。有的昆虫虽然不会被击落，但受到震动后会爬动或解除拟态而被发现。

(4) 搜寻法

有许多昆虫能发出声音，有的昆虫会在它们生活的地方留下种种痕迹，如被啃食的植物叶片、排泄物、虫瘿等。据此可以在附近的植物上、泥土中、砖石下、树洞里等昆虫可能栖息的地方搜寻到多种昆虫。

注意捕捉到的昆虫及时投入毒瓶中杀死，毒瓶里可放置剪好的纸条用来防止虫体摩擦和吸收部分水分。毒死的昆虫不能在毒瓶中久放，采集返回后要及时取出以免虫体变色。鳞翅目昆虫一般捏翅膀基部使其瘫痪后装入三角纸袋内以免弄坏翅膀和鳞片。多数的幼虫或若虫可以直接浸入指形管的70%乙醇内。

4.2.2 昆虫标本制作

4.2.2.1 制作工具

(1) 剪刀镊子

以眼科剪和眼科镊为宜，适于夹持、拨动标本结构和剪纸条。

(2) 昆虫针

不锈钢材质制作，由0~5号组成，根据虫体大小选择合适粗细的型号，以2、3、4号最为常用。购买时最好选择顶端带塑料小球的昆虫针，便于手持和用力。

(3) 展翅板

用来进行鳞翅目蝶蛾类、蝗虫、螳螂、蜂类、蝇类等的展翅。不够时可以用泡沫板代替，在适当位置挖好合适粗细的沟槽进行展翅昆虫的针插固定。

(4) 三级台

用来确定虫体、采集标签和鉴定标签在昆虫针上的合适位置和距离。

其他还有标签纸、硫酸纸、大头针、纸条等。图4-7为常用昆虫标本制作工具。

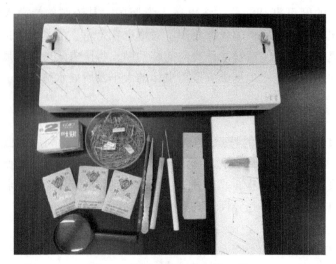

图 4-7 常用昆虫标本制作工具

4.2.2.2 制作方法

(1) 插针法

取新鲜的标本，根据虫体大小选择适当粗细的昆虫针，昆虫针插入方向应与虫体纵轴垂直，利用三级台使昆虫针顶端在虫体胸部背侧留出 8 mm 长度。不同目昆虫插针的部位不同。鳞翅目、膜翅目插在胸部背侧中胸背板中央、双翅目插在中胸背板中线稍靠右一侧，鞘翅目插在右侧鞘翅左前角位置，半翅目插在小盾片偏右的位置，直翅目插在中胸背面的右侧。针插后的标本插在整姿台或泡沫板上，将触角、口器、足、翅膀等的姿势加以整理，使其保持自然姿态或协调状态，整理好后用大头针加以固定，然后自然阴干。待标本干燥后将写好记录的标签纸插于标本旁边，以免和其他标本混淆。

(2) 展翅法

蝴蝶、蛾类、蜂类、蝇类、螳螂等标本可用展翅法进行固定。将虫体用昆虫针固定在展翅板上，使虫体躯干处于展翅板中间的沟槽之中，用镊子分开翅膀，两边各用合适宽度的硫酸纸条压住前后翅膀，再用昆虫针或小镊子轻轻拨动翅膀上较粗硬的部位，将其整理呈自然飞翔的姿态，一般使前翅后缘与身体前后轴保持垂直角度，后翅前缘稍被前翅后缘压住，这样使虫体整体保持优美的状态。将写好记录的标签纸插于标本旁边，以免和其他标本混淆。

4.3 天目山区常见昆虫分类与识别

4.3.1 天目山区昆虫系统分类

昆虫纲是动物界最大的一个纲，约占已知动物种类的 3/4，与人类的生活、经济、健康等各方面有十分密切的关系。全世界已有纪录的昆虫共 100 万余种，初步估计大约有

1000万种。

天目山区昆虫资源丰富，据统计，目前天目山保护区昆虫计有33目380余科5000余种，同时以700余种昆虫模式标本而成为世界著名的模式标本产地之一。

天目山区主要昆虫类群包括：

(1) 蜻蜓目 Odonata

复眼大，触角刚毛状，口器咀嚼式。中后胸节向后倾斜，翅膜质，翅脉网状，前后翅近等长，前翅前缘具1翅痣。腹部细长呈杆状，雄性生殖器位于第2腹节。半变态发育。如蜻蜓、豆娘。

(2) 螳螂目 Mantodea

头三角形，转动灵活。触角丝状，咀嚼式口器。体细长，前胸发达，长于中后胸之和；前足捕捉足。翅2对，前翅革质，后翅膜质，臀区较发达，静止时平叠于腹上。渐变态发育。

(3) 直翅目 Orthoptera

大中型昆虫，头属下口式，典型的咀嚼式口器，触角线状。前胸背板两侧下延呈马鞍状；前翅狭长，革质，后翅宽大，膜质，可折叠藏于前翅之下；后翅臀区较发达；后足跳跃式或前足为开掘足。腹部常具尾须或产卵器。发音器及听器发达，发音以左右翅摩擦或以后足腿节内侧刮擦前翅而成。渐变态发育。如蝗虫、蝼蛄、蚱蜢、蟋蟀等。

(4) 同翅目 Homoptera

头式为后口式。触角短小，刚毛状或线状；刺吸式口器，下唇变成的喙着生于头的后方。成虫大多具翅，休闲时置于背上；两翅膜质或前翅革质，前翅较大，后翅较小。体部常有分泌腺，能分泌出蜡质粉末或其他物质，可保护虫体。渐变态或半变态发育。如蝉、飞虱、介壳虫、蚜虫、白蜡虫等。

(5) 半翅目 Hemiptera

体型较扁平。头式为下口式，口器刺吸式，喙通常4节，着生于头部前端。具复眼，触角4或5节。前胸背板发达，中胸小盾片发达；上体腹面具臭腺开口，能散发出特有的气味。多具翅，前翅为半鞘翅，后翅膜质。渐变态或半变态发育。如荔枝蝽、缘蝽、盲蝽、猎蝽等。

(6) 鞘翅目 Coleoptera

口器为咀嚼式。触角丝状、锯齿状、锤状、膝状、鳃叶状，形态变化极大。前翅角质，厚而坚硬，鞘翅；后翅膜质，常折叠藏于前翅之下，脉纹稀少。中胸小盾片小，三角形，露于体表。完全变态。如金龟子、天牛、叩头虫、萤火虫、瓢虫等。

(7) 脉翅目 Neuroptera

体小至大型。触角细长发达，多分节，呈丝状、念珠状、栉齿状或棒状；复眼大，常有3个单眼；口器咀嚼式。前后翅大小和形状相似，膜质，翅脉呈网状。全变态，卵常具柄。如草蛉、褐蛉、蚁蛉、螳蛉等。

(8) 鳞翅目 Lepidoptera

体表及膜质翅上均被有鳞片及毛，前翅较大，后翅较小。口器虹吸式，复眼发达。完全变态，幼虫为毛虫型。

①蝶类：触角末端膨大，棒状；两翅颜色艳丽，休息时两翅多竖立于背上；白天活动。如凤蝶、粉蝶、蛱蝶、眼蝶、灰蝶、弄蝶等。

②蛾类：触角形态多样，丝状、栉齿状等。停息时翅膀叠在背上呈屋脊状。多夜间活动，具趋光性。如蚕蛾、灯蛾、尺蛾、螟蛾等。

(9) 双翅目 Diptera

下口式，口器为刺吸式、舐吸式及刮吸式；复眼大，触角多样，丝状、环毛状、念珠状或具芒等。只有1对发达的前翅，膜质，脉相简单；后翅退化为平衡棒。完全变态，幼虫蛆型。如苍蝇、蚊子、虻蚋等。

(10) 膜翅目 Hymenoptera

体微小至中型，体壁坚硬。头能活动，复眼大，触角丝状、锤状或膝状；口器一般为咀嚼式，仅蜜蜂科为嚼吸式。前翅大，后翅小，皆为膜质，透明或半透明，后翅前缘具1列小钩，可与前翅相互连接。前翅前缘具1加厚的翅痣。腹部第1节并入胸部，称为并胸腹节；第2节多缩小呈腰状的腹柄；末端数节常缩入，仅可见6~7节。产卵器发达，多呈针状，有蜇刺能力。完全变态。如姬蜂、叶蜂、蜜蜂、胡蜂、蚂蚁等。

天目山区昆虫分目检索表

1. 无翅，或翅极度退化 ··· 2
   有翅 ··· 23
2. 无足，幼虫状；头和胸愈合。内寄生于膜翅目、半翅目及直翅目等昆虫，仅头胸部露出于寄主腹节外。雌雄异型 ··· 捻翅目 Strepsiptera(雌)
   有足；头和雄胸不愈合；非寄生于昆虫体内 ··· 3
3. 腹部除外生殖器和尾须外有其他附肢 ··· 4
   腹部除外生殖器和尾须外无其他附肢 ··· 7
4. 无触角；腹部12节，第1~3节各有1对短小的附肢；体微小细长 ·············· 原尾目 Protura
   有触角，腹部最多11节 ··· 5
5. 腹部至多6节，第1腹节具副管，第3腹节有弹握器，第4腹节有1分叉的弹器 ····· 弹尾目 Collembola
   腹部多于6节，无上述附肢，但有成对的刺突或泡 ·· 6
6. 具1对长而分节的尾须或坚硬不分节的尾铗，无复眼 ····································· 双尾目 Diplura
   除1对尾须外还有1条长而分节的中尾丝，有复眼 ··· 缨尾目 Thysanura
7. 口器咀嚼式 ·· 8
   口器刺吸式或舐吸式、虹吸式等 ··· 18
8. 腹部末端有1对尾须或尾铗 ·· 9
   腹部无尾须 ·· 15
9. 尾须呈铗状，坚硬不分节 ·· 革翅目 Dermaptera
   尾须不呈铗状 ··· 10
10. 前足第1跗节特别膨大，能纺丝。雌雄异型 ··· 纺足目 Embioptera(雌)
    前足第1跗节不特别膨大，不能纺丝 ··· 11
11. 前足捕捉足；头三角形，前胸发达，长于中后胸之和 ································ 螳螂目 Mantodea
    前足非捕捉足 ·· 12
12. 后足跳跃足；前胸背板发达，马鞍形 ·· 直翅目 Orthoptera
    后足非跳跃足 ·· 13
13. 体扁，卵圆形；前胸背板很大，常向前延伸盖住头部 ······························· 蜚蠊目 Blattaria
    体非卵圆形；头不被前胸背板遮盖 ·· 14
14. 体细长杆状；前胸短；尾须短小，不分节 ··· 竹节虫目 Phasmida

	体非杆状，社会性昆虫；尾须2~6节 ··· 等翅目 Isoptera(无翅型)
15.	跗节3节以下 ··· 16
	跗节4~5节 ··· 17
16.	触角3~5节。寄生于鸟类或兽类体表 ·· 食毛目 Mallophaga
	触角13~15节。非寄生性 ·· 啮虫目 Corrodentia
17.	腹部第1节并入后胸，第1、2节之间紧缩成柄状 ·· 膜翅目 Hymenoptera(无翅个体)
	腹部第1节不并入后胸，第1、2节之间不紧缩成柄状 ·· 鞘翅目 Coleoptera(少数无翅种类)
18.	体表密被鳞片；口器虹吸式 ··· 鳞翅目 Lepidoptera(少数无翅种类)
	体表无鳞片；口器刺吸式、舐吸式或退化 ·· 19
19.	附肢5节 ·· 20
	附肢至多3节 ··· 21
20.	体侧扁(左右扁)；触角短，棒状，后足发达，适于跳跃 ··· 蚤目 Siphonaptera
	体不侧扁 ··· 双翅目 Diptera(少数无翅种类)
21.	跗节端部具伸缩泡，爪很小；口器锉吸式 ·· 缨翅目 Thysanoptera(无翅种类)
	跗节端部无伸缩泡 ·· 22
22.	足具1爪，适于攀援毛发。外寄生于哺乳动物 ·· 虱目 Anoplura
	足具2爪，如具1爪寄生于植物，极不活泼或固定不动，体呈球形、介壳球状等，常被蜡质、胶质分泌物 ······
	··· 同翅目 Homoptera(部分种类)
23.	翅1对 ·· 24
	翅2对 ·· 32
24.	前翅特化成拟平衡棒或后翅特化成平衡棒 ··· 25
	无平衡棒 ··· 27
25.	前翅形成拟平衡棒，后翅大 ··· 捻翅目 Strepsiptera(雄)
	后翅形成平衡棒，前翅大 ·· 26
26.	跗节5节 ·· 双翅目 Diptera
	跗节仅1节 ··· 同翅目 Homoptera(雄介壳虫)
27.	腹部末端具1对尾须 ·· 28
	腹部无尾须 ··· 30
28.	尾须细长而分节(或还有1条相似的中尾丝)；翅竖立背上 ····································· 蜉蝣目 Ephemeroptera
	尾须不分节，多短小，翅平覆背上 ·· 29
29.	跗节5节，后足非跳跃足，体细长如杆或扁宽似叶 ··· 竹节虫目 Phasmida
	跗节4节以下，后足为跳跃足 ·· 直翅目 Orthoptera
30.	前翅角质，鞘翅，口器咀嚼式 ·· 鞘翅目 Coleoptera
	翅膜质，口器非咀嚼式 ··· 31
31.	翅上具鳞片，鳞翅型；口器虹吸式 ·· 鳞翅目 Lepidoptera
	翅上无鳞片，缨翅型；口器锉吸式 ·· 缨翅目 Thysanoptera
32.	前翅全部或部分较厚，角质或革质，后翅膜质 ·· 33
	前后翅均为膜质 ··· 40
33.	前翅基半部为角质或革质，端半部为膜质，半鞘翅型 ··· 半翅目 Hemiptera
	前翅基部与端部质地相同，或某部较厚但不如上述 ··· 34
34.	口器刺吸式 ··· 同翅目 Homoptera
	口器咀嚼式 ··· 35
35.	前翅有翅脉 ··· 36
	前翅无明显翅脉，角质 ··· 39
36.	跗节4节以下，后足为跳跃足或前足为开掘足 ··· 直翅目 Orthoptera
	跗节5节，后足与前足不同上述 ··· 37
37.	前足捕捉足；头三角形 ·· 螳螂目 Mantodea
	前足非捕捉足 ··· 38
38.	前胸背板很大，常盖住头的全部或大部分 ·· 蜚蠊目 Blattaria
	前胸背板很小，头部外露；体似杆状或叶片状 ·· 竹节虫目 Phasmida

39. 腹部末端具 1 对尾铗；前翅短小，不能盖住腹部中部 ·················· 革翅目 Dermaptera
    腹部末端无尾铗；前翅一般较长，至少盖住腹部大部分 ·················· 鞘翅目 Coleoptera
40. 翅面全部或部分被有鳞片；口器虹吸式或退化 ························ 鳞翅目 Lepidoptera
    翅上无鳞片，口器非虹吸式 ·· 41
41. 口器刺吸式 ··· 42
    口器咀嚼式、嚼吸式或退化 ·· 44
42. 下唇形成分节的喙；翅缘无长毛 ·· 43
    无分节的喙；翅极狭长，翅缘具缨状长毛 ····························· 缨翅目 Thysanoptera
43. 喙自头的前方伸出 ·· 半翅目 Hemiptera
    喙自头的后方伸出 ·· 同翅目 Homoptera
44. 触角极短小，刚毛状 ·· 45
    触角长而显著，非刚毛状 ··· 46
45. 腹部末端具 1 对细长多节的尾须(或还具 1 条相似的中尾须)；后翅很小 ·········· 蜉蝣目 Ephemeroptera
    尾须短而不分节；后翅与前翅大小相似 ······························ 蜻蜓目 Odonata
46. 头部向下延伸成喙状 ·· 长翅目 Mecoptera
    头部不延伸成喙状 ·· 47
47. 前足第 1 跗节特别膨大，能纺丝 ······································ 纺足目 Embioptera
    前足第 1 跗节不特别膨大，也不能纺丝 ······························ 48
48. 前后翅几乎相同，翅基部具 1 条横的肩缝，翅易沿此缝脱落 ········ 等翅目 Isoptera
    前后翅无肩缝 ·· 49
49. 后翅前缘具 1 排小的翅钩列，用来连接前翅；触角膝状、丝状或棒状 ········ 膜翅目 Hymenoptera
    后翅前缘无翅钩列 ·· 50
50. 跗节 2~3 节 ··· 51
    跗节 5 节 ··· 52
51. 前胸很大，腹端具 1 对尾须 ··· 啮翅目
    前胸很小如颈状，无尾须 ··· 啮虫目 Corrodentia
52. 翅面密被明显的毛，口器(上颚)退化 ································· 毛翅目 Trichoptera
    翅面无明显的毛，毛仅着生于翅脉和翅缘；口器(上颚)发达 ········ 53
53. 后翅基部宽于前翅，有发达的臀区，停息时后翅臀区折起；头为前口式 ······ 广翅目 Megaloptera
    后翅基部不宽于前翅，无发达的臀区，停息时不折起；头为下口式 ··········· 54
54. 头部长；前胸圆筒形，很长，前足正常；雌虫有伸向后方的针状产卵器 ·········· 蛇蛉目 Raphidioptera
    头部短；前胸一般不长，如很长则前足为捕捉足(似螳螂)；雌虫一般无针状产卵器，如有则弯向背方向前伸
    ·· 脉翅目 Neuroptera

4.3.2 天目山区常见昆虫

4.3.2.1 蜻蜓目

(1) 碧伟蜓 *Anax parthenope*

蜓科 Aeschnidae。成虫腹部长 50~57 mm，后翅长 50~55 mm。头部前额顶端具 1 黑横细纹，其后是天蓝色横条纹；合胸绿色，翅面略带淡黄色，雌虫颜色较深。雄虫第 2、3 腹节天蓝色，其余各节背面黑褐色，侧面淡黄色；雌虫第 1、2 腹节黄绿色或淡蓝色，侧面具不规则褐斑，其余各腹节背面黑褐色，侧缘具淡黄绿色斑纹。

(2) 巨圆臀大蜓 *Anotogaster sieboldii*

大蜓科 Cordulegasteridae。大型蜻蜓。成虫腹部长 64~80 mm，后翅长 52~63 mm。下唇黄褐色，上唇端半部黑色，基半部具 2 个方形黄斑。前唇基黑褐色，后唇基黄色。额黑色，复眼黑褐色。翅胸黑褐色，中胸前侧板具 1 黄色斑，中胸后侧板和后胸后侧板为黄色

宽带。翅透明，翅基略呈淡黄色。足黑色。腹部黑褐色，每节具1黄色环斑。

(3) 黄翅蜻 *Brachythemis contaminate*

蜻科 Libellulidae。成虫腹部长 22~25 mm，后翅长 20~24 mm。雄虫复眼棕褐色，合胸黄褐色，侧面具2条黑细线。腹部红褐色，前后翅近翅前缘2/3面积为黄褐色，翅痣红色。雌虫复眼上部褐色，下部绿色，身体淡黄褐色，腹部背面具淡黄色条纹，翅膀透明，翅痣黄色。未成熟稚虫身体色彩近似雌虫。

(4) 晓褐蜻 *Trithemis aurora*（附图17）

蜻科。体中、小型。翅脉密，最后1条结前横脉上下不连接。前翅三角室具横脉，翅痣下具2横脉。雄性头棕红色，眼睛上部红色，侧面棕色。胸部红色，腹部膨大，深红色带紫色。翅透明，翅脉深红色，翅痣深红棕色。足黑色。雌性头橄榄色或红褐色，眼睛上部紫褐色，下部灰色。胸部橄榄色，具黑色横向条纹。腹部红褐色，具横向黑色斑纹。翅膀透明，具褐色点，翅脉黄色或棕色，翅痣深褐色。足深灰色带，具细黄条纹。通常分布在低地和丘陵区域，杂草丛生的池塘、沼泽、渠道、流速缓慢的溪流和河流附近，广泛分布。

(5) 红蜻 *Crocothemis servilia*（附图18）

蜻科。成虫腹部长 27~32 mm，后翅长 32~36 mm。雄性全身赤红色，腹部背面中央具较细黑纵纹。头顶端具2个小突起，突起之前具不明显的黑色条纹。翅透明，翅痣黄色，前缘脉前侧具黄线纹；前翅基部红斑较小，后翅红斑较大。足具黑刺。雌虫黄色，翅前缘和基部淡黄色，腹部背侧黑纵纹比雄虫更加醒目。

(6) 玉带蜻 *Pseudothemis zonata*（附图19）

蜻科。成虫腹部长 29~32 mm，后翅长 37~40 mm。体黑色，头顶及瘤状突蓝黑色，额黄白色。胸部具黄色长毛，胸部两侧各具2条黄色斜条纹。翅透明，翅痣黑色，前缘附近略带黄色，翅端与翅基具黑褐斑；后翅基斑大。足黑色。腹部黑色，第3、4节黄白色。雌虫前额黄色，腹部黄色，第4腹节具黑色横带。

(7) 白尾灰蜻 *Orthetrum albistylum*

蜻科。成虫腹部长 32~40 mm，后翅长 36~43 mm。雄虫灰白色，覆白色粉被。额黄色，头顶黑色。胸部背面具2条黑色条纹，胸侧各具3条黑色斜纹。翅脉和翅痣黑色，翅端带小的烟色斑。足黑色。腹背两侧具黑色纵纹，末端4节黑色。雌虫黄色，腹背具黑褐色不连续的黑褐斑，第7~9节几乎黑色，第10节白色。

(8) 竖眉赤蜻 *Sympetrum eroticum*

蜻科。雄虫腹部长 24~27 mm，后翅长 28~31 mm。未成熟时上下唇、唇基及额鲜黄色，额具2大型黑色眉斑。头顶黑色，具黄斑，复眼黄褐色。成熟时上下唇变褐色，复眼黑褐色。未成熟时翅胸鲜黄色，沿翅胸脊具明显的"人"字形褐纹，侧板第1条纹完整，第2条纹中断，第3条纹中段细小。成熟时翅胸暗褐。翅透明，前后翅肩橙黄色，翅痣褐色。足黑褐色，基节、转节及腿节内侧黄褐色。腹部未成熟时鲜黄色，成熟时赤红色。雌虫与未成熟雄虫在体型和体色上相似。

(9) 透顶单脉色蟌 *Matrona basilaris*（附图20）

色蟌科 Calopterygidae。雄性腹部长 50~55 mm，后翅长 40~45 mm。头部不同个体色泽有差异，下唇中叶黑色，侧叶褐色，上唇黑色，后唇基蓝色，有光泽；额及头顶深绿色。前胸暗绿色，合胸深绿色，有光泽，具黑色条纹。翅黑色或褐色，无翅痣，基室具横脉。足深褐色；腹部背面绿色或深绿色，腹面黑色或褐色。肛附器黑色，上肛附器长约为第10腹节的2倍。

(10) 赤条绿山蟌 *Sinolestes edita*

山蟌科 Megapodagrionidae。体大型，粗壮。雄性腹部长 59 mm，后翅长 21 mm。头部下唇红黄色，上唇亮黑色，上颚基部褐，颊红黄色，前唇基黄褐色，后唇基黑色，额褐色，头顶具绿色光泽。前胸绿色，两侧黄色，合胸绿色，具黄色条纹。翅透明，翅痣褐色。足黑色，基节、转节黄色。腹部绿色，具黄斑。翅狭长，翅柄近达中室中间。腹部细长，足细，刺少。

(11) 杯斑小蟌 *Agriocnemis femina*

蟌科 Coenagrionidae。成虫腹部长 17~20 mm，后翅长 10~11 mm。雄虫合胸背前方黑色具草绿色条纹，侧面草绿色，腹部黑褐色，末端橙红色。雌虫胸部灰绿色，腹部背侧黑褐色，腹侧草绿色，部分个体近似雄虫。除雌虫有特别的红色个体，年长的雄虫胸部也有具浅蓝白色个体。

(12) 白扇蟌 *Platycnemis foliacea*

扇蟌科 Platycnemididae。成虫腹部长 21~29 mm，后翅长 16~18 mm。雄虫头褐色，前胸黑色，合胸蓝白色。腹部各节黑色，基部蓝白色。中、后足胫节扩大呈白色叶状。雌虫前胸黑色，合胸黄绿色，腹部黄绿色，背面黑色。翅无色透明，翅痣淡褐色。前翅结后横脉 11~12 条，后翅结后横脉 9~10 条。

(13) 白狭扇蟌 *Copera ciliata*

扇蟌科。成虫腹部长 30~32 mm，后翅长 23~25 mm。雄虫头上部白色，下侧黑色，复眼上部黑褐色，下部蓝白色。合胸黑色，具蓝白色纵带；翅透明，翅痣橙红色。中、后足胫节白色，腿节末端、前足胫节背面、中足及后足胫节末端、附节及刺均为黑褐色。腹部黑色，第3~6节基部蓝白色，第9~10节大部分蓝白色。

4.3.2.2 螳螂目

(1) 薄翅螳 *Mantis religiosa*

螳科 Mantidae。淡绿色或淡褐色。雌虫体长 57~60 mm，前足基节长度等于或略长于前胸背板后半部。前足基节内侧基部具1长形黑色斑，腿节内侧中央具1黄色斑。前翅略带革质；后翅在腹端超过前翅。雄虫体长 47~56 mm，前翅薄而透明，前足基节内面基部同雌性。

(2) 棕静螳 *Statilia maculate*

螳科。成虫体长 45~60 mm。身体大多为棕色，也有褐色、米色个体。复眼突出，单眼三个，排成三角形。触角丝状，口器咀嚼式，上颚发达。前足基节和腿节内侧具有大块的黑色斑纹，前足内部有黑、白、粉色斑。若虫通常绿色或褐色，具白斑，也有具有花斑的种类。主要栖息于近地面的草丛中。

(3) 中华大刀螳 Tenodera sinensis

螳科。成虫体长 60~120 mm，暗褐色或绿色。头三角形，复眼大而突出。前胸背板前端略宽于后端，前端两侧具有明显的齿列，后端齿列不明显；前半部中纵沟两侧排列有许多小颗粒，后半部中隆起线两侧的小颗粒不明显。雌虫腹部较宽。前翅前缘区较宽，草绿色，革质。后翅略超过前翅的末端，黑褐色，前缘区为紫红色，全翅具透明斑纹。足细长，基节下部外缘具 16 根以上的短齿列，前足腿节下部外侧具刺 4 根，内侧具刺 15~17 根，中央具刺 4 根。

(4) 勇斧螳 Hierodula membranacea（附图 21）

螳科。雄虫体长 7~9 mm，雌性体长 8~10 mm。前足基节缺疣突，仅具刺，前足腿节与转节相接处具黑点。前足转节向后伸时，其位置一般不超过前胸背板后缘。前翅前缘脉基部 1/3 处具黄色或白色斑，有的个体不甚明显。

(5) 丽眼斑螳 Creobroter gemmata

花螳科 Hymenopodidae。成虫体长 30~40 mm。复眼锥状，单眼后方具锥状突起或缺。雌性触角丝状，雄性触角念珠状。额盾片横行，具 2 条隆起线，两侧各具 1 条纵沟。前胸背板近椭圆形两侧具三叶状扩展，沟前区与沟后区略等长；雌雄两性具翅，前翅绿色或黄色，具有眼状花纹，雌性后翅具色斑。前足腿节扩展，上缘较直或微弯曲，具 4 枚中刺，4 枚外列刺；中、后足腿节端部的外侧下缘具叶状突起。

(6) 中华齿螳 Odontomantis sinensis

花螳科。成虫体长 20~24 mm，身体大多为绿色，幼体多为黑褐色。前足跗节内侧全部黑色；额盾片缺端齿，亦无凹痕；前翅翅室密集但不规整。栖息于山间住宅周围绿篱植物上，喜停留于叶面正面或叶芽上，捕食白天停歇的飞虫。

(7) 中华屏顶螳 Kishinouyeum sinensae（附图 22）

长颈螳科 Vatidae。体长 41~60 mm。头顶具一细长突起，头顶屏状突起的端部圆弧形，中足和后足腿节的后缘具小的叶状突起。

4.3.2.3 直翅目

(1) 日本纺织娘 Mecopoda niponensis

纺织娘科 Mecopodidae。体大，从头到翅端可达 50~70 mm，翅长 39~44 mm。体色绿色或枯黄色。头相对较短，头顶较宽，颜面垂直。前胸背板前狭后宽，背面三条横沟明显。前翅宽阔，前翅侧缘通常具数条深褐色斑纹。后腿长而大。雌虫产卵瓣长，马刀状，略呈弧形向上弯曲。

(2) 中华螽斯 Tettigonia chinensis（附图 23）

螽斯科 Tettigoniidae。体长雄性 14~16 mm，雌性 14~17 mm。头顶狭于触角第 1 节，顶端较钝，背面具极弱的沟。复眼近圆形，突出。前胸背板无侧隆线。前翅远超过后足股节端部，前缘脉域的横脉交织呈较密的网状。前足胫节具 3 个外背距，内侧和外侧听器均为封闭型；各足股节腹面具刺，后足股节膝叶具刺。雄性第 10 腹节背板延长，端部具"V"字形凹口，两裂叶呈三角形，顶端稍尖。体一般为绿色或黄绿色，前胸背板和前翅臀脉域带褐色。

(3) 悦鸣草螽 *Conicephalus melaenus*

螽斯科。头至翅端长 22~25 mm。外观近似褐背细斯，但褐色个体罕见，且翅膀除了体背中央外均为黑色；各足腿节和胫节间为黑色，胫节端与跗节亦为黑色。雌虫产卵管长度约达翅膀末端。成虫出现于夏季，6月初可见到成虫，7~9月发生最多。

(4) 日本条螽 *Ducetia japonica*

螽斯科。体长 15~20 mm，头顶至翅端可达 35~40 mm。体形狭长，全身基本绿色，头部背面黄褐色延伸至前胸、背板和前翅背面，触须黄色或黄褐色。翅上偶具褐色斑点。前翅狭长，超过后足股节端。后翅长而发达，叠在前翅下面，并且超出前翅。雄性前翅基部较平，颜色较深，雌性双翅靠拢呈屋脊状；后足细长。雄虫生殖板狭长，分叉，尾须长片状，末端呈刀状。雌虫产卵瓣宽短，呈镰刀形向上弯曲。一般隐藏于植物的叶子背面或草丛中。广泛分布，尤其在华东、华南地区更是常见。

(5) 梨片蟋 *Truljalia hibinonis*

蟋蟀科 Grullidae。头较小，略宽于前胸背板前缘。触角丝状，黄绿色，长近 40 mm。前胸背板横宽，前狭后宽，近似扇形。雄虫前翅宽大，覆盖整个身体，翅脉褐色。发音镜较大，略呈四方形。外生殖器中叶端部呈"Y"状分叉。雌虫体形较明显，产卵管细长、平直，略下弯。足部柔弱，黄绿色，前、中翅较小，后肢也不发达。2条后肢常并在一起，紧靠身体。尾须不长，黄色，产卵管末端黑色

(6) 石首棺头蟋 *Loxoblemmus equestris*

蟋蟀科 Grullidae，成虫体长 12~16 mm，体宽 5 mm，触角长 20 mm 左右。雌虫体色黑褐，雄虫头顶向前突出，前缘呈圆弧形，后缘略扁平。额腹面具 1 近似圆形的黄斑，由头顶向前胸背板倾斜，具6条淡黄色短纵纹。颜面宽而扁平，且明显倾斜，口器黄褐色。前翅发达，后翅或发达或退化。前腿、中腿较细，有大小不一的黑斑，后腿粗壮宽大。2根尾须向两边叉开，长度约为体长的1/3，端部很尖。该虫有一定的趋光性。

(7) 黄脸油葫芦 *Teleogryllus emma*（附图 24）

蟋蟀科。雄虫体长 22~24 mm，雌虫体长 23~25 mm。体黑褐色，头顶黑色，复眼四周、面部橙黄色，两复眼内侧橙黄纹呈"八"字形。前胸背板黑褐色，1对羊角形深褐色斑纹隐约可见，侧片背半部深色，前下角橙黄色；中胸腹板后缘中央具小切口。雄虫前翅黑褐色具光泽，长达尾端。前缘脉近直线略弯，4条斜脉，亚前缘脉具6条分枝。后翅发达，盖满腹端。后足胫节背方具 5~6 对长刺，6 个端距，跗节 3 节，基节长于端节和中节，基节末端具长距 1 对，内距长。雌虫前翅长达腹端，后翅发达伸出腹端，产卵管长于后足股节。

(8) 东方蝼蛄 *Gryllotalpa orientalis*（附图 25）

蝼蛄科 Gryllotalpidae。成虫体长 30~35 mm，灰褐色，全身密布细毛。头圆锥形，触角丝状。前胸背板卵圆形，中间具 1 暗红色长心脏形凹斑。前翅灰褐色，较短，仅达腹部中部。后翅扇形，较长，超过腹部末端。腹末具 1 对尾须。前足为开掘足，后足胫节背面内侧具 4 个距。成虫、若虫均喜欢松软潮湿的壤土或砂壤土。昼伏夜出，特别是在气温高、湿度大的夜晚大量出土活动。具有趋光性。

(9) 青脊竹蝗 Ceracris nigricornis

网翅蝗科 Arcypteridae。雄虫体长 15~17 mm，雌虫体长 32~37 mm。头胸翠绿或暗绿色。额顶突出呈三角形，由头顶至胸背板以及延伸至两前翅的前缘中域均为翠绿色。两前翅前缘中域内外缘均为黑褐色。额与前胸粗布刻点，后足股节黄色具黑斑。翅长过腹。腹部背面紫黑色，腹面黄色。

(10) 棉蝗 Chondracris rosea（附图 26）

斑腿蝗科 Catantopidae。体形粗大，雄虫体长 43~56 mm，雌虫体长 56~81 mm。青绿或黄绿色，体表具较密绒毛和粗大刻点。头大，头顶钝圆，颜面略向后倾斜。触角丝状。前胸背板粗糙，侧面观上缘呈弧形，具 3 条横沟将其割断，前胸腹板具向后倾斜的长圆锥状突起。头顶中部、前胸背板具黄色纵纹。前翅青绿或黄绿色，后翅基部玫瑰色。后足强大，腿节内侧黄色。胫节红色，具若干粗硬刺，刺基部黄色，端部黑色。

(11) 中华稻蝗 Oxya chinensis

斑腿蝗科。成虫雌性体长 36~44 mm，雄性体长 30~33 mm。全身绿色或黄绿色，左右两侧有暗褐色纵纹，从复眼向后直到前胸背板的后缘。

(12) 短额负蝗 Atractomorpha sinensis

锥头蝗科 Pyrgomorphidae。雄虫体长 21~25 mm，雌虫体长 35~45 mm，绿色或褐色。头部削尖，向前突出，侧缘具黄色瘤状小突起。前翅绿色，超过腹部；后翅基部红色，端部淡绿色。若虫共 5 龄，特征与成虫相似，体被绿色斑点。

(13) 中华剑角蝗 Acrida cinerea（附图 27）

剑角蝗科 Acrididae。雄性体型中等，头顶宽短，头侧窝明显，触角丝状，到达前胸背板后缘。前胸背板宽平，沟前区长度大于沟后区。前翅发达，超过后足股节顶端，翅顶宽圆。雌性体型较雄性大，头顶钝而宽短，颜面隆起较宽。触角丝状，不达前胸背板后缘。前胸背板后横沟较直，中部略向前突出。前翅略超过后足股节的中部，翅顶狭圆，后翅几全为黑褐色。体色暗黄褐色，前胸背板侧隆线处具淡色纵纹。后足腿节内下侧红色，内侧具 3 个黑色横斑，外侧具明显淡色膝前环，膝部黑色。后足胫节红色，基部黑色，近基部具淡色环。

(14) 疣蝗 Trilophidia annulata

斑翅蝗科 Oedipodidae。小型蝗虫，雄虫体长 11~16 mm，雌虫体长 15~26 mm，体黄褐色或暗灰色，具许多颗粒状突起。两复眼间具 1 粒状突起。前胸背板具 2 个较深的横沟，形成 2 个齿状突。前翅长，超过后足胫节中部，后翅淡黄色具黑色边缘。后足腿节粗短，具 3 个暗色横斑。后足胫节具 2 个较宽的淡色环纹。广泛分布于华东、华北地区。

4.3.2.4 同翅目

(1) 鸣鸣蝉 Oncotympana maculaticollis

蝉科 Cicadidae。成虫体长 33~38 mm，翅展 110~120 mm。体粗壮，暗绿色，具黑斑纹，局部具白蜡粉。复眼大，暗褐色，单眼 3 个红色，排列于头顶呈三角形。前胸背板近梯形，后侧角扩张呈叶状，宽于头部和中胸基部，背板上具 5 个长形瘤状隆起。中胸背板前半部中央具 1 "W"字形凹纹。翅透明，翅脉黄褐色；前翅横脉具暗褐色斑点。喙长超过后足基节，端达第1腹节。常栖在山坡、田野、河岸、园林、庭院、路边的树木上，在大树高处鸣叫。

（2）蟪蛄 *Platypleura kaempferi*

蝉科 Cicadidae。成虫体长20~25 mm，翅展65~75 mm。头部和前、中胸背板暗绿色，具黑色斑纹；腹部黑色，每节后缘暗绿色或暗褐色。复眼大，褐色，3个单眼红色，呈三角形排列在头顶。触角刚毛状。前胸宽于头部，近前缘两侧突出。翅脉透明暗褐色；前翅具深浅不一的黑褐色云状斑纹；后翅黄褐色。腹部、腹面和足均为褐色。

（3）东方丽沫蝉 *Cosmoscarta heros*

沫蝉科 Cereopidae。雄虫体长14~17 mm，雌虫15~17 mm。头及前胸背板紫黑色具光泽。小盾片橘黄色，前翅黑色，翅基具1极阔的近三角形橘黄色横带，翅端具1条较窄的波状橘黄色横带。胸部腹面褐色或紫黑色，后胸侧板及腹板橘黄色至橘红色，腹部橘黄色至橘红色，侧板及腹板中央有时黑色。

（4）黑斑丽沫蝉 *Cosmoscarta dorsimacula*（附图28）

沫蝉科。成虫体长15~17 mm，头部橘红色，复眼褐色，单眼黄色。前胸背板橘黄色，近前缘具2个小黑点，后缘具2个近长方形的大黑点。前翅上具7个大黑点。身体腹面橘红色，中胸腹板黑色。主要吸食灌木汁液，分布广泛。

（5）大青叶蝉 *Cicadella viridis*

叶蝉科 Cicadellidae。成虫体长7~10 mm，雌虫体长略大。体青绿色，头淡黄色，颜面淡褐色。复眼黑色，具光泽。头部背面具2个单眼，两单眼间具2个多边形黑斑。触角窝上方具1块黑斑。后唇基侧缘、中央的纵纹及两侧的弯曲横纹为黄色。前胸背板前部淡黄绿色，后部为深青绿色。小盾片淡黄绿色，中间具1横刻纹。前翅绿色，带青蓝色，前缘淡白色，翅尖端灰白色，半透明。后翅黑灰色，半透明。

（6）华凹大叶蝉 *Bothrogonia sinica*

叶蝉科。成虫头至翅端长13~15 mm。全身橙黄色或黄褐色，头与前胸背板等宽，向前呈钝圆角突出，头胸部常具多枚黑色点状斑。复眼黑褐色，单眼黄绿色。前胸背板黄绿色，小盾片黄绿色。前翅淡蓝绿色，雄虫翅端1/3处黑色，雌虫为淡褐色。雄虫胸、腹部腹面及背面黑色，雌虫腹面淡黄色，腹背黑色。前翅末端黑色。足淡黄色，胫节端部黑色。吸食小型灌木汁液。分布广泛。

（7）斑衣蜡蝉 *Lycorma delicatula*（附图29）

蜡蝉科 Fulgoridae。成虫体长15~25 mm，翅展40~50 mm，全身灰褐色；成虫前翅革质，基部2/3淡褐色，翅面具20个左右黑点；端部1/3深褐色；后翅膜质，基部鲜红色，具有黑点；端部黑色。体翅表面附有白色蜡粉。头角向上卷起，呈短角突起。

（8）碧蛾蜡蝉 *Geisha distinctissima*

蛾蜡蝉科 Flatidae。成虫体黄绿色，顶短，额长大于宽，有中脊，侧缘脊状带褐色。喙粗短，伸至中足基节。复眼黑褐色，单眼黄色。前胸背板短，前缘中部呈弧形前突达复眼前沿，后缘弧形凹入，背板具2条褐色纵带；中胸背板长，具3条平行纵脊及2条淡褐色纵带。腹部浅黄褐色，覆白粉。前翅宽阔，外缘平直，翅脉黄色，脉纹密布似网纹。后翅灰白色，翅脉淡黄褐色。足胫节、跗节色略深。静息时，翅常纵叠呈屋脊状。

(9) 缘纹广翅蜡蝉 *Ricania marginalis*

广翅蜡蝉科 Ricaniidae。体长 7 mm，翅展 21 mm 左右；体褐色至深褐色；前翅深褐色，后缘颜色稍浅，前缘具 1 三角形透明斑，后缘具 1 大 1 小两个不规则透明斑，翅缘散布细小的透明斑点；翅面散布白色蜡粉；后翅黑褐色半透明。在很多植物枝条上均有发现。

(10) 白痣广翅蜡蝉 *Ricanula sublimate*

广翅蜡蝉科 Ricaniidae。成虫体长 15~18 mm，全身深褐色至黑色，复眼深红色，两翅宽大，翅脉明显，两翅前缘端部 1/3 处具 1 枚三角形白斑。主要吸食灌木汁液，分布广泛。

(11) 红蜡蚧 *Ceroplastes rubens*（附图 30）

蜡蚧科 Coccidae。雌成虫椭圆形，背面有较厚暗红色至紫红色的蜡壳覆盖，蜡壳顶端凹陷呈脐状。有 4 条白色蜡带从腹面卷向背面。虫体紫红色，触角 6 节，第 3 节最长。雄成虫体暗红色，前翅一对，白色半透明。

(12) 山核桃刻蚜 *Kurisakia sinicaryae*

蚜科 Aphididae。干母体长 2~3 mm，紫褐色，初孵黄色，渐变暗红色。触角 4 节。体背多皱纹，各体节有肉瘤 6 个，无腹管。无翅孤雌蚜体长 3 mm，椭圆形，黄绿色，触角 5 节，腹末端宽大，腹管瘤状。有翅孤雌蚜体长 2 mm，椭圆形，头、复眼、触角及中胸黑色，前翅灰褐色，腹管瘤状。越夏型蚜体微小，扁薄如纸，贴于叶被，椭圆形，黄绿色。复眼朱红，触角短，4 节，无腹管。性蚜雌蚜体长 0.7 mm，体绿褐色，头端中央微凹，尾突两侧各有 1 个圆形泌蜡腺体，雄蚜比雌蚜小，头端微凹，尾端无蜡腺。

(13) 竹梢凸唇斑蚜 *Takecallis tawanus*

斑蚜科 Drepanosiphidae。有翅孤雌蚜长卵圆形，体长 2~3 mm。体色分两个类型：一种为全绿色；另一种头、胸淡褐色，腹部绿褐色。体表光滑，喙极短，中额和额瘤稍突起。触角黑色细长，有微刺横纹。腹部无斑纹，腹管短，呈筒状；尾片瘤状，灰色；尾板黑色，分 2 片，每片具有粗短刚毛 10~12 根。

(14) 竹茎扁蚜 *Pseudoregma bambusicola*（附图 31）

扁蚜科 Hormaphididae，别名居竹伪角蚜、竹大角蚜、竹笋蚜。无翅孤雌成虫体椭圆形，长 3 mm，宽 2 mm 左右。黑褐色，体被白色蜡粉。触角 4~5 节。喙粗短，不达中足基部，腹管环状，位于具毛的圆锥体上，围绕腹管具长毛 4~9 根。尾片半月状，微有刺突，有长毛 6~16 根。尾板分裂为两片，有长毛 16~34 根。有翅孤雌成虫长椭圆形，体长约 3 mm，宽 1.6 mm 左右，触角 5 节。腹管退化为 1 圆孔；前翅中脉分 2 岔，基段消失，2 肘脉共柄。以孤雌成蚜、若蚜寄生在孝顺竹嫩枝和茎秆上刺吸汁液，嫩枝受害后萎缩变褐色，诱发严重煤污病，并散发出一股浓烈臭味，严重者造成竹子枯死。

4.3.2.5 半(异)翅目

(1) 大田鳖 *Lethocerus deyrolli*

田鳖科 Belostomatidae。成虫体长 63~67 mm，体宽 25~27 mm。体长圆形，略扁平，

呈褐色至灰褐色。触角4节，隐于头部腹面的沟内，喙短而强。前翅发达，膜片上脉纹呈网状。头小，近三角形，复眼黑色。前胸背板发达，呈倒梯形，中央具纵纹，纵纹2/3处具1横沟，小盾片三角形。前足发达，腿节粗壮，胫节弯曲，善于捕食，中、后足具游泳毛。腹部末端具短而扁平的呼吸管。臭腺发达。成虫、若虫均生活于水中，攀栖于水草上，常悬浮在池塘或湖泊的静水中。

（2）红彩瑞猎蝽 *Rhynocoris fuscipes*

猎蝽科 Reduviidae。成虫体长 14~15 mm。体红色，触角4节，均为黑色，第1、4节等长，约等于第2、3节长度之和；复眼黑色。头部背面复眼后部具三角形黑色斑纹，单眼两个着生于黑斑内。前胸背板分前、后叶，前叶前缘角呈锥形突出，后叶前半部黑色，后半部红色；小盾片基部黑色。前翅膜质区黑褐色；前、中、后足均为黑色，各腿节内、外侧间具不规则黄褐色斑。腹部2~7节腹面各节两侧具黄色椭圆斑1个，各斑之间相连处为黑色。

（3）云斑瑞猎蝽 *Rhynocoris incertis*

猎蝽科。成虫体长 14~18 mm。黑色具红色斑纹，色斑变化明显，前胸背板前叶印纹较深，形成云斑，后叶中央平坦，侧角圆钝，侧后缘翘起，后缘略凹。小盾片端部钝，边缘上卷。在植物或地表活动，捕食各种昆虫和节肢动物。分布广泛。

（4）环斑猛猎蝽 *Sphedanolestes impressicollis*

猎蝽科。成虫体长 16~18 mm，体宽 5~6 mm。体黑色光亮，被淡色毛，具黄色或暗黄花斑。头部腹面、喙第1、2两节、各足腿节具2~3个淡色环斑，胫节具2个淡色环斑，腹部腹面及侧接缘的端半部均为黄色或淡黄褐色。雄虫生殖节后缘中央突的前端呈叉状。本种色泽及色斑有变异，尤其是前胸背板色泽变化大，由淡黄色至黑色，若干个体前胸背板后叶为暗黄色；头部及各足淡色斑变异不甚明显。

（5）齿缘刺猎蝽 *Sclomina erinacea*

猎蝽科。成虫体长 14~15 mm，体宽 2~3 mm。身体黄褐色，具许多刺状突。头部两侧、眼部两侧斜带、小盾片中部、前翅前缘脉的前中部、革片大部以及胸侧板均为黑褐色。前胸背板前叶具10个刺突，中部中央的2个较大，两刺突间具纵沟，后叶具4个显著的大刺。腹部第3节端角呈刺突状，其他各节端角呈片叶刺状。雄性的生殖节端缘中央呈宽铲状并向外突出。

（6）麻皮蝽 *Erthesina fullo*（附图32）

蝽科 Pentatomidae。成虫体长 20~25 mm，体宽 10~11 mm。体黑褐色密布黑色刻点及细碎不规则黄斑。头部狭长，侧叶与中叶末端约等长，侧叶末端狭尖。触角5节黑色，第1节短而粗大，第5节基部1/3为浅黄色。喙浅黄4节，末节黑色，达第3腹节后缘。头部前端至小盾片具1条黄色细中纵线。前胸背板前缘及前侧缘具黄色窄边。胸部腹板黄白色，密布黑色刻点。各腿节基部2/3浅黄，两侧及端部黑褐，各胫节黑色，中段具淡绿色环斑，腹部侧接缘各节中间具小黄斑，腹面黄白，节间黑色，两侧散生黑色刻点，气门黑色，腹面中央具1纵沟，长达第5腹节。

（7）广二星蝽 *Stollia ventralis*

蝽科。成虫体长 5~6 mm，体宽 3~4 mm。卵形黄褐色，密被黑色刻点。头部黑色或黑褐色。中叶稍长于侧叶或等长；多数个体头侧缘在复眼基部上前方具 1 黄白色点斑；触角基部 3 节淡黄褐色，端部 2 节棕褐色。前胸背板侧角不突出，胝黑色，背板前部刻点稍稀，侧缘有略卷起的黄白色狭边。小盾片舌状，基角处有黄白色小点，端缘常有 3 个小黑点斑。翅长于腹末，几乎全盖腹侧。足黄褐色，具黑点。腹部背面乌黑，侧接缘内、外侧黄白色，中间黑色，节间后角上具黑点。

(8) 绿岱蝽 *Dalpada smaragdina*（附图 33）

蝽科。成虫体长 15~18 mm，体宽 7~9 mm，较大而厚实。前胸背板侧角结节状明显，前侧缘只前端处有极狭细的淡黄色狭边，侧角端部为明显的黑色，黑色部分的宽度约相当于爪片基部的宽。头部边缘为黄红色狭边，头侧叶明显长于中叶。腹部侧接缘最外缘为淡黄白色狭边，其余为金绿色。体下方淡黄白色，侧缘处为 1 条较为整齐的金绿色带，以贯身体全长。

(9) 茶翅蝽 *Halyomorpha picus*

蝽科。成虫体长 15 mm 左右，体宽 8 mm，体扁平茶褐色。前胸背板、小盾片和前翅革质部有黑色刻点，前胸背板前缘横列 4 个黄褐色小点，小盾片基部横列 5 个小黄点，两侧斑点明显。初孵若虫近圆形，体为白色，后变为黑褐色，腹部淡橙黄色，各腹节两侧节间具 1 长方形黑斑，共 8 对，老熟若虫与成虫相似，无翅。

(10) 斑须蝽 *Dolycoris baccarum*

蝽科。成虫体长 8~13 mm，体宽 6 mm，椭圆形，黄褐或紫色，密被白绒毛和黑色小刻点；触角黑白相间；喙细长，紧贴于头部腹面。小盾片末端钝而光滑，黄白色。小盾片近三角形，末端钝而光滑，黄白色。前翅革片红褐色，膜片黄褐色，透明，超过腹部末端。胸腹部的腹面淡褐色，散布零星小黑点，足黄褐色，腿节和胫节密布黑色刻点。若虫形态和色泽与成虫相同，略圆，腹部每节背面中央和两侧都有黑色斑。

(11) 珀蝽 *Plautia fimbriata*

蝽科。成虫体长 8~11mm，体宽 5~6mm。长卵圆形，具光泽，密被黑色或与体同色的细点刻。头鲜绿，触角第 2 节绿色，3、4、5 节绿黄，末端黑色；复眼棕黑，单眼棕红。前胸背板鲜绿色，两侧角圆而稍突起，红褐色，后侧缘红褐色。小盾片鲜绿色，末端色淡。前翅革片暗红色，刻点粗黑，并常组成不规则的斑。腹部侧缘后角黑色，腹面淡绿色，胸部及腹部腹面中央淡黄色，中胸片上有小脊，足鲜绿色。

(12) 桑宽盾蝽 *Poecilocoris druraei*

盾蝽科 Scutelleridae。成虫体长 15~18 mm，体宽 9~11 mm。宽椭圆形，黄褐或红褐色。头黑色，触角及足蓝黑色。前胸背板中部有一对大形黑斑，或全无黑斑。小盾片上的黑斑达 13 个，亦可互相连接，亦有全无黑斑的个体，变异较大。腹下蓝黑色，中区黄褐或红褐色。

(13) 金绿宽盾蝽 *Poecilocoris lewisi*

盾蝽科。宽椭圆形，成虫体长 13~15 mm，体宽 9~10 mm。触角蓝黑色，足及身体下方黄色，体背具金属光泽的金绿色，前胸背板和小盾片具艳丽的条状斑纹。成虫臭腺发达。以若虫和成虫刺吸受害植物的枝条、叶片。

(14) 硕蝽 *Eurostus validus*

荔蝽科 Tessaratomidae。成虫体长 25~34 mm，体宽 11~17 mm。椭圆形，体大型。酱褐色，具金属光泽。触角基部 3 节黑。头和前胸背板前半、小盾片两侧及侧缘大部均近绿色，小盾片上有较强的皱纹。侧缘各节最基部淡褐色。腹下近绿色或紫铜色。第 1 腹节背面近前缘处有对发音器，梨形，由硬骨片与相连接的膜组成，通过鼓膜振动能发出"叽、叽"的声音，用来驱敌和寻偶。足同体色。

(15) 伊锥同蝽 *Sastragala esakii*

同蝽科 Acanthosomatidae。椭圆形，雄虫体长 11 mm，宽 6 mm，雌虫体长 13 mm，宽 8 mm，具较密黑棕色刻点。头黄褐色，无刻点，侧叶具横皱纹，触角第 1、2 节浅棕色或棕绿色，第 3~5 节棕红色。前胸背板前部黄褐色，光滑，侧角短钝，末端微向后弯曲，黑色，侧缘后部及革片外域褐绿色，革片内域暗黄褐色，小盾片上黄褐色斑前缘中央切入。胸及腹部腹面橘黄色。膜片半透明。腹部背面浅棕色，侧接缘黄褐色。雄虫最后腹节后缘平截。

(16) 红脊长蝽 *Tropidothorax elegans*

长蝽科 Lygaeidae。成虫体长 10 mm，红色具黑色大斑，被金黄色短毛。头黑色，光滑无刻点。喙黑色，伸达后足基节。触角黑色，第 2 与第 4 节等长。前胸背板梯形，侧缘直，仅后角处弯，侧缘及中脊隆起明显，呈红色，前后缘亦红色，其余部分黑色，有时胝沟后方黑色，胝沟前侧具 1 黑色斑。小盾片黑色，基部平，端部隆起，纵脊明显。爪片黑色，端部红色。革片红色，中部具不规则的大黑斑，不达翅前缘，膜片黑色，超过腹端，内角及外缘乳白色。体腹面红色，胸部各侧板黑色部分约占 2/3，臭腺沟缘红色，耳状。腹部各节均具黑色大型中斑和侧斑，有时两斑相互连接呈 1 大型横带，腹末端呈黑色。足黑色。

(17) 小斑红蝽 *Physopelta cincticollis*

红蝽科 Pyrrhocoridae。成虫体长 11~14 mm，体宽 4~5 mm，长椭圆形，被半直立细毛。头顶暗棕色，喙暗棕色，触角黑色，第 4 节半部浅黄色。前胸背板除前缘和侧缘棕红色外，大部分暗棕色；前胸背板前叶微隆起，后叶具刻点。小盾片暗棕色。前翅革片顶角黑斑椭圆形，其中央黑斑具明显的刻点。前翅膜片暗棕色。腹部腹面节缝棕黑色。前足股节稍膨大，腹面近端部具 2~3 个刺。

(18) 宽棘缘蝽 *Cletus schmidti*（附图 34）

缘蝽科 Coreidae。成虫体长 8~10 mm，体宽 3~4 mm，棕黄色。被黑褐色刻点，头部及前胸背板前部的细小颗粒色浅。头顶纵沟两侧由黑刻点形成不规则的斑纹；触角第 1 节外侧纵纹及第 2 节暗棕色，第 3、4 节棕红色或棕黄色。前胸背板后部刻点粗密，侧角后缘齿状突显著。小盾片顶端浅色，低于侧缘。前翅前缘基部浅色，顶角、端缘及内角常呈紫褐色，顶角处白斑小，但较明显。

(19) 山竹缘蝽 *Notobitus montanus*

缘蝽科。成虫体长 20~22 mm，体宽 5~6 mm，黑褐色，被黄褐色细毛。触角第 1 节短于或等于头宽，第 4 节基半部红褐色或黄褐色，端半部色稍深。前胸背板中、后部色稍淡。后足腿节粗大，其顶端约 2/5 处具 1 个大刺，大刺前后各有数个小刺。腹部背面基半部红色，向端部渐呈黑色。侧缘淡黄褐色，两端黑色。

(20) 一点同缘蝽 *Homoeocerus unipunctatus*

缘蝽科。成虫体长 13~14 mm，黄褐色。触角第 1~3 节略呈三棱形，具黑色小颗粒。前翅革片中央具 1 个小斑点。雌虫第 7 腹节腹板后缘中缝两侧扩展部分较长，呈锐角，其内边稍呈弧形。

(21) 月肩奇缘蝽 *Derepteryx lunata*

缘蝽科。成虫体长 23~28 mm，体宽 10~13 mm，暗褐色。触角基部 3 节暗褐，第 4 节棕红色。前胸背板侧角极扩展，上翘，且呈半月形向前延伸，顶端尖，向前伸出于前胸背板前缘。小盾片顶端具黑色瘤状突。腹部侧缘显著扩展且上翘。雄虫后足股节粗大，背面及内侧具黑色短刺突，胫节内侧超过中部处扩展呈角状；雌虫后足股节较细，近端部具 1 三角形刺突，胫节无刺突。腹部腹面正常，气门周缘黄色。

(22) 点蜂缘蝽 *Riptortus pedestris*（附图 35）

缘蝽科。成虫体长 15~17 mm，体宽 3~5 mm，狭长，黄褐至黑褐色，被白色细绒毛。头在复眼前部呈三角形，后部细缩如颈。触角第 1 节长于第 2 节，第 1、2、3 节端部稍膨大，基半部色淡，第 4 节基部距 1/4 处色淡。喙伸达中足基节间。头、胸部两侧的黄色光滑斑纹呈点斑状或消失。前胸背板及胸侧板具许多不规则的黑色颗粒，前胸背板前叶向前倾斜，前缘具领片，后缘有 2 个弯曲，侧角呈刺状。小盾片三角形。前翅膜片淡棕褐色，稍长于腹末。腹部侧接缘稍外露，黄黑相间。足与体同色，胫节中段色淡；后足腿节粗大，有黄斑，腹面具 4 个较长的刺和几个小齿，基部内侧无突起；后足胫节向背面弯曲。腹下散生许多不规则的小黑点。

(23) 瘤缘蝽 *Acanthocoris scaber*

缘蝽科。成虫体长 10~13 mm，体宽 4~5 mm，褐色。触角具粗硬毛，喙达中足基节。前胸背板具显著的瘤突；侧缘各节的基部棕黄色，胫节近基端有一浅色环斑；后足股节膨大，内缘具小齿或短刺。初孵若虫头、胸、足与触角粉红色，后变褐色，腹部青黄色；低龄若虫头、胸、腹及胸足腿节乳白色，复眼红褐色，腹部背面具 2 个近圆形的褐色斑。

(24) 筛豆龟蝽 *Megacopta cribraria*（附图 36）

龟蝽科 Plataspidae。成虫体长 4~6 mm，体宽 4~5 mm，淡黄褐或黄绿色，具微绿光泽，密布黑褐色小刻点。复眼红褐，前胸背板有 1 列刻点组成的横线，小盾片基部两端色淡，侧面无刻点。各足胫节背面具纵沟，腹部腹面两侧具辐射状黄色宽带纹，雄虫小盾片后缘向内凹陷，露出生殖节。

(25) 日壮蝎蝽 *Laccotrephes japonensis*（附图 37）

蝎蝽科 Nepidae。成虫体大型，通常大于 30 mm，前胸背板前后端均有显著突起。生活于静水水体中，不善于游泳，在水草或水底爬行，取食各种小型水生动物。

(26) 水黾 *Aquarium paludum*

黾蝽科 Gerridae。成虫体长 8~20 mm，灰褐色，头部三角形，稍长。体形变化大，通常为狭长形。口吻稍长，分为 3 节，第 2 节最长；触角丝状，4 节，突出于头的前方。前胸延长，背面多为暗色而无光泽，前翅革质，无膜质部。前足短，用于捕食，中、后足很长，跗节被有银白色的拒水毛。生活于水流缓慢处的水面上，捕食水面上的其他昆虫。

4.3.2.6 鞘翅目

(1) 尖突巨水龟虫 *Hydrophilus acuminatus*

水龟虫科 Hydrophilidae。体长 28~32 mm。外形似龙虱，但背部隆起更显著，腹面较平。触角短，6~9节，端部 3~4 节胀大呈锤状；下颚须细长，线状，与触角等长或更长；足 3 对，披长毛，跗节 5 节；腹部一般有 5 节腹板，胸、腹两侧有短柔毛，在水中形成气膜。中胸腹板具 1 条长的中脊突。取食水生植物和动物。

(2) 扁锹 *Dorcus titanus*

锹甲科 Lucanidae。雄虫体长 27~72 mm，体色黑褐色，具光泽，体形稍扁，大型雄虫大颚发达，具齿状排列，小型则无；雌虫体型较小，翅鞘有光泽，头部具凹凸的刻点。生活于平地至低海拔山区，常见成虫集体出现吸食树液或熟透的果实。雄虫较少趋光，雌虫具趋光性，夜晚或清晨于路灯下容易发现。

(3) 褐黄前锹甲 *Prosopocoilus blanchardi*

锹甲科。雌雄异型。成虫体长 20~43 mm，宽 3~16 mm。体黄褐色至褐红色，头部、前胸背板、小盾片和鞘翅边缘多为黑色或暗褐色，上颚端部、前胸背板中央色深，前胸背板两侧近后角处各具 1 个灰黑色圆斑。雄虫体形狭长，背面较平，头部宽大，上颚特别发达呈鹿角状。复眼小，有时刺突延长达眼后缘把眼分为上下两部分；触角肘状。前胸背板长短于宽，两侧平行，遍布颗粒状刻点。小盾片较小。鞘翅表面稍滑。足细长，前足胫节外缘具数枚小齿，端齿叉状。跗节 5 节，以第 5 节最长。雄虫体形大小和上颚形状变化较大。雌虫体形较圆上颚短小，足较短粗。

(4) 拉步甲 *Carabus lafossei* (附图 38)

步甲科 Carabidae。成虫体长 30~40 mm，体宽 10~16 mm。体色变异大，有多种色型，通常全身金属绿色，前胸背板及鞘翅外缘泛金红色光泽。头部细长，复眼小而外凸，触角细长，第 1~4 节光洁，以后各节被毛。前胸背板鞍型，中间高，两侧低，外缘略翘；每个鞘翅上由黑色、蓝黑色、蓝紫色或蓝绿色瘤突组成 6 列纵线，3 条较粗，3 条较细，粗细相间排列，鞘翅末端上翘外分。足细长，善急走，雄虫前足跗节略膨大，从外观上可与雌虫区分。

(5) 硕步甲 *Carabus davidis* (附图 39)

步甲科。雄虫体长 33 mm，体宽 10 mm，雌虫体长 37 mm，体宽 11 mm。头、前胸背板为浅紫铜色，有金属光泽；口器、触角、小盾片及虫体腹面黑色。鞘翅卵圆形，绿色，个别个体为浅紫铜色，有金属光泽；鞘翅瘤变黑色。前胸背板略呈心形，前胸背板在中部之后稍狭窄。步脚及头部为黑色，胸部为蓝紫色，鞘翅金绿，后部常常红铜色光泽，加上背部雕刻状背纹。

(6) 广屁步甲 *Pheropsophus occipitalis*

步甲科。成虫体长 10~19mm，体宽 5~7mm。头、前胸背板棕黄色；头顶有心形黑斑；小盾片和鞘翅黑色，各鞘翅肩部和中部有 1 黄色斑；各鞘翅有 7 条纵隆脊，受惊和捕食时肛门会放出一种有毒雾气。

(7) 脊青步甲 *Chlaenius costiger*

步甲科。成虫体长 19~23 mm，体宽 7~9 mm。头及前胸背板绿色，具铜色光泽；鞘翅黑褐色，有绿色光泽；触角基节和腿节黄褐色，口器及胫节、跗节和爪暗红褐色；小盾片和体腹面黑色。两复眼间具细刻点和皱褶，其后具网状纹伴少量刻点，额沟长。触角第3节长度超过第1、2节长之和；第1、2节光亮无毛，第3节毛疏，第4节后密被黄褐色短毛。上颚短粗，额沟宽大。前胸背板宽略大于长，中部最宽，稍拱起，具稀疏细刻点和细横纹，前、后缘处具纵皱；后缘近于平直，中纵沟细浅。小盾片三角形，光亮，中部具浅纵沟。鞘翅各具8条细刻点的纵沟。腹面两侧具刻点。雄虫前足跗节基部3节扩大。

(8) 中华虎甲 *Cicindela chinensis*（附图40）

步甲科。成虫体长 17~22 mm，体宽 7~9 mm，头、胸、足和腹部具强烈金属光泽。前胸背板中部金红或金绿色。鞘翅底色深蓝，无光泽，沿鞘翅基部、端部、侧缘和翅缘翠绿色，有时基部和翅缝还具红色光泽；在距翅基约1/4处具1条横贯全翅的金属绿或红色的宽横带。足绿色或蓝绿色，前中足腿节中部红色。复眼大而突出。触角细长，丝状，1~4节光亮，绿色或部分紫色，其余7节暗黑色。上唇蜡黄色，周缘黑色，中央具1条黑纵纹，前缘具5个锯齿。上颚强大。成虫幼虫均为捕食性。

(9) 离斑虎甲 *Cosmodela separata*

步甲科。成虫体长 8~10 mm，体宽 3~4 mm。体铜绿色，前胸背板盘区、足腿节的一部分铜红色，鞘翅暗绿色，中缝铜红色，头胸腹面两侧、腹部的一部分金属蓝绿色，胫节和跗节背面绿色、腹面紫色或蓝紫色。头部在复眼之间具纵皱纹，头顶具细横皱纹；上唇淡黄色，前缘和基部黑色，中间具1条黑色纵脊，前缘具3个尖齿。前胸方形，长宽近于相等；盘区中部隆起，具细横皱纹，中间具1条纵沟纹，前端和基部各有1条横沟。鞘翅盘区表面呈丝绒状，且布有微细颗粒；每翅具5个淡黄色斑；肩部具1个椭圆形斑，基部1/4处靠近外侧具1横形长圆斑，中部具1对斑（外侧大，内侧小，两斑间具1丝状细横纹相连），端部外侧1/4处具1个大圆斑。胸部侧板和后胸腹板两侧及腹部前3节腹板两侧被白毛。

(10) 大云鳃金龟 *Polyphylla laticollis*

金龟科 Scarabaeidae。成虫体长 31~38 mm，呈长卵圆形，背部隆起；栗色或黑褐色，体表具乳白色鳞片组成的云状花纹。头部中等大小，唇基扩大。雄虫触角7节，宽而长，向外弯曲；雌虫触角短小，6节。幼虫取食腐殖质，成虫具趋光性。

(11) 双叉犀金龟 *Allomyrina dichotoma*

金龟科。雄虫体长 44~80 mm，头部具一强大的双叉角突，分叉部缓缓向后上方弯曲。前胸背板中央具1粗短、端部分叉的角突，端部指向前方。雌性头部粗糙无角突，额顶横列3个小立突。前胸背板中央前半部具"Y"字形凹纹。幼虫栖息于腐殖土内，成虫常被灯光吸引。

(12) 黄粉鹿花金龟 *Dicronocephalus wallichii*

金龟科。成虫体长 23~26 mm，体大中型，略呈卵圆形。体黄色或棕黄色，体表被黄色或黄白色绒毛层，常常腹面比背面厚。前胸背板中部具1对黑色光洁带。雄虫唇基发达，呈鹿角状，雌虫不发达。成虫取食树汁。

(13) 棉花弧丽金龟 *Popillia mutans*

金龟科。成虫体长11~14 mm，体宽6~8 mm。体深蓝色带紫，有绿色闪光；背面中间宽，稍扁平，头尾较窄，臀板无毛斑；唇基梯形，触角9节，棒状部3节，前胸背板弧拱明显；小盾片短阔三角形，大；鞘翅短阔，后方明显收狭，小盾片后侧具1对深显横沟，背面具6条浅缓刻点沟，第2条短，后端略超过中点；足黑色粗壮，前足胫节外缘2齿，雄虫中足2爪，大爪不分裂。卵近球形，乳白色。幼虫体长24~26 mm，弯曲呈"C"字形，头黄褐色，体多皱褶，肛门孔呈横裂缝状。蛹裸蛹，乳黄色，后端橙黄色。

(14) 铜绿丽金龟 *Anomala corpulenta*

金龟科。成虫体长15~22 mm，体宽8~12 mm。长卵形，背腹扁圆，体背铜绿色具金属光泽，头、前胸背板、小盾片色较深，鞘翅色较浅，唇基前缘、前胸背板两侧呈浅褐色条斑。前胸背板发达，前缘弧形内弯，侧缘弧形外弯，前角锐，后角钝。臀板三角形黄褐色，常具1~3个形状多变的铜绿色或古铜色斑纹。腹面乳白、乳黄或黄褐色。头、前胸、鞘翅密布刻点。小盾片半圆，鞘翅背面具2条纵隆线，缝肋明显，唇基短阔梯形，前缘上卷。触角鳃叶状9节，黄褐色。前足胫节外缘具2齿，内侧具内缘距。

(15) 七星瓢虫 *Coccinella septempunctata*（附图41）

瓢虫科 Coccinellidae。成虫体长5~7 mm，体宽4~6 mm。头黑色，额与复眼相连的边缘上各具1个圆形淡黄色斑。复眼黑色，内侧凹处各具1个淡黄色小点，有时与上述黄斑相连；触角栗褐色，上唇、口器黑色，上颚外侧黄色。前胸背板黑色，小盾片黑色。鞘翅红色或橙黄色，两鞘翅上共有7个黑斑，其中位于小盾片下方的小盾斑被鞘缝分割成左右各半，其余3个黑斑左右对称。鞘翅基部靠近小盾片两侧各有1个小三角形白斑。腹面黑色，中胸后侧片白色。足黑色，胫节具2个刺距。有长距离迁飞习性。成虫具有假死性和趋光性。

(16) 黄斑盘瓢虫 *Lemnia saucia*

瓢虫科。成虫体长5~7 mm，体宽4~6 mm。虫体半球形，体背强烈拱起。雌虫头部、前胸背板黑色，两侧各具1黄白色的长圆形大斑。小盾片黑色，鞘翅黑色，近中央具1近圆形的橙色斑。腹部中央黑色，外缘橙红色；缘折外缘黑色。前胸背板缘折的前内侧有明显的半球形凹陷。雄虫头部橙黄色，后胸外缘橙黄色部分扩展较大。

(17) 隐斑瓢虫 *Harmonia obscurosignata*

瓢虫科。成虫体长6~7 mm，体宽5~6 mm。头红褐色，刻点较浅，触角、复眼黑色。前胸背板及鞘翅栗褐色，前胸背板两侧有大型黄白斑，自前角达后角；小盾片深褐色；鞘翅色斑变异较大，18个黑色斑或12个黄色斑或无。

(18) 十三星瓢虫 *Hippodamia tredecimpunctata*

瓢虫科。成虫体长4~7 mm，体宽2~4 mm。头部黑色，但前缘黄色，复眼黑色，触角黄褐色。前胸背板橙黄色，中部具大型的近梯形黑斑，自基部几乎伸过前缘，近侧缘处还各有1个小圆形的黑斑。小盾片黑色或褐黄色。鞘翅红黄色至褐黄色，每一鞘翅上有6

个黑斑，鞘缝靠近小盾片处1个黑斑。腹面大部分黑色，缘折橙黄色，中、后胸侧片黄白色和腹部1~5节侧缘部分黄褐色；腿节、跗节端部和爪黑色，其余部分橙黄色。

(19) 龟纹瓢虫 *Propylaea japonica*

瓢虫科。成虫体长3~5 mm，体宽2~4 mm。表面光滑，无细毛。前胸背板浅黄色，具1个横向大黑斑。小盾片黑色。鞘翅红色，具龟纹状黑色斑纹，黑斑变化较大：黑斑扩大相连或缩小呈独立的斑点，有时甚至消失。常见于农田杂草，以及果园树丛，捕食多种蚜虫。

(20) 马铃薯瓢虫 *Henosepilachna vigintioctopunctata*

瓢虫科。成虫体长7~8 mm，半球形，赤褐色，体背密生短毛。前胸背板中央具1较大的剑状纹，两侧各有2个黑色小斑(有时合并成1个)。两鞘翅各有14个黑色斑，鞘翅基部3个黑斑与后面的4个斑不在一条直线上；两鞘翅合缝处有1~2对黑斑相连。

(21) 异色瓢虫 *Harmonia axyridis*

瓢虫科。成虫体长5~8 mm，体宽4~5 mm。体卵圆形，体色和斑纹变异很大。头部橙黄色、橙红色或黑色。前胸背板浅色，具1"M"字形黑斑，浅色型变异时该斑缩小，仅留下4或2个黑点；深色型变异时扩展相连以至前胸背板中部全为黑色，仅两侧浅色。小盾片橙黄色或黑色。鞘翅上各具9个黑斑，浅色型变异个体黑斑部分或全消失，鞘翅全部为橙黄色；深色型变异个体斑点相互连成网形斑，或鞘翅基色黑而具1、2、4、6个浅色斑甚至全黑色。腹面色泽亦有变异，浅色型中部黑色，外缘黄色；深色型中部黑色，其余部分棕黄色。鞘翅末端7/8处具1个明显的横脊痕。

(22) 茄二十八星瓢虫 *Epilachna vigintioctopunctata*

瓢虫科。成虫体长5~8 mm，体宽4~7 mm，半球形，黄褐色，体表密生黄色细毛。前胸背板具6个黑点，中间2个黑斑常连成1个横斑；每个鞘翅上有14个黑斑，其中第二列4个黑斑呈一直线，是与马铃薯瓢虫的显著区别。

(23) 丽叩甲 *Campsosternus auratus*

叩甲科 Elateridae。成虫体长37~43 mm，体宽12~14 mm。体长椭圆形，极其光亮，艳丽。大多呈蓝绿色，前胸背板和鞘翅周缘具金色和紫铜色闪光，触角和跗节黑色，爪暗栗色。头宽，触角短而扁平，向后可伸达前胸背板基部，不超过后角；前胸长和基部宽相等，基部最宽，背面不太突起。前胸背板侧缘明显凸边，两侧从基部向端部逐渐变狭，前端明显后凹呈弧形，后缘略内凹。小盾片宽大于长，略呈五边形，中间低凹，很少平坦，大多近端部具两个较明显的针孔。鞘翅基部与前胸略等宽。自中部向后变狭。生活于土壤中，取食植物的根、块茎和土里的种子。成虫前胸和头能作扣头状活动，可以逃脱危险。

(24) 豆芫菁 *Epicauta gorhami*

芫菁科 Meloidae。成虫体长11~19 mm，头部红色，胸腹和鞘翅均为黑色，头部略呈三角形，触角近基部几节暗红色，基部有1对黑色瘤状突起。雌虫触角丝状，雄虫触角第3~7节扁而宽。前胸背板中央和每个鞘翅都有1条纵行的黄白色纹。前胸两侧、鞘翅的周缘和腹部各节腹面的后缘都生有灰白色毛。

(25) 眼斑芫菁 *Mylabris cichorii*

芫菁科。成虫体长10~15 mm，体宽3~5 mm。体和足黑色，被黑毛。鞘翅淡黄色至棕黄色，具黑斑。头略呈方形，后角圆，表面密布刻点，额中央有 1 纵光斑。触角短，11 节，末端 5 节膨大呈棒状，末端基部与第 10 节等宽。前胸背板长稍大于宽，两侧平行，前端 1/3 向前变狭；表面密布刻点，后端中央有两个浅圆形凹洼，前后排列。鞘翅表面皱纹状，中部有 1 条横贯全翅的黑横斑；小盾片外侧横过翅基并沿肩角而至距翅基约 1/4 处向内弯，达翅缝具 1 条圆弧形黑纹，在翅缝处汇合成 1 条横斑纹，其内具 1 个黄色小圆斑，翅基外侧具 1 个小黄斑；翅端部黑色。

(26) 四斑露尾甲 *Librodor japonicus*

露尾甲科 Nitidulidae。成虫体长 8~14 mm，黑色具光泽，每个鞘翅各具 2 个黄色至红色锯齿状斑纹。体长椭圆形，较扁平，头部较大，雄性上颚十分发达，触角第 1 节延长，端部形成端锤；前胸背板横向扩展；鞘翅具细刻点列，端部圆弧，露出 1 节腹背板。见于树干上，取食树干伤口流出的发酵汁液。

(27) 甘薯蜡龟甲 *Laccoptera guadrimaculata*（附图 42）

铁甲科 Hispidae。成虫体长约 8 mm，体近三角形。蜡黄色至棕褐色，前胸背板中部通常具 2 个小黑斑，鞘翅盘区具数个黑斑，近肩角处和中后部及后部翅缝处各具 1 黑斑。鞘翅基部远宽于前胸背板，鞘翅中部强烈隆起。肩角强烈向前延长，达前胸背板中部。

(28) 光肩星天牛 *Anoplophora glabripennis*（附图 43）

天牛科 Cerambycidae。成虫体长 17~39 mm，体宽 5~12 mm，体黑具金属光泽。触角丝状 11 节，第 1、2 节黑色，其余各节端部 2/3 黑色，基部 1/3 具淡蓝色绒毛。鞘翅基部光滑，表面各具 20 多个大小不等的白色毛斑，略呈不规则的 5 横列。头部和体腹面被银灰和蓝灰色细毛。

(29) 星天牛 *Anoplophora chinensis*（附图 44）

天牛科。成虫体长 19~37 mm，体宽 6~14 mm，体漆黑具白色小毛斑。触角 3~11 节，基部具淡蓝白色毛环。前胸无淡色毛斑，具粗壮尖锐的侧刺突；背板中瘤明显，两侧有低平瘤突。鞘翅白斑约 20 个，排列成不整齐的 5 横行；鞘翅基部具大小不一的颗粒。雌虫体阔，腹末稍外露，雄虫与此相反。

(30) 桑黄星天牛 *Psacothea hilaris*

天牛科。成虫体长 15~23 mm，体黑褐色，密生黄白色或灰绿色短绒毛，体上生黄色点纹。头顶具 1 条黄色纵带，触角较长。前胸两侧中央各具 1 个小刺突，左右两侧各具 1 条纵向黄纹与复眼后黄色斑点相连，鞘翅黄斑十几个。胸腹两侧也有纵向黄纹，各节腹面具黄斑 2 个。

(31) 松墨天牛 *Monochamus alternatus*

天牛科。成虫体长 15~28 mm，体宽 5~9 mm，橙黄色到赤褐色。触角棕栗色，雄虫触角第 1、2 节全部和第 3 节基部具稀疏灰白色绒毛；雌虫触角除末端 2、3 节外，其余各节大部分灰白色，末端 1 深色小环。前胸宽大于长，多皱纹，侧刺突较大。前胸背板具 2 条宽的橙黄色纵纹，与 3 条黑色纵纹相间。小盾片密被橙黄色绒毛。鞘翅各具 5 条纵纹，由方形或长方形黑色及灰白色绒毛斑相间组成。腹面及足杂有灰白色绒毛。

(32) 桃红颈天牛 *Aromia bungii*

天牛科。成虫体长 28~37 mm，体黑色。头黑色，腹面有许多横皱，头顶部两眼间有深凹。触角蓝紫色，基部两侧各有一叶状突起。前胸背板红色，背面具4个光滑疣突，前胸两侧各有刺突一个。鞘翅翅面光滑，基部较前胸宽，端部渐狭。雄虫身体比雌虫小，前胸腹面密布刻点，触角超过虫体5节；雌虫前胸腹面有许多横皱，触角超过虫体2节。

(33) 苎麻双脊天牛 Paraglenea fortunei（附图45）

天牛科。成虫体长11~17 mm，触角与身体等长或略长。雄成虫鞘翅末端锐圆，雌成虫钝圆，腹部尾节稍长，腹面中央具1条纵沟。前胸背板浅绿色，上具并列的2个圆形黑斑。鞘翅上有浅绿和黑色花斑，有的鞘翅具3个黑斑，位于基部、中部偏前或距前端1/3处，第3个黑斑中间具1个浅绿色小斑；有的每个鞘翅上有2个黑斑。

(34) 竹绿虎天牛 Chlorophorus annularis

天牛科。成虫体长9~17 mm，体宽2~5 mm。棕色至棕黑色，头部及背面被绿色绒毛，腹面被白色绒毛。触角较短，约为体长的1/3，伸达鞘翅中部，柄节与第3节等长，第3~6节淡褐色，其余深色。前胸背板近球形，中央具1条分叉的黑色纵纹，左右各有2个圆形黑斑，黑斑部分粗糙。鞘翅基部具1条卵圆形黑色环纹，中部1条黑横带外端向前延伸与环纹后端相连，端部具1个黑色圆斑。足淡褐色，仅后足腿节深色。

(35) 粗鞘双条杉天牛 Semanotus sinoauster

天牛科。成虫体长10~25 mm，体宽4~7 mm。扁平，头和前胸黑色，前胸具浓密淡黄色绒毛。触角和足黑褐色，鞘翅棕黄色，每翅中部和末端各具1个大黑斑，有时中部黑斑不接触中缝。体腹面棕色。触角较短，雄虫触角不超过体长，雌虫仅达体长的1/2。前胸背板有5个光滑瘤突，排列呈梅花形。鞘翅末端圆形，基部刻点粗大，略显皱痕，其余翅面刻点较小。

(36) 竹紫天牛 Purpuricenus temminckii

天牛科。成虫体长11~18 mm，体宽4~7 mm。头、触角、足及小盾片黑色，前胸背板及鞘翅朱红色。头短，雌虫触角接近鞘翅后缘，雄虫触角约为体长的1.5倍。前胸背板宽约为长的2倍，5个黑斑中近后缘的3个较小，两侧各具1个显著的瘤状侧刺突。鞘翅两侧缘平行，胸部和翅面密布刻点。

(37) 云斑白条天牛 Batocera lineolata

天牛科。成虫体长的32~65 mm，体宽9~20 mm。体黑褐至黑色，密被灰白色至灰褐色绒毛。雄虫触角超过体长1/3，雌虫略长于体长，每节下侧具许多细齿。前胸背板中央具1对肾形白色或浅黄色毛斑，小盾片被白毛。鞘翅具不规则白色或浅黄色绒毛组成的云状斑纹，多呈2~3纵行，外面一行数量居多，并延至翅端部。鞘翅基部1/4处具大小不等的瘤状颗粒，肩刺大。身体两侧由复眼后方至腹部末节具1条由白色绒毛组成的纵带。

(38) 十星瓢萤叶甲 Oides decempunctata（附图46）

叶甲科 Chrysomelidae。成虫体长9~14 mm，体宽7~10 mm。体卵形似瓢虫，黄褐色，触角末端3~4节黑褐色，每个鞘翅具5个近圆形黑斑，排列顺序为2-2-1。后胸腹板外侧、腹部每节两侧各具1个黑斑，有时消失。雄虫腹部末节顶端三叶状，中叶横宽，雌虫末节顶端微凹。

(39) 薄荷金叶甲 Chrysolina exanthematica

叶甲科。成虫体长6~11 mm。背面黑色或蓝黑色，具青铜色光泽；腹面紫罗兰色；触角黑色，基部紫蓝色，光亮，第1、2两节杂棕色。头胸部刻点相当粗密混乱。前胸背板侧缘纵行隆起，其内侧面很深。鞘翅刻点约与前胸等粗，更密；每翅具5行无刻点的圆盘状隆起。雄虫前足第1跗节膨阔，雌虫各足第1跗节腹面光秃无毛。

(40) 中华萝藦叶甲 *Chrysochus chinensis*

叶甲科。成虫体长7~13 mm，体宽4~7 mm。头部刻点或稀或密，毛被亦较密；头中央具1细纵纹，有时此纹不明显；触角基部各具1稍隆起的瘤。触角较长，达到或超过鞘翅肩部；第1节膨大，球形，第2节短小，第3节较长。前胸背板长大于宽，基端两处较狭；盘区中部高隆，前角突出；侧边明显。小盾片三角形，蓝黑色，有时中部具1红斑，表面光滑或具微细刻点。鞘翅基部稍宽于前胸，肩部和基部均隆起，二者之间具1条纵凹沟，基部之后有一条或深或浅的横凹。前胸腹板宽阔，长方形，中胸腹板宽，方形，雄虫后缘中部具1后突尖刺。

(41) 红胸负泥虫 *Lema fortune*

叶甲科。成虫体长6~8 mm，宽3~4 mm。头、前胸背板及小盾片棕红色，鞘翅蓝色具金属光泽。触角除第1节棕红外全黑色。腹面及足棕红，跗节黑色，胫，腿节部分黑色。头顶光洁，稍隆，中央具1短沟；触角丝状，第1节粗壮，长度与3、4节近等，约为第2节的2倍，以后各节较长，约为3、4节长度之和。前胸背板长宽近等，两侧中部收狭，表面隆起，无明显横凹。小盾片方形，被毛稀疏。鞘翅基半部两侧近平行，肩胛突出，方形，刻点排列成行。

(42) 大竹象 *Cyrtotrachelus longimanus*

象甲科 Curculionidae。成虫体长20~34 mm。体棕黄色，头部、触角、跗节、腿节端部黑色，前胸背板基部具黑色不规则圆形斑，鞘翅基部及端部黑色。体型大而粗壮，雄虫前足腿节及胫节延长，胫节内侧具毛列；喙长而粗壮，触角端节扩大呈三角形；前胸背板隆起，鞘翅背面平坦，具纵沟；跗节较细长。幼虫蛀食嫩竹。

(43) 松瘤象 *Hyposipalus gigas* (附图47)

象甲科。成虫体长14 mm，宽7 mm。卵圆形，背面略拱。头棕褐色，头后缘至复眼间具黑色宽边，复眼间具倒八字黑斑。网纹浅，网眼极不完整。复眼内侧刻点排列成列。前胸背板棕褐色，中央具1黑色圆斑。网纹清晰，网眼大小、分布不均匀。近前缘刻点小，排成一行。鞘翅棕褐色，具密集黑色小斑。鞘翅缘折棕黄色，网纹精细，网线深刻，网眼不规则。腹面黑色，前胸腹突棕黄色，第2~6腹板末缘具棕黄色边。后胸腹板及后基节具细密的刻皱及网纹，腹部具密集的细刻线。前中足红褐色，后足颜色深。

4.3.2.7 鳞翅目

(1) 碧凤蝶 *Achillidesbianor cramer* (附图48)

凤蝶科 Papilionidae。体、翅黑色，遍布黄绿色、蓝绿色鳞片，后翅正面亚外缘具1列蓝色、红色弯月形斑。雄蝶前翅正面 Cu_2 至 M_3 室具性标，春型性标较稀疏。后翅尾突沿翅脉分布一定宽度的蓝绿色鳞片，夏型较集中，春型整个尾突都布满蓝绿鳞。反面前翅具灰白色宽带，由后角向前缘逐渐加宽，后翅内缘及中域具白色鳞片，亚外缘具1列弯月形红斑。常见访花、吸水或沿山路飞行。以蛹越冬。

(2)灰绒麝凤蝶 Byasa mencius

凤蝶科。个体通常比中华麝凤蝶大,尾突更长。雄蝶翅灰黑色,后翅反面亚外缘及臀角具6~7枚紫红色斑,除靠近前缘的第1枚经常消失外,其他6枚均较发达,其中4枚呈新月形。后翅正面内缘褶皱内性标灰白色。雌蝶个体大于雄蝶,正面浅灰色,紫红色斑更大而明显。以蛹越冬。

(3)青凤蝶 Graphium sarpedon(附图49)

凤蝶科。成虫翅展70~85 mm。无尾突。翅黑色,前翅具1列青色方形斑,从顶角到后缘逐渐加宽;中室内一般无青色斑,据此可与其他种类区分,但春型个体偶尔会出现中室斑。后翅中域亦具1条青带,但斑带型个体只保留前缘的白色斑及下方的1枚很小的青斑,亚外缘具1列新月形青斑。反面后翅基部具1条红色短线,外中域至内缘褶内具灰白色发香鳞。飞行迅速,常见访花、吸水或在树冠飞行。以蛹越冬。

(4)木兰青凤蝶 Graphium doson

凤蝶科。体背面黑色,腹面灰白色。翅黑色或浅黑色,斑纹淡绿色。前翅中室具5个粗细长短不一的斑纹,亚外缘区具1列小斑,亚顶角具单独1个小斑;中区具1列斑,此斑列除第3个外从前缘到后缘大致逐斑递增;中室下方具1个细长斑,中间被脉纹分割。后翅前缘斑灰白色,基部1/4断开,紧接其下具2个长斑,走向臀角;亚外缘区具1列小斑;外缘波状,波谷镶白边。翅反面黑褐色,部分斑纹银白色,在前翅中室及亚外缘区的斑列具银白色边。后翅中后区下半部具3~4个红色斑纹;有的内缘尚具1条红斑纹。

(5)碎斑青凤蝶 Graphium chironides

凤蝶科。成虫翅展65~75 mm。体背面黑色,具绿毛,腹面淡白色。翅黑褐色,斑纹淡绿色或浅黄色;前翅中室5个斑纹排成1列;亚顶角具2个斑点;亚外缘区具1列小斑;中区1列斑从前缘伸到后缘,从前到后除第2斑外逐斑递长,最后1斑最长。后翅基半部具5~6个大小不同的纵斑;亚外缘区具1列点状斑;外缘波状而直。翅反面棕褐色,前翅斑纹淡绿色与正面相似。后翅亚外缘的斑列加宽,其内侧另有5个黄色斑纹;基部2~3个斑淡黄色。

(6)金凤蝶 Papilio machaon(附图50)

凤蝶科。体黑色,体侧、腹部腹面黄色。翅黄色,各翅脉附近形成黑色条纹,翅外缘和亚外缘具2条黑带,在亚外缘形成1列新月形黄斑。前翅基部黑色,散布黄色鳞片,中室中部、端部具2条短黑带,后翅中室端具1枚钩状黑斑,亚外缘黑带处分布蓝色鳞片,臀角处具1枚红色圆斑。反面色稍淡,后翅亚外缘蓝色斑明显,内侧具橙红色斑,余同正面。分布广,多见于田野、丘陵、山地,喜吸食花蜜。以蛹越冬。

(7)柑橘凤蝶 Papilio xuthus

凤蝶科。春型体长21~24 mm,翅展69~75 mm,夏型体长27~30 mm,翅展91~105 mm。雌性略大于雄性,色彩不如雄性艳丽。两性翅上斑纹相似,体淡黄绿至暗黄色,体背中央具黑色纵带,两侧黄白色。前翅黑色近三角形,近外缘具8个黄色月牙形斑,翅中央从前缘至后缘8个由小渐大的黄斑,中室基半部具4条辐射状黄色纵纹,端半部具2个黄色新月斑。后翅黑色,近外缘具6个新月形黄斑,基部具8个黄斑;臀角处具1个橙黄色圆斑。斑中心为1个黑点。具尾突。成虫白天活动，吸食花蜜，幼虫栖息于芸香科植物，取食嫩芽及叶片。

(8) 玉带凤蝶 *Papilio polytes*（附图51）

凤蝶科。体黑色，具白点。雌雄异型。雄蝶翅黑色，前翅外缘及后翅中域具1列白斑，后翅正面臀角处具蓝色鳞片，反面亚外缘具1列淡黄色斑点。雌蝶多型，常见前翅浅灰色，翅脉黑色，各翅室具黑色条纹，翅基部及外缘黑色。后翅黑色，中域具2~5枚白斑，臀区具条形红斑，亚外缘具新月形红斑。有的后翅白斑为带状似雄蝶，有的无白斑。常见凤蝶之一，成虫喜访花。以蛹越冬。

(9) 玉斑凤蝶 *Papilio helenus*

凤蝶科。雌雄同型。体翅皆黑色，后翅正面中室外具3个并列的白色斑，亚外缘具1列模糊的新月形红色斑，尾突1根；后翅反面亚外缘具1列醒目的新月形红斑，臀角处具圆形红色斑1~2个；雌蝶颜色浅褐色。

(10) 中华虎凤蝶 *Luehdorfia chinensis*

凤蝶科，中国特有昆虫物种。翅展55~65mm，雌雄同型。体、翅黑色，斑纹黄色。胸背面和腹部、前翅基部及后翅内缘密生黄色软毛。前翅具7条黄色横斑带，基部1条粗，从前缘达后缘，第2~5条同样从前缘到中室后缘合二为一达后缘，第6条终止于M_3脉，第7条从前缘达臀角，其中近翅尖第1个黄斑与后方7个黄斑排列整齐。后翅外缘锯齿不尖，锯齿凹处具4个黄色半月斑，亚外缘具5个发达的红色斑连成带状，内侧黑色斑细小，中室黑带与其下黑带分离。尾突较短，长度约为后翅长的15%。臀角具1个缺刻。前后翅反面与正面基本相似。

(11) 苎麻珍蝶 *Acraea issoria*（附图52）

蛱蝶科 Nymphalidae。翅较狭长，橙黄色，翅脉深色，外缘黑色带嵌有淡色斑点；雄蝶前翅具1枚黑色中室端斑，雌蝶在中室端斑内外各有1条黑色横斑，此外靠近后翅处具1枚黑斑。反面横纹不如正面发达，后翅亚外缘具1条橙红色窄带。飞行缓慢，数量较多。一年发生三代，以幼虫越冬。

(12) 虎斑蝶 *Danaus genutia*

蛱蝶科。头胸部黑色，上具白点。翅橙红色，翅脉及两侧黑色，前翅前缘、外缘及后缘黑色；翅端黑色，具5条白斑组成的斜带，外缘具2列小白点。后翅外缘区黑色，具2列小白点，雄蝶在Cu_2脉内侧具黑色性标。反面与正面相似，但外缘白点较显著，后翅翅色更浅。常见蝴蝶，喜访花。

(13) 箭环蝶 *Stichophthalma louisa*

蛱蝶科。翅橙黄色，前翅顶角黑色，前后翅外缘具1列黑色的鱼形斑纹，臀角处2枚清晰而互相分离；雄蝶后翅前缘具1簇毛丛。翅反面具2条波状外缘线，外中域具1列眼斑，眼斑内侧为暗色鳞区，雌蝶在鳞区内侧具1条明显的白色带，中域和靠近基部处具2条黑色波状线，前翅中室端具1条黑线。常见于林间小路，飞行缓慢但飘忽不定，喜吸食树汁和腐烂水果。每年夏季发生一代，以幼虫越冬。

(14) 斐豹蛱蝶 *Argynnis hyperbius*（附图53）

蛱蝶科。雌雄异型。雄蝶翅橙黄色，后翅外缘黑色具蓝白色细弧纹，翅面布满黑色斑点，雌蝶个体较大，前翅端半部紫黑色，其中具1条白色斜带，余同雄蝶。反面前翅顶角暗绿色具小斑；后翅斑纹暗绿色，亚外缘内侧具5个银白色小点，围有绿色环，中区斑列内侧或外侧具黑线，此斑多呈近方形，基部具3个围有黑点的圆斑，中室内1个具白点，另有数个不规则纹。常见豹蛱蝶之一，多见于开阔地带，喜访花。

(15) 青豹蛱蝶 *Damora saguca*

蛱蝶科。雌雄异型。雄蝶翅橙黄色，前翅 Cu_1、Cu_2、2A脉上各具1个黑色性标，前缘中室外侧具1个近三角形橙色无斑区；后翅中央"〈"形黑纹外侧具1条较宽的橙色无斑区。雌蝶翅青黑色，中室内外各具1个长方形大白斑，后翅沿外缘具1列三角形白斑，中部具1条白宽带。雄蝶前翅反面淡黄色，后翅亚外缘2列暗褐色斑均圆形，中央2条细线纹在中室下脉处合为1条。雌蝶前翅反面顶角绿褐色，斑纹与正面近同，后翅缘褐色亚外缘具1列白色三角形白斑，内侧具5个小白点，围有暗褐色环，中部具1条在中段以后内弯的白色宽横带，其内侧1条白色细线下端在中室后脉处与宽带相连。

(16) 黄钩蛱蝶 *Polygonia c-aureum*（附图54）

蛱蝶科。夏型翅橙黄色，前翅 Cu_2 脉及 M_1 脉突出，后翅 M_3 脉突出，翅外缘较尖锐。正面前翅中室内通常具3枚黑斑，中室端具1枚黑色斜斑，外中区为1列呈"Z"形排列的黑斑，后翅基半部及外中区散布数枚黑斑，其中外中区黑斑上具蓝点，前后翅亚外缘具波状黑带。反面浅黄色，中带为深棕色的斑驳纹路，与正面各黑斑对应位置为深棕色暗纹，后翅中室端具1枚钩状白色小斑。秋型体形较小，翅色较深，反面为深红褐色，以成虫越冬。

(17) 残锷线蛱蝶 *Limenitis sulpitia*

蛱蝶科。成虫体长15~17 mm，翅展38~41 mm，体型中等，翅正面黑褐色，斑纹白色，前翅中室内剑眉状纹在2/3处残缺；前翅中横斑列弧排列，后翅中横极倾斜，到达翅后缘的1/3处；亚缘带的大部分与横带平行，不与翅外缘平行。翅反面红褐色，除白色斑外具黑色斑点及白色外缘线。

(18) 大红蛱蝶 *Vanessa indica*

蛱蝶科。前翅顶角突出，端半部黑色，顶角附近具数枚小白斑，中室端外侧具3枚相连的白斑，基区及后缘为棕灰色，中部为1条宽阔的橙红色斜带，上具3枚不规则的黑斑，后翅棕灰色，亚外缘橙红色，内侧及其上各具1列黑斑，臀角黑斑上具蓝灰色鳞片；前翅反面斑纹与正面相似，但顶角为棕绿色，具浅色的亚外缘线，中室端部具1条蓝线，后翅反面棕绿色，具深色斑块及白色细线，亚外缘具不明显的眼状斑纹及1列蓝灰色短条纹，以成虫越冬。

(19) 小红蛱蝶 *Vanessa cardui*

蛱蝶科。与大红蛱蝶近似，但个体稍小，橙色斑较浅，前翅顶角突出不明显，Cu_2 室内侧的橙色斑大，后翅正面橙色区抵达中室，亚外缘具椭圆形黑斑列；反面色更浅，后翅中室端具1枚近三角形的白斑，亚外缘眼状斑较明显，以成虫越冬。

(20) 美眼蛱蝶 *Junonia almana*（附图55）

蛱蝶科。雄蝶翅展52~54 mm。翅橙红色，前后翅外缘各有3条黑褐色波状线，翅面各有 2 个眼斑,前翅眼斑上小下大,后翅眼斑上大下小。前翅前缘褐色,有 4 个肾形斑,其中基部肾形斑中空,端部 1 个肾形斑与小眼斑相连。该种分夏型和秋型:夏型翅缘较整齐,反面眼斑明显;秋型翅缘有突起,反面呈枯叶状。

(21) 翠蓝眼蛱蝶 *Junonia orithya*

蛱蝶科。翅展 50~60 mm。雄性前翅基半部深蓝色,具黑绒光泽,中室具 2 条不明显橙色棒带,2 室眼纹不明显;后翅面除后缘褐色外,大部分呈宝蓝色光泽。雌性深褐色,前翅中室内 2 橙色棒带和 2 室眼纹明显;后翅大部深褐色,眼状斑比雄蝶大而醒目。季节型明显,秋型前翅反面色深,后翅多为深灰褐色,斑纹模糊;夏型灰褐色,前翅黑色眼纹明显,基都具 3 条橙色横带;后翅眼纹不明显,红褐色波状斑驳分布其间;冬型颜色较深暗,所有斑纹皆不明显;前翅外缘 6 脉端明显向外突出。

(22) 二尾蛱蝶 *Polyura narcaea*

蛱蝶科。翅淡绿色,前后翅外缘有黑色宽带,前翅黑带中有淡绿色斑列,后翅黑带间为淡绿色带。后翅两尾呈剪形突出,黑褐色。反面斑纹与正面相似,但为棕绿色带,有的饰以黑边,前翅中室具黑点,后翅外缘具 1 列黑点。以蛹越冬。

(23) 柳紫闪蛱蝶 *Apatura ilia*(附图 56)

蛱蝶科。成虫翅展 59~64 mm。翅棕褐色,翅膀在阳光下能闪烁出强烈的紫光。前翅约有 10 个白斑,中室内有 4 个黑点;反面有 1 个黑色蓝瞳眼斑,围有棕色眶。后翅中央有 1 条白色横带,并有 1 个与域前翅相似的小眼斑。反面白色带上端很宽,下端尖削呈楔形带,中室端部尖出显著。成虫喜欢吸食树汁或畜粪,飞行迅速。

(24) 黑脉蛱蝶 *Hestina assimilis*

蛱蝶科。翅黑色,布满青白色斑纹,颇似斑蝶科的青斑蝶类,但后翅亚外缘后半部有 4~5 个红色斑纹,有些红斑内有黑点;外缘后半部微向内凹,雄蝶尤为明显。翅反面的斑纹、色彩同正面。雌雄外观几近相同。

(25) 琉璃蛱蝶 *Kaniska canace*

蛱蝶科。成虫翅展 55~70 mm。翅膀表面黑褐色,前翅外缘顶角至 M_1 脉端突出,Cu_2 脉端至后角突出,亚顶端 1 白斑;两翅外中区贯穿 1 条蓝色宽带,在前翅呈"Y"状;翅膀腹面斑纹杂乱,以黑褐色为主,下翅中央具 1 枚小白点。雌雄差异不明显。雄蝶具领域性,嗜食树液、腐败的水果、动物粪便及花蜜。

(26) 白裳猫蛱蝶 *Timelaea albescens*

蛱蝶科。翅展 60~75 mm。雄虫翅背面橘黄色,前翅中室内具 4 个黑斑,基部无三角形小斑;2A 室基生黑条很短;后翅从中横斑列内侧至翅基部白色,臀域无黑斑,可见反面黑色条纹。腹面淡橘黄色,后翅内半部为白色,斑点排列与背面相似。雌虫似雄虫,但翅膀较大。

(27) 白带螯蛱蝶 *Charaxes bernardus*

蛱蝶科。翅正面红棕色或黄褐色,反面棕褐色。雄蝶前翅具很宽的黑色外缘带,中区具白色横带。后翅亚外缘具黑带,自前缘向后逐渐变窄,M_3 脉突出呈齿状。反面前翅中室内具 3 条短黑线,后翅 1 列小白点外侧具小黑点,斑纹同正面,但色浅。雌蝶前翅正面白色宽带伸到近前缘,外侧多1列白色点;后翅中域前半部具白色宽带,黑色宽带内具白点列,M_3脉突出呈棒状。翅反面中线内侧具许多细黑线。本种色彩及斑纹多变化,尤其是雌蝶。

(28)密纹矍眼蝶 Ypthima multistriata(附图57)

蛱蝶科。小型矍眼蝶。翅正面灰褐色,前翅亚顶角具1枚黑色眼斑,具2枚蓝白色瞳点,雌蝶具黄色环,雄蝶中域具黑色香鳞区;后翅亚外缘 Cu_1 室具1枚眼斑。反面密布灰白色鳞纹,前翅亚顶角具1枚黑色眼斑,具2枚蓝白色瞳点及淡黄色眶,后翅亚外缘具3枚眼斑,具蓝白色瞳点及淡黄色眶,其中 Cu_2 室眼斑具2枚瞳点,前翅中部及前后翅亚外缘各具1条灰褐色暗带。

(29)曲纹黛眼蝶 Lethe chandica(附图58)

蛱蝶科。中大型眼蝶。展翅宽55~60 mm。雄蝶前翅呈三角形,后翅具尾突,翅背面黑褐色。其中基半部色深,端半部色浅,翅腹面棕褐色,前后翅2条棕红色中带贯穿全翅,其中后翅外横带的中部强烈向外突出,前、后翅亚外缘分别具5个和6个眼斑,其中后翅眼斑内黑纹形状不规则。雌蝶背面红褐色,前翅中央具明显倾斜白带,后翅亚外缘具明显黑斑。

(30)连纹黛眼蝶 Lethe syrcis

蛱蝶科。翅正面灰褐色,后翅外缘略突出,斑纹深灰褐色,前翅具模糊外中带及亚外缘带,后翅亚外缘具1列圆斑,具模糊的浅黄褐色外环,眼斑外侧区域深灰褐色,具浅黄褐色外缘线。反面浅黄褐色,前后翅均具灰褐色内中线、外中线及亚外缘带,外缘线深褐色,后翅内中线与外中线在臀角内侧相连,外中线在 M_3 脉上方向内偏折,亚外缘具1列黑色眼斑,具白色瞳点及淡黄色眶。

(31)蒙链荫眼蝶 Neope muirheadi

蛱蝶科。翅正面深灰褐色,后翅亚外缘具1列黑褐色斑点,外缘突出。反面灰褐色,从前翅1/3处直到后翅臀角有1条棕白色并行横带。前翅中室具2条弯曲棕色条斑和4个链状圆斑,亚外缘具4个眼状斑。后翅基部具3个小圆环,亚外缘具7个眼状斑。春型个体正面亚缘斑列明显,反面后翅白色外中带退化,前翅白色外中带退化或很窄。

(32)稻眉眼蝶 Mycalesis gotama

蛱蝶科。翅正面深灰褐色,前翅亚外缘具上小下大2枚黑色眼斑,具白色瞳点及不清晰的环。反面灰褐色,亚基部具暗褐色横纹,外中带白色,内侧具暗褐色边,亚外缘具1列黑色眼斑,具白色瞳点及淡黄色眶,其中前翅 Cu_1 室及后翅 Cu_1 室眼斑较大,前翅 M_1 室及后翅 Rs 室眼斑次之,前后翅具暗褐色波状亚外缘线及暗褐色外缘线。

(33)朴喙蝶 Libythea lepita

灰蝶科。翅展42~49 mm。体翅灰褐色,雌雄同型,雌性个体略大,腹部饱满。前翅顶角突出呈钩状,翅背面黑色,中室条斑橙色,中域具1个较大的圆形橙斑,顶角具3个白点,后翅外缘锯齿状,中部具橙色横条斑,翅腹面为枯叶拟态颜色,斑纹不明显或不显,翅脉微显。下唇须长喙状。成虫常群集在溪边湿地吸水。

(34)亮灰蝶 Lampides boeticus(附图59)

灰蝶科 Lycaenidae。翅展22~36 mm。雄蝶翅正面紫褐色,前翅外缘褐色;后翅前缘与顶角暗灰色，臀角处有2个黑斑。雌蝶前翅基后半部与后翅基部青蓝色，其余暗红色；后翅臀角处2个黑斑清晰，外缘淡褐色斑隐约可见。翅反面灰白色，由许多白色细线与褐色带组成波纹状，在中部有2条波纹，后翅近外缘1条宽白带醒目；臀角处有2个浓黑色斑，黑斑内下部具绿色鳞片，上部橙黄色。

(35) 蚜灰蝶 *Taraka hamada*

灰蝶科。体型小，翅展22~26 mm。翅黑褐色，无斑纹，缘毛黑白相间。反面白色，前后翅各散布20余个黑斑，翅中央黑斑较大，排成不规则纵列。雌蝶前翅顶角圆，雄蝶较尖。幼虫专以蚜虫为食，在蝶类中是不多见的有益种类之一。

(36) 蓝灰蝶 *Everes argiades*

灰蝶科。雌雄异型，雄蝶翅蓝紫色，前翅外缘、后翅前缘与外缘褐色；翅反面灰白色，黑斑纹退化。前翅反面中室端纹淡褐色，近亚外缘有1列黑斑，外缘有2列淡褐色斑。后翅反面近基部有2个黑斑，后中部黑斑排列不规则，外缘有2列淡褐色斑；臀角2个较大清晰，上面有橙黄色斑。尾突白色，中间黑色。雌蝶翅面黑褐色，中室无黑斑。

(37) 酢浆灰蝶 *Pseudozizeeria maha*

灰蝶科。雌蝶暗褐色，翅基部具青蓝色亮鳞，低温期较多，有时可达雄蝶高温期蓝色斑发达程度。复眼具毛，褐色。触角每节具白环。雄蝶翅面淡青色，外缘黑色区较宽。翅反面灰褐色，有黑褐色具白边的斑点，无尾突。

(38) 红灰蝶 *Lycaena phlaeas*

灰蝶科。翅正面橙红色，前翅周缘具黑色带，中室中部和端部各具1个黑点，中室外自前至后具3-2-2三组黑点。后翅亚缘自M_2室至臀角具1条橙红色带，其外侧具黑点，其余部分均黑色。前翅反面橙红色，外缘带灰褐色，带内侧具黑点，其他黑点同正面；后翅反面灰黄色，亚缘带橙红色，带外侧具小黑点，后中黑点列呈不规则弧形排列，基半部散布几个黑点，尾突微小，端部黑色。

(39) 尖翅银灰蝶 *Curetis acuta*

灰蝶科。翅展30~40 mm。雄翅面黑褐色，前翅中区、后翅外端有橘红色斑纹；雌翅面为黑底白斑纹。雌雄翅里银白色。秋、冬翅形较尖，翅面斑纹大而明显。多在低山、平地溪流旁栖息，飞翔迅速，常吸食动物粪便和腐果汁液。

(40) 檗黄粉蝶 *Terias blanda*

粉蝶科 Pieridae。翅展40~50 mm。湿季型雄虫胸腹部黄色，胸腹部基部被黄色和黑色毛，沿腹部背板的侧缘有1条黑纵线。前翅顶角端缘稍凸，后翅前缘基半部稍拱；端缘钝圆。翅正面柠檬黄色，前翅前缘黑边通常窄，黑色端带通常窄；后翅黑色端带通常窄，靠近顶角和臀角部分逐渐变窄，内缘清晰。雌蝶似雄蝶，翅面底色淡柠檬黄色，反面颜色更浅。两翅正面基部有较多的黑色点。前翅前缘黑色带较阔，内缘较模糊；干季型前翅正面黑色端带较窄，内缘凹陷深，前缘黑边很窄，常消失。后翅黑色端带比湿季型窄，有时退化。反面多数斑纹较发达。

(41) 宽边黄粉蝶 *Eurema hecabe*

粉蝶科。雌虫体长13~18 mm，翅展36~51 mm；雄虫体长12~17 mm，翅展35~49 mm。

触角短，棒状部黑色。翅深黄色到黄白色。前翅前缘黑色，外缘有宽的黑色带，从前缘直到后角，其内侧在 M_3 脉与 Cu_1 脉处向外呈指状凹入。雄蝶色深，中室下脉两侧具长形性斑。后翅外缘黑带窄，或仅具脉端斑点。前翅反面满布褐色小点，前翅中室内具 2 个斑，中室端脉具 1 个肾形斑。后翅反面具分散小点，中室端具 1 枚肾形纹，外缘因 m_3 室略突出而呈不规则圆弧形。

(42) 东方菜粉蝶 Pieris canidia (附图 60)

粉蝶科 Pieridae。成虫翅展 45~60 mm。体躯细长，背面黑色，头部和胸部被白色绒毛。腹面白色。翅正面白色；前翅前缘脉黑色，顶角具三角形黑斑，后翅前缘中部具 1 个黑斑。后翅外缘各脉端部均具三角形黑斑。翅反面白色或乳白色，除前翅 2 枚黑斑外，其余斑较模糊。雌蝶斑纹较明显，反面基部黑鳞区较雄蝶宽。幼虫主要取食十字花科植物叶片。

(43) 东亚豆粉蝶 Colias poliographus

粉蝶科。体黑色，头部及胸前部具红褐色绒毛。前翅外缘黑带约占翅面的 1/3，内具淡色斑列，中室端部具 1 枚黑斑，翅基部具黑色鳞片；后翅外缘在翅脉末端处具 1 列黑斑，亚外缘具 1 列不明显的黑斑，中室端具 1 枚橙色斑。前翅反面中室端具 1 枚黑斑，亚外缘具 1 列黑点；后翅反面暗黄色，中室端斑银白色边缘饰以红线，亚外缘具 1 列暗色点。雄蝶翅色常见为黄色，雌蝶多为白色，有时也有黄色型出现。

(44) 橙翅襟粉蝶 Anthocharis bambusarum

粉蝶科。雄蝶前翅橙色，雌蝶白色，顶角较圆滑，具灰黑色斑，中室端具 1 枚黑斑，翅基部黑色；后翅正面白色，具灰色暗纹，反面布满墨绿色云状斑。春季发生一代，常访花，以蛹越冬。寄主十字花科的弹裂碎米荠等。

(45) 圆翅钩粉蝶 Gonepteryx amintha

粉蝶科。翅展 60~65 mm。体黑色，密被黄色鳞毛，翅背面深黄色。雄性翅淡黄色，顶角突出呈钩状，两翅中室端部具 1 橘红色斑(后翅较大)；前翅前缘和外缘从第 4 脉起具紫褐色小点；后翅 7 脉显著，翅腹面暗黄色，中室端斑暗红色。雌性翅背面奶黄色，翅腹面绿黄白色。

(46) 旖弄蝶 Isoteinon lamprospilus

弄蝶科 Hesperiidae。雄蝶翅正面黑褐色，外缘毛黑白色相间，前翅亚顶端有 3 个长方形小白斑，中域有 4 个方形透明白斑，1 个在中室端，其他 3 个在 Cu_2、Cu_1、M_1 室，构成 1 条直线。后翅无纹。翅反面黄褐色，前翅后半部黑色，斑纹与翅正面相同；后翅中室具黄色鳞毛，有 8 个银白色斑点，排成 1 个圆圈，中间 1 个较大，银斑周围有黑褐色边。雌蝶较雄蝶大，前翅外缘较圆，斑纹大而明显。

(47) 玛弄蝶 Matapa aria

弄蝶科。雄成虫体长 14~20 mm，雌成虫体长 14~17 mm。体深褐色，腹部腹面密被棕黄色毛；下颚须粗壮，复眼棕红色。翅背面褐色，腹面棕褐色，无斑纹；翅缘毛淡黄色至黄色。前翅前缘近基角 1/3 处稍突出。雄蝶前翅背面中域具灰褐色的线状性标。

(48) 黄斑蕉弄蝶 Erionota torus

弄蝶科。体长 30~33 mm，翅展 78~85 mm。虫体黄褐色或茶褐色；头部与胸部黄色或灰褐色鳞毛；触角黑褐色，棒状，近膨大部呈黄白色。前翅黄褐色，翅中央有黄褐色大斑2个，近外缘有1个黄色方形小斑；后翅黄褐色或茶褐无斑纹；两翅缘毛均呈白色。

(49) 直纹稻弄蝶 *Parnara guttata*

弄蝶科。体长17~19 mm，翅展28~40 mm。体和翅黑褐色，头胸部比腹部宽，略带绿色。前翅具7~8个半透明白斑排成半环状，下边一个大。后翅中间具4个白色透明斑，呈直线或近直线排列。翅反面色浅，斑纹与正面相同。

(50) 曲纹稻弄蝶 *Parnara ganga*

弄蝶科。体长14~16 mm。前翅常具5枚白斑，排成直角状。后翅翅底4枚斑纹排列紧密呈锯齿状，故名"曲纹"。斑纹大小有变化。

(51) 隐纹谷弄蝶 *Pelopidas mathias*

弄蝶科。成虫体长17~19mm。翅黑褐色，披有黄绿色鳞片，前翅具8个半透明白斑，排成不整齐环状；雄性具1条灰色斜走线状性标，即香鳞区；后翅黑灰赭色，无斑纹，前翅里面斑纹似翅表；后翅亚外缘中室外具5个小白点，中室内也有1个小白点。

(52) 樗蚕 *Philosamia cynthia*

大蚕蛾科 Saturniidae。雄成虫体长20~30 mm，翅展110~125 mm；雌成虫体长32 mm，翅展152 mm。体青褐色，触角羽毛状，头四周白色；前翅褐色，顶角圆突，粉紫色，具黑色半透明眼斑1个，斑上具白色圆弧；前后翅中央各具新月斑1个，新月斑上缘深褐色，中部为半透明白色月牙状，下缘为土黄色，斑外侧具纵贯全翅的宽带1条，带中央粉红色，外侧白色，内侧深褐色，边缘具白曲纹1条；前翅腋区具褐色绒毛区。后翅靠近外缘具3条灰线，中间较宽，两侧较窄，腋区具1条从前缘到后缘的白色弧形条带。幼虫体大，鲜绿色，体背具毛突。

(53) 银杏大蚕蛾 *Dictyoploca japonica*

大蚕蛾科。成虫体长25~60 mm，翅展90~150 mm。体灰褐色或紫褐色。雌蛾触角栉齿状，雄蛾羽状。前翅内横线紫褐色，外横线暗褐色，两线近后缘外汇合，中间呈三角形浅色区，中室端部具月牙形透明斑。后翅从基部到外横线间具较宽红色区，亚缘线区橙黄色，缘线灰黄色，中室端处具1个大眼状斑，斑内侧具白纹。后翅臀角处具1个白色月牙形斑。幼虫取食银杏等寄主植物的叶片。

(54) 旋目夜蛾 *Speiredonia retorta*

夜蛾科 Noctuidae。成虫体长约20mm，雌雄体色显著不同。雌蛾褐色至灰褐色，颈板黑色，第1至第6腹节背面各有1个黑色横斑，向后渐小，其余部分为红色；前翅蝌蚪形黑斑尾部与外线近平行；外线黑色波状，其外侧至外缘还有4条波状黑色横线，其中1条由中部至后缘；后翅有白色至淡黄白色中带，内侧有3条黑色横带；中带外侧至外缘有5条波状黑色横线，各带、线间色较淡。雄蛾紫棕色至黑色，前翅有蝌蚪形黑斑，斑的尾部上旋与外线相连；外线至外缘尚有4条波状暗色横线，上端不达前缘。幼虫头部褐色，颅侧区有黑色宽纵带，体灰褐色至暗褐色，有大量的黑色不规则斑点，构成许多纵向条纹。末龄幼虫体长约60 mm。蛹体长22~26 mm，红褐色。

(55) 鸟嘴壶夜蛾 *Oraesia excavata*

夜蛾科。成虫体长23~26 mm，翅展49~51 mm，褐色。头和前胸赤橙色，中、后胸赭色。前翅紫褐色，具线纹，翅尖钩形，外缘中部圆突，后缘中部呈圆弧形内凹，自翅尖斜向中部有2根并行的深褐色线，肾状纹明显。后翅淡褐色，缘毛淡褐色。幼虫体长44~45 mm，前端较尖，头部灰褐色，布满黄褐色斑点，头顶橘黄色，体灰黑色。

(56) 芝麻夜蛾 Arcte coerula (附图61)

夜蛾科。体长20~30 mm，翅展50~70 mm，体、翅茶褐色。前翅顶角具近三角形褐色斑；基线、外横线、内横线波状或锯齿状，黑色；环状纹黑色，小点状；肾状纹棕褐色，外具断续黑边；外缘具8个黑点。后翅生青蓝色略带紫光的3条横带。3龄前幼虫淡黄色，3龄后体色变化较大，分为黄色和黑色两型。黄色型体黄白色，头部及胸足黄色，前胸背板、腹部臀板和腹足橙黄色。气门下线和气门上线黑褐色，第四节以下气门四周桃红色，上下各有1黑点。每节背面有5~6条黑色横线（色淡者仅现黑点），并有白色条纹。黑色型体黑色，头部、前胸背板及腹部臀板褐色（有少数为黑色），背面具6条黄色横纹（色深者椭圆形点）。气门上线、气门下线黄色。其他与黄色型同。

(57) 粉蝶灯蛾 Nyctemera adversata

灯蛾科 Arctiidae。翅展44~56 mm。头黄色，颈板黄色，额、头顶、颈板、肩角、胸部各节具1个黑点，翅基片具2个黑点；腹部白色、末端黄色，背面、侧面具黑点列；前翅白色，翅脉暗褐色，中室中部有1条暗褐色横纹，中室端部有1条暗褐色斑，Cu_2脉基部至后缘上方有暗褐纹，Sc脉末端起至Cu_2脉之间为暗褐色斑，臀角上方有1个暗褐色斑，臀角上方至翅顶缘毛暗褐色；后翅白色，中室下角处有1个暗褐色斑，亚端线暗褐斑纹4~5个。白昼喜访花，夜晚亦具趋光性。

(58) 重阳木锦斑蛾 Histia rhodope (附图62)

斑蛾科 Zygaenidae。成虫体长17~24 mm，翅展47~70 mm。头小，红色，有黑斑。触角黑色，双栉齿状，雄蛾触角较雌蛾宽。前胸背面褐色，前、后端中央红色。中胸背黑褐色，前端红色；近后端有2个红色斑纹，或连成"U"字形。前翅黑色，反面基部有蓝光。后翅亦黑色，自基部至翅室近端部蓝绿色。前后翅反面基斑红色。后翅第2中脉和第3中脉延长呈一尾角。腹部红色，有黑斑5列，自前而后渐小，但雌者黑斑较雄者为大，以致雌腹面的2列黑斑在第1至第5或第6节合成1列。雄蛾腹末截钝，凹入；雌蛾腹末尖削，产卵器露出呈黑褐色。

(59) 扁刺蛾 Thosea sinenisi

刺蛾科 Limacodidae。成虫雌虫体长16~17 mm，翅展30~38 mm；雄虫体长14~16 mm，翅展26~34 mm。头部灰褐色，复眼黑褐色；触角褐色，雌虫触角丝状，雄虫触角单栉齿状。胸部灰褐色，翅灰褐色，前翅自前缘近中部向后缘具1条褐色线。前足各关节处具1个白斑。老熟幼虫扁平长圆形，长22~26 mm，宽12~13 mm；身体翠绿色，背部白色线条贯穿头尾，背侧各节枝刺不发达，腹部1~9节腹侧枝刺发达，其上着生多数刺毛，中、后胸枝刺明显短于腹部枝刺，腹部各节背侧和腹侧间具1条白色斜线，基部各具红色斑点1对。

(60) 丝棉木金星尺蛾 Calospilos suspecta (附图63)

尺蛾科 Geometridae。体长10~19 mm，翅展34~44 mm。翅底色银白，具淡灰色及黄褐色斑纹，前翅外缘具1行连续的淡灰色纹，外横线呈1行淡灰色斑，上端分叉，下端具1个红褐色大斑；中横线不成行，在中室端部具1个大灰斑，斑中具1个圆形斑。翅基具1个深黄、褐、灰三色相间花斑；后翅外缘具1行连续的淡灰斑，外横线呈1行较宽的淡灰斑，中横线有断续的小灰斑。前后翅反面斑纹同正面，无黄褐色斑纹。腹部金黄色，具黑斑组成的条纹数行。

(61) 栎黄枯叶蛾 *Trabala vishnou*

枯叶蛾科 Lasiocampidae。雌蛾体长25~38mm，翅展70~95mm。头部黄褐色，触角短双栉齿状；复眼球形，黑褐色。胸部背面黄色，前翅内、外横线之间为鲜黄色，中室处有1个近三角形的黑褐色小斑，后缘和自基线至亚外缘间具1个近四边形的黑褐色大斑，亚外缘线处有1条由8~9个黑褐色小斑组成的断续的波状横纹。后翅灰黄色。雄蛾体长22~27mm，翅展54~62mm，绿色或黄绿色。

(62) 青球箩纹蛾 *Brahmaea hearseyi*

箩纹蛾科 Brahmaeidae。体长40~50mm，翅展112~115mm。体青褐色，前翅中带底部球形，上有3~6个黑点，有些个体上的黑点数量不同，或左右不对称，中线顶部外侧内凹弧形，弧形外有1个圆形灰色斑，上有4条横贯的白色鱼鳞纹，中带外侧具6~7行波浪状纹，翅外缘具7个青灰色半球形斑，其上具葵花籽形斑3个，中带内侧与翅基间具6条纵行的青黄色条纹。后翅中线曲折，内侧棕黑，有灰黄色斑，外侧具浪纹状条纹9条，青黄间有棕黑色，外缘具1列半球状斑。体背面黑褐色，中胸及后胸背板灰褐色，腹部节间有深色横纹，有不甚明显的背线。

(63) 红天蛾 *Deilephila elpenor*

天蛾科 Sphingidae。体长33~40mm，翅展55~70mm。体、翅以红色为主，有红绿色闪光，头部两侧及背部有2条纵行的红色带；腹部背线红色，两侧黄绿色，外侧红色；腹部第1节两侧有黑斑。前翅基部黑色，前缘及外横线、亚外缘线、外缘及缘毛都为暗红色，外横线近顶角处较细，愈向后缘愈粗；中室有1个白色小点；后翅红色，靠近基半部黑色；翅反面色较鲜艳，前缘黄色。

(64) 葡萄天蛾 *Ampelophaga rubiginosa*

天蛾科。成虫体长45 mm，翅展90 mm。体肥大呈纺锤形，体翅茶褐色，背面色暗，腹面色淡，近土黄色。体背中央自前胸到腹端有1条灰白色纵线，复眼后至前翅基部具1条灰白色较宽的纵线。复眼球形较大，暗褐色。触角短栉齿状，背侧灰白色。前翅各横线暗茶褐色，中横线较宽，内横线次之，外横线较细呈波纹状，前缘近顶角处具1暗色三角斑，斑下接亚外缘线，亚外缘线呈波状，较外横线宽。后翅周缘棕褐色，中间大部黑褐色，缘毛色稍红。翅中部和外部各具1条暗茶褐色横线，翅展时前、后翅两线相接，外侧略呈波纹状。

(65) 霜天蛾 *Psilogramma menephron*

天蛾科。成虫体长45~50 mm，翅展45~65 mm。胸部背板两侧及后缘有黑色纵条及黑斑1对；腹部背线棕黑色，其两侧有棕色纵带；前翅灰褐色，中线棕黑色，呈双行波状；后翅棕色。老熟幼虫体长75~96 mm，头部椭圆形，淡绿色；身体黄绿色，前胸背板上有7、8排横列的白色颗粒。

(66) 斜纹天蛾 *Theretra clotho*

天蛾科。成虫体长45~50 mm，翅展70~87 mm。上翅单纯淡褐色，翅端至下缘中央有条黑褐色细线，在翅脉处颜色较深，类似虚线。雌雄差异不大。成虫出现于3~12月，生活在平地至中海拔山区，夜晚具趋光性。

(67) 鬼脸天蛾 *Acherontia lachesis*

天蛾科。成虫体长50~60mm，翅展80~100 mm。胸部背面有鬼脸形斑纹，眼点斑外围有灰白色大斑，腹部黄色，各环节间有黑色横带，背线蓝色较宽，前翅黑色、青色、黄色相间，内横线、外横线各由数条深浅不同的波状线条组成，中室上有1个灰白色点；后翅黄色，基部、中部及外缘处有较宽的黑色带3条，后角附近有1灰蓝色斑块。

4.3.2.8 双翅目

(1) 中华日大蚊 *Tipula sinica*

大蚊科 Tipulidae。体长29~38mm。鼻突细长，头顶瘤突明显。头顶灰白色，后头黑褐色，触角黄褐色至黑褐色。胸部灰色，胸侧灰白色，具白色粉被和黄色刚毛。前胸背板具深灰褐色中间斑。翅灰白色，透明，具半圆形灰褐色云斑，翅痣、翅脉褐色。腹部细长，黄褐色，具灰白色粉被。足极细长，容易脱落。成虫活动于低海拔及中海拔山区，白天多见于阴湿场所。

(2) 中华按蚊 *Anopheles sinensis*

蚊科 Culicidae。中型蚊类，触须末节具端白环和基白环。翅前缘基部具30淡色鳞，亚前缘白斑较宽，缘缨白斑明显。后足跗节白环窄，各足基节外侧均具淡色鳞丛。腹部背面暗色，腹面浅黄色至棕色，具长毛。幼虫多滋生于阳光充足、水质较差、面积较大而静止的水体环境中，为疟疾和丝虫病的媒介，分布广泛。

(3) 天目虻 *Tabanus tienmuensis*

虻科 Tabanidae。体长11~13 mm。额灰色，具黑色毛，明显上宽下窄。胛黑色，颜及颊部灰色，具白色毛。触角橙黄色，鞭节背缘具直角突。胸部黑灰色，小盾片具白色粉被及毛。股节黑色，翅脉棕色。腹板黑色，每节后缘具白带及白色毛，黑色部具黑色毛。分布广泛。

(4) 中华姬蜂虻 *Systropus chinensis*

蜂虻科 Bombyliidae。体长20~23mm。头部红黑色，具浅黄色毛。触角黑褐色，胸部黑色具黄色斑，小盾片黑色。足黄褐色，翅浅棕色，透明，翅脉深棕色。腹部黄褐色，第1背板黑色，第2~5腹板中间具黑色长条带，第5~8腹节膨胀呈卵形。分布广泛。

(5) 金黄指突水虻 *Ptecticus aurifer*

水虻科 Stratiomyidae。体长15~20mm。头部半球形，复眼分离，无毛。触角梗节内侧端缘明显向前突起呈指状，鞭节由基部4小节和亚顶端的触角芒组成。全身黄褐色，腹部通常第3节往后具黑斑；小盾片后缘光滑无刺突。翅棕黄色，端部具深色斑块，中室五边形。幼虫腐食性，成虫常见于草丛、灌木丛。分布广泛。

(6) 黑带食蚜蝇 Erisyrphus balteatus (附图 64)

食蚜蝇科 Syrphidae。体长 7~11mm，翅长 7~10mm。头黑色，被黑色短毛。头顶宽约为头宽的 1/7。单眼区后方密覆黄粉。额大部分黑色覆黄粉，背较长黑毛，端部 1/4 左右黄色。腹部第 5 节背片近端部有一长短不定的黑横带，其中央可前伸或与近基部的黑斑相连。雄虫头黑色，覆黄粉，被棕黄毛，头顶呈狭长三角形。额前端有 1 对黑斑。触角橘红色，第 3 节背面黑色。面部黄色，颊大部分黑色，被黄毛。中胸盾片黑色，中央有 1 条狭长灰纹，两侧的灰纵纹更宽，在背板后端汇合。足黄色。腹部第 2 节最宽，侧缘无隆脊，背面大部黄色，第 2~4 节除后端为黑横带外。近基部还有 1 狭窄黑横带，第 2 背片前黑带约在基部 1/3 处。第 3、4 节横带约在基部 1/4 处。第 4 节后缘黄色，第 5 节全黄色或中央具"Ⅰ"形黑斑。腹面黄色或第 2~4 腹片中央具黑斑。

(7) 长尾管蚜蝇 Eristalis tenax

食蚜蝇科。成虫体长 13~15 mm。头顶被黑毛；额黑色，具黑毛；额与颜覆盖黄白色粉被，颜正中具亮黑纵条，中突明显；雌虫额宽近于头宽的 1/3，亮黑色；复眼被棕色短毛，中间具 2 条由棕色长毛紧密排列而成的纵条，触角暗棕色至黑色，芒裸。中胸背板全黑，被棕色短毛；小盾片黄色或黄棕色，毛亦同色。足大部分黑色，膝部及前足胫节基部 1/3、中足胫节基半部黄色；有时后足腿节基部到基半部棕黄色。腹部大部分棕黄色；第 1 背板黑色，第 2 背板具"Ⅰ"形黑斑，黑斑前部与背板前缘相连，后部不达背板后缘；第 3 背板黑斑与前略同，但黑斑前部不达背板前缘，后缘狭黄色；第 4、5 背板绝大部分黑色。以成虫越冬，喜访花，具传粉作用，幼虫捕食植物上的蚜虫。

(8) 羽芒宽盾蚜蝇 Phytomia zonata

食蚜蝇科。头半球形，头胸腹几乎等宽。体密被刻点，颜面具密毛。中突低而长，无额突。复眼裸露，触角短，芒裸或基部羽毛状。中胸粗壮，背板宽大于长，背板前缘具灰黄色粉被；小盾片宽大，后缘具金黄或橘黄色长毛；侧板覆灰棕色粉被。腹部粗短，第 1 背板极短，亮黑色，两侧黄色；第 2 背板黄棕色，有时正中具暗中线；第 3、4 背板黄色，近前缘各有 1 对黄棕色较窄横斑；第 5 背板及尾器黑褐色。

(9) 中华绿蝇 Lucilia sinensis

丽蝇科 Calliphoridae。成虫体长 10~15mm，大型蝇类，体色深青绿色。雄蝇复眼合生，额如线状，间额消失段约占额全长 2/3；触角暗褐色，第 2 节端部和第 3 节基部红棕色；侧颜暗黑色；颊及颊毛黑色；下颚须橙黄色；腋瓣棕色，上腋瓣边缘全褐色或淡色；中足胫节鬃发达；后足胫节后背鬃通常 1 个；腹部背板具暗色后缘带，无明显的正中暗色纵条，第 3 节背板无中缘鬃。杂食性，以蛹越冬。

(10) 丝光绿蝇 Lucilia sericata

丽蝇科。雄虫体长 5~9 mm。额较宽，间额红棕或暗棕色，侧额及侧颜略具银色粉被，侧额具细毛，侧颜裸，颜面暗棕色，略覆粉被。触角黑色，触角芒长羽状毛。胸部金属绿或蓝色，前盾片灰色粉被明显。中鬃 2+3，背中鬃 3+3，翅上鬃 3。翅透明，上、下腋瓣白黄色，上肋具黑毛。足黑，中足胫节具 1 个前背鬃，后足股节有 1 列长的前背鬃，胫节有一列短的前背鬃。腹部颜色同胸部。雌虫体长 5~10 mm。额宽于眼，侧后顶鬃一般有 2

对以上，上眶鬃3个，其余特征似雄性。

（11）家蚕追寄蝇 *Exorista sorbillans*

寄蝇科 Tachinidae。雌性成虫体长10～14 mm。复眼被浓毛，单眼鬃着生在前单眼两侧。额宽为复眼宽的4/5，侧额及侧颜覆盖灰黄色或金黄色粉被，颜及颊覆盖灰白色粉被。额鬃有3～5根下降至侧颜。单眼鬃与前单眼排列于同一水平。颊被黑毛。下颚须黄色，基部黑褐色，末端不加粗。胸部覆盖灰黄色粉被。中足胫节上半部具2根前背鬃，后足胫节的前背鬃排列紧密，中部1根较粗大。翅前缘脉第2段较第3段小1倍。腹部第3至第5背板基半部覆盖浓厚的黄灰色粉被，端半部无粉被，黑色，光亮，腹部沿背中线具1条黑纵带。

4.3.2.9　膜翅目

（1）鞭角华扁叶蜂 *Chinolyda flagellicornis*

叶蜂科 Tenthredinidae。雌蜂体长11～14 mm，触角28～33节。身体红褐色，上颚尖端、触角鞭节两端、中窝两旁及单眼区、中胸基腹片、中胸前侧片全部或一部分黑色。足红褐色。翅半透明黄色，前翅约1/3翅长的翅脉黑褐色；顶角具革质突起。唇基中央部分隆起，向前突出；两侧凹入，向中央倾斜；触角鞭节扁而粗；眼后头部不伸缩。头部毛稀少而短，前胸背板毛较多而长。雄蜂体长9～11 mm，除颈片一部分或全部、前胸基腹片、中胸前盾片、中胸盾片全部为黑色外，其余色泽同雌虫。头部刻点较粗、深。触角30～32节。

（2）金环胡蜂 *Vespa mandarinia*（附图65）

胡蜂科 Vespidae。体长达40 mm。头部略宽于前胸背板前缘，前胸背板前缘中央略隆起，被中胸背板端部分开，肩角明显，前缘两侧黄棕色，其余均呈黑褐色，有的个体肩角处各有1个棕色斑，刻点几无，但布有棕色毛。腹部除第6节背、腹板全呈橙黄色外，其余各节背板均为棕黄色与黑褐色相间。

（3）墨胸胡蜂 *Vespa velutina*（附图66）

胡蜂科。体长18～23 mm。头胸黑色，被黑色毛；上颚粗壮，红棕色，端部齿呈黑色，下半部3个齿，上半部刃状，最上有1短齿。前胸背板前缘中央向前隆起，前足胫节前缘内侧、跗节黄色，余呈黑色，中、后足胫节、跗节黄色，余呈黑色。腹部1～3节背板黑色，端部边缘具1棕色窄边，有时第3节棕色边较宽，第4节背板沿端部边缘为1中央凹陷的棕色宽带，仅基部为黑色，第5、6节背板均暗棕色，各节背板光滑，覆棕色毛。第1节腹板黑色，近三角形，第2、3节腹板黑色，沿端部边缘有1较宽的、中央略凹陷的棕色横带，第4至6节腹板暗棕色，覆棕色毛。捕食范围非常广泛，攻击性强。

（4）天牛茧蜂 *Parabrulleia shibuensis*

茧蜂科 Braconidae。体长19～24 mm。体黄褐色；触角黑褐色，基部两节黄褐色，雌蜂中段约8节黄白色；上颚末端黑褐色；腹部第3节后缘及以后各节黑色；产卵器黑色。足黄褐色，后足胫节末端颜色稍深。翅稍透明，带烟黄色；前翅前缘脉及翅痣黑褐色；其余翅脉黄褐色。头部稀布细刻点。胸部刻点较密；小盾片前方具半圆形凹陷，内具纵脊，小盾片三角形，具不明显的中纵脊。并胸腹节侧缘具1条纵脊，表面除侧区具网状刻点外,其余部分多具不规则的粗糙皱纹。腹部比头、胸部之和稍长;第 1 腹节最长,长约为后缘宽的 2 倍,气门在近基部 1/4 两侧稍膨大之处,背板上多粗糙皱状刻点;以下各节光滑,仅具细刻点,但第 2 节背板至少在基部具刻纹。

(5) 中华蜜蜂 *Apis cerana*

蜜蜂科 Apidae。工蜂体长 11~13 mm,唇基具红黄色三角形斑,后翅中脉分叉。头部前端窄小,唇基中央稍隆起;上唇长方形;触角膝状;后足胫节扁平,无距;基跗节宽扁;后足胫节端部与基跗节基部外侧着生长毛,形成携带花粉的花粉篮。体黑色;上唇、上颚顶端、唇基中央三角形斑、触角鞭节及小盾片均红黄色,足及腹部 3~4 节背板红黄色;5~6 节背板色较深,各节上均具黑色环带。体毛黄褐色。雄蜂体长 12~15 mm,头大,复眼大,在头顶处几乎相连。蜂王体长 13~16 mm,体色常有变化。

(6) 日本弓背蚁 *Camponotus japonicus*

蚁科 Formicidae。头大,近三角形,上颚粗壮;前、中胸背板较平;并胸腹节急剧侧扁;头、并腹胸及结节具细密网状刻纹,有一定光泽;后腹部刻点更细密。体黑色。

分为大小两个工蚁类型。大工蚁体长 12.3~13.8mm,头大,上颚 5 齿,通体黑色,极个别个体颊前部、唇基、上颚和足红褐色。中、小工蚁体长 7.4~10.88mm,头较小,长大于宽。蚁后体长 1.7cm 左右,且具有翅基。广泛分布。

第 5 章　鱼类

鱼类终生生活在海水或淡水中，大都具有适于游泳的体形和鳍。终生用鳃呼吸，以上下颌捕食。出现了能跳动的心脏，分为一心房和一心室。血液循环为单循环。脊椎和头部的出现，使鱼纲发展进化成最适应水中生活的一类脊椎动物。

5.1　鱼类的基本形态特征

5.1.1　鱼类的外部形态

鱼类体型可以分为纺锤形、侧扁形、平扁形、棍棒形。此外，还有一些鱼类由于适应特殊的生活环境和生活方式，而呈现出特殊的体型，如海马、海龙、翻车鱼、比目鱼等。无论哪种体型的鱼，均可分为头、躯干和尾三部分。头和躯干相互联结固定不动，没有颈部，是鱼类和陆生脊椎动物的区别之一，头和躯干的分界线是鳃盖的后缘(硬骨鱼类)或最后一对鳃裂(软骨鱼类)。躯干和尾部一般以肛门后缘或臀鳍的起点为分界线。头部包括眼、口、鼻、鳃盖、鳃裂等结构，躯干部除了体躯还包括背鳍、胸鳍和腹鳍，尾部包括尾柄、臀鳍、尾鳍等。

鱼体的外部形态结构如图 5-1 所示。

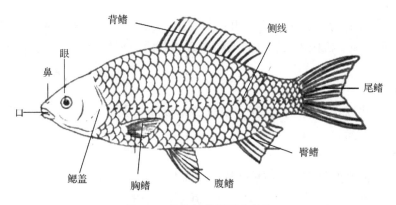

图 5-1　鱼体的外部形态结构

(引自刘凌云等，2009)

5.1.2 鱼鳍

鳍是鱼类游泳和维持身体平衡的运动器官。鳍由支鳍担骨和鳍条组成，鳍条分为两种类型，一种鳍条不分节，也不分支，由表皮发生，见于软骨鱼类；另一种是鳞质鳍条或称骨质鳍条，由鳞片衍生而来，有分节、分支或不分支，见于硬骨鱼类。骨质鳍条分鳍棘和软条两种类型，鳍棘由一种鳍条变形而成，是既不分支也不分节的硬棘，为高等鱼类所特有。软条柔软有节，其远端分支（分支鳍条）或不分支（不分支鳍条），都由左右两半合并而成。鱼鳍分为奇鳍和偶鳍两类。偶鳍为成对的鳍，包括胸鳍和腹鳍各1对，相当于陆生脊椎动物的前后肢；奇鳍为不成对的鳍，包括背鳍、尾鳍、臀鳍（肛鳍）。背鳍和臀鳍的基本功能是维持身体平衡。

鳍式是表示鳍的组成和鳍条数目的记载形式。各鳍拉丁文的第一个字母代表鳍的类别名称，如"D"代表背鳍，"A"代表臀鳍（肛鳍），"V"代表腹鳍，"P"代表胸鳍，"C"代表尾鳍。大写的罗马数字代表棘的数目，阿拉伯数字代表软条的数目，棘或软条的数目范围以"~"表示，棘与软条相连时用"-"表示，分离时用","隔开。例如，鲤鱼的鳍式：D. Ⅲ~Ⅳ-17~22；A. Ⅲ-5~6；P. Ⅰ-15~16；V. Ⅱ-8~9；C. 20~22。表示鲤鱼有1个背鳍，3~4根硬棘和17~22根软条；臀鳍3根硬棘和5~6条软条；胸鳍1根硬棘和15~16根软条；腹鳍2根硬棘和8~9根软条；尾鳍20~22根软条。鲈鱼的鳍式：D. Ⅻ，Ⅰ-13；A. Ⅲ-7~8；P. 15~18；V. Ⅰ-5。表示鲈鱼有2个背鳍，第1背鳍由12根硬棘组成，无软条；第2背鳍包括1根硬棘和13根软条；臀鳍3根硬棘和7~8根软条；胸鳍15~18根软条；腹鳍1根硬棘和5根软条。

依据外形和尾椎骨末端位置的关系，尾鳍可分为3种类型：圆形尾鳍、歪形尾鳍和正形尾鳍。

5.1.3 鱼鳞

鱼鳞是鱼类特有的皮肤衍生物，由钙质组成，被覆在鱼类体表全身或部分（一定部位），能保护鱼体免受机械损伤和外界不利因素的刺激。根据外形、构造和发生特点，可分为3种类型。

(1) 楯鳞

由真皮和表皮联合形成，包括真皮演化的基板和板上的齿质部分，楯鳞的构造较原始，见于软骨鱼类鳞。

(2) 硬鳞

由真皮演化而来的斜方形骨质板鳞片，表面有一层钙化的具特殊亮光的硬鳞质，称为闪光质。硬鳞是硬骨鱼中最原始的鳞片，如雀鳝和鲟鱼的鳞。

(3) 骨鳞

由真皮演化而来的骨质结构，类圆形，前端插入鳞囊中，后端露出皮肤外呈游离态，相互排列呈覆瓦状。根据游离后缘的形状不同分为圆鳞和栉鳞。圆鳞的游离后缘光滑圆钝，常见于鲤形目、鲱形目等较低级的硬骨鱼类。栉鳞的后缘有锯齿状突起，多见于鲈形目等高级鱼类。

鱼类躯干两侧各有 1 条侧线，由埋在皮肤内的侧线管开口在体表的小孔组成。被侧线孔穿过的鳞片称为侧线鳞。在分类学上反映鱼类鳞片排列方式的式子称为鳞式，表示如下：

$$侧线鳞数\frac{侧线上鳞数(侧线至背鳍起点基部的横列鳞)}{侧线下鳞数(侧线至臀鳍起点基部的横列鳞)}$$

例如，鲫鱼的鳞式为：$28\sim30\frac{5\sim6}{5\sim7}$，表示鲫鱼的侧线鳞为 28~30 片，侧线上鳞为 5~6 片，侧线下鳞为 5~7 片。

5.2 鱼类的采集与记录

5.2.1 鱼类的采集

(1) 市场调查

乡村集市往往有不同大小种类的野生鱼类出售，是鱼类标本的重要来源，可在实习时到附近村子调查。

(2) 雇佣当地村民采集

根据实习的具体要求和实习地的具体环境，请当地村民有目的地对本地鱼类进行采集，本方法可以方便、快捷地收集当地不同种类、数量和年龄的鱼类群体。

(3) 利用小型渔具进行捕捞

如用手网、条网等捕捞。本方法可以采集到一些小型、非经济鱼类及不同年龄组的群体。学生可在河流、池塘中进行实地捕捞，既可丰富鱼类的种类，又能锻炼实际动手能力，但应注意安全。

5.2.2 鱼类样本的处理与记录

对采集的鱼体进行观察、测量和记录是鉴定标本种类时的重要依据。在野外采集到鱼类标本返回实习驻地后，应趁鱼类尚未死去或鱼体新鲜时迅速进行观察和测量，并同时做好记录工作。

5.2.2.1 标本处理

(1) 标本清洗

将采集的鱼类标本放入塑料盆或桶中，先用清水洗涤体表的污物和黏液。对于体表黏液多的鲇鱼、泥鳅和黄鳝等种类，可用软毛刷沾水清洗干净。注意洗涤时不要破坏鱼体的体型结构和附属组织如鳍条、鳞片、珠星等，如发现有寄生虫应仔细取下放入玻璃瓶或离心管内加 70%乙醇保存，注意做好标签记录。

(2) 登记编号

将洗干净的标本放在台面上或解剖盘中，根据采集顺序依次登记编号。在每一个标本胸鳍基部固定一个纸质或布质记录标签，上面用铅笔写上标本采集编号、采集地、采集时间等基本信息。

5.2.2.2 标本的观察与记录

（1）记录体色

鱼类体色是一种重要的鉴别特征，通过鱼类的体色可直观和形象地识别鱼类。每一种鱼都有自己特殊的体色，同一种鱼在不同环境中体色往往也有差异，而且一些鱼类的体色会在死亡或浸泡之后发生变化，因此，要趁标本活着或新鲜时迅速进行观察，仔细地对体色进行描述记录。最好同时拍摄下照片，以便核对查找。

（2）外部形态测量

为了快速、准确地测量鱼体各部分的长度，应该将鱼放在白瓷盘中，利用体长板或塑料、木质直尺或钢卷尺、布卷尺进行测量。鱼体外部形态的测量项目包括全长、体长、头长、吻长、眼径、尾柄高、尾柄长、体高等（图5-2）。

全长：由吻端或上颌前端至尾鳍末端的直线长度。

体长：有鳞类从吻端或上颌前端至尾柄正中最后一个鳞片的距离；无鳞类从吻部或上颌前端至最后一个脊椎骨末端的距离。

体高：躯干部最高处的垂直高度。

头长：从吻端或上颌前端至鳃盖骨后缘的距离。

头高：从鳃盖骨下缘至头、躯干分界处背侧的垂直距离。

吻长：从眼眶前缘至吻端的距离。

眼径：眼眶前缘至后缘的垂直距离。

尾柄高：尾柄部分最狭处的高度。

尾柄长：从臀鳍基部后端至尾鳍基部垂直线的距离。

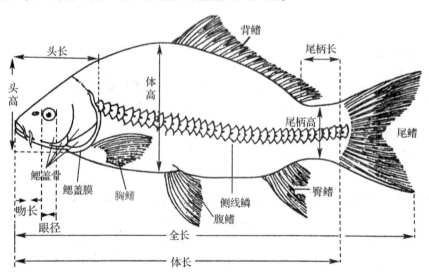

图 5-2　鱼体的测量（引自刘凌云等，2009）

（3）鱼体各部性状计数

①鳞式：准确计数侧线鳞、侧线上鳞、侧线下鳞的数目，正确拼写鱼类标本的鳞式。

②鳍式：准确计数背鳍、臀鳍、胸鳍、腹鳍和尾鳍中鳍棘与鳍条的数量，确定两者是否相连或分离，正确拼写鱼类标本的鳍式。

③咽喉齿：鲤科鱼类具有咽喉齿。咽喉齿着生在下咽骨上，其形状和行数随种而异。一般为1~3行，也有的4行。其计数方法是左边从内至外，右边从外至内，如鲤鱼咽喉齿式为1·1·3~3·1·1。咽喉齿的特点是鲤科鱼类的分类依据之一。

④鳃耙数：计算第一鳃弓外侧或内侧的鳃耙数量。

（4）体重测量

利用台秤或手提式电子秤称量标本的重量。

上述各项观测结果，应在观测过程中及时填写在鱼类野外采集记录表中（表5-1）。

表 5-1　鱼类野外采集记录表

编　号		种　名	
采集地点		采集日期	
体　色		性　别	
体　重		全　长	
体　长		体　高	
头　长		吻　长	
眼　径		眼间距	
尾柄长		尾柄高	
侧线鳞		咽喉齿	
鳃耙数		鳍条数	
其　他			

5.3　天目山区常见鱼类分类与识别

世界上现存鱼类3万余种，我国记录有5000余种。天目山区水系发达，有昌化溪、天目溪、南苕溪、中苕溪及北苕溪等溪流和数量众多的山塘水库，分布有50余种鱼类资源。

5.3.1　天目山区鱼类系统分类

天目山区分布的鱼类以硬骨鱼类辐鳍亚纲鱼类为主，其他类群鱼类较少。辐鳍鱼亚纲体被硬鳞、圆鳞或栉鳞，或由鳞演变成的骨板、刺等，有时裸露无鳞。各鳍均有辐射状鳍条支持。除硬鳞总目部分种类外，大多数种类均无内鼻孔。身体后部有肛门和泄殖孔与外界相通，无泄殖腔。天目山区常见野生鱼类30余种，分别属于鲤形目、鲇形目、鳉形目、合鳃鱼目和鲈形目。

(1) 鲤形目 Cypriniformes

两颌一般无齿，具下咽齿。体被圆鳞或裸露，无骨板。侧线一般完全。背鳍1个，有的背鳍和臀鳍不分支鳍条骨化成硬刺。胸鳍下侧位，腹鳍腹位，具6~13鳍条。具韦伯氏器，连接内耳和鳔。多数为淡水鱼类。

(2) 鲇形目 Siluriformes

体延长，无鳞片，身体裸露或被骨板。头钝圆，侧扁或纵扁。每侧鼻孔2个，紧靠或间隔较远。眼小。口上位、端位或下位，口型多变。上下颌具齿，具触须1~4对。一般有脂鳍(鲇科除外)。胸鳍和背鳍常有一强大的鳍棘。尾部侧扁或细长。

(3) 鳉形目 Cyprinodontiformes

体延长。鳍无鳍棘，背鳍1个，位于臀鳍上方；胸鳍有辐鳍骨4条。腹鳍腹位，鳍条至多7条。口具齿，上颌骨不形成口上缘，鳃盖条4~8。无侧线或仅头部有。鳔无管，卵生或卵胎生。小型淡水鱼类。

(4) 合鳃鱼目 Symbranchiformes

体形似鳗，光滑无鳞。口裂上缘由前颌骨组成。鳃常退化，鳃裂移至头部腹面，左右两鳃孔连接在一起形成横缝，故称合鳃鱼目。背鳍、臀鳍退化为皮褶状，与尾鳍相连。无胸鳍，腹鳍缺失或小，喉位。无鳔，口腔和肠具呼吸功能。

(5) 鲈形目 Perciformes

上颌口缘通常由前颌骨组成。鳃盖骨发达，常具棘。左右鳃孔不相连，体被栉鳞。背鳍一般2个，相互分离或相连，由鳍棘和鳍条组成，或第1背鳍为鳍棘，第2背鳍为鳍条。腹鳍胸位，常具1个鳍棘5个鳍条。尾鳍分支鳍条不超过15个。鳔无管，无韦伯氏器。

天目山区常见鱼类分目检索表

1. 体鳗形，左右鳃孔在喉部相连；无偶鳍，奇鳍不明显 ……………… 合鳃鱼目 Symbranchiformes
   体非鳗形，左右鳃孔分离；具偶鳍，奇鳍明显 …………………………………………………… 2
2. 体侧具侧线 …………………………………………………………………………………………… 3
   体侧无侧线 …………………………………………………………………………………………… 4
3. 体被圆鳞或裸露；上、下颌多无齿，具下鳃盖骨 ……………………………… 鲤形目 Cypriniformes
   体被骨板或裸露无鳞；上、下颌具齿，无下鳃盖骨 ……………………………… 鲇形目 Siluriformes
4. 腹鳍腹位，背鳍1个 ……………………………………………………… 鳉形目 Cyprinodontiformes
   腹鳍亚胸位或喉位，背鳍2~3个 ……………………………………………… 鲈形目 Perciformes

5.3.2 天目山区常见鱼类

5.3.2.1 鲤形目

(1) 青鱼 *Mylopharyngodon piceus*

鲤科 Cyprinidae，俗称乌青。D. III-7~8；A. III-8；P. 15~16；V. I-8。体长，前部圆筒形，尾部侧扁，腹部圆，无腹棱。头稍侧扁，吻圆钝，口中大，端位，口角无须。鳃孔中大，前伸至前鳃盖骨后缘下方。体被中大圆鳞，侧线完全，弧形下弯。背鳍无硬刺，起点于腹鳍起点稍前方。臀鳍无硬刺。体背青灰色或蓝黑色,腹部灰白色,鳍灰褐色。喜活动于水体下层及水流较急区域,主食蛤、螺类等软体动物。

(2) 草鱼 *Ctenopharyngodon idellua*

鲤科,俗称混子。D.Ⅲ-7;A.Ⅲ-8;P.Ⅰ-16~17;V.Ⅰ-8。体延长,近圆筒形,尾部侧扁,腹部圆,无腹棱。头背平扁,吻短钝,口端位,眼小,眼间隔宽,鳃孔宽,鳃盖膜与峡部相连。体被中大圆鳞,侧线完全,广弧形下弯。背鳍无硬刺,起点距尾鳍基较距吻端近。胸鳍后端不达腹鳍,腹鳍末端不达肛门。尾鳍浅分叉,上下叶等长。体茶黄色,背部青灰色,腹部灰白色,体侧鳞片边缘灰黑色。各鳍灰褐色。栖息于水体中下层,典型的草食性鱼类。

(3) 马口鱼 *Opsariichthys bidens*

鲤科,俗称马口,大口扒。D.Ⅲ-7;A.Ⅲ-9;P.Ⅰ-12~13;V.Ⅰ-8。体长而侧扁,腹部圆,无腹棱。头中大,侧扁。吻长而钝。口大,端位,斜裂。无须,眼较小,上侧位,略近吻端。眼间隔宽平。鳃盖骨不与峡部相连。体被中大圆鳞,侧线完全,弧形下弯。背鳍无硬刺,分支鳍条延长,后端伸达尾鳍基部。胸鳍下侧位,后端不伸达腹鳍;腹鳍起点约与背鳍起点相对,后端不达臀鳍。尾鳍叉形,下叶稍长。体灰黑色,腹部银白色。体侧具10余条浅蓝色横带。各鳍橙黄色,背鳍膜常具黑斑。生殖季节雄鱼特别鲜艳。栖息于江河、湖泊、水库及有水流的沙石底质的小溪,性较凶猛。

(4) 宽鳍鱲 *Zacco platypus*

鲤科,俗称花斑、花石斑。D.Ⅲ-7;A.Ⅲ-9;P.13~14;V.Ⅰ-8。体长而侧扁,腹部圆,无腹棱。头尖短,吻钝。口小端位,斜裂,无须。上颌略长于下颌。眼中大,上侧位,稍近吻端。鳃盖膜与峡部相连。体被较大圆鳞,侧线完全,弧形下弯,后部行于尾柄中间。背鳍无硬刺,起点距吻端较尾鳍基部为近。臀鳍无硬刺,位于背鳍基部后方。胸鳍下侧位,腹鳍起点约与背鳍起点相对。腹鳍分叉,下叶稍长。活体色泽鲜艳,背部黄绿色,腹部银白色。体侧淡黄色,具10余条银灰蓝色垂直条纹。背鳍银灰色,胸、腹、臀鳍浅红色,无明显斑纹。喜栖息于河流中上游水流较急、底质为沙石或沙泥的浅石沙滩处,杂食性。

(5) 尖头鱥 *Rhynchocypris oxycephalus*

鲤科,俗称涧鱼、柳根子。D.Ⅲ-7;A.Ⅱ-7;P.Ⅰ-15;V.Ⅰ-8。体长,稍侧扁,腹部圆。吻钝,口较大,亚下位,马蹄形。侧线通常明显,稍弯,完全。背鳍短小。臀鳍起点距腹鳍起点较距尾鳍基部为近。胸鳍小。腹鳍起点略在背鳍起点之前,末端接近肛门。尾鳍较宽大,分叉较浅。成鱼个体较小。体呈灰黑色,头背部与体背部体色较深,腹部灰白色。背部正中具1条深色条纹。体侧具1条黑色条纹,前部较后部色浅。尾鳍基部具1条明显黑斑。生活于山涧溪流中,为小型鱼类。

(6) 圆吻鲴 *Distoechodon tumirostris*(附图67)

鲤科,俗称青片、扁鱼。D.Ⅲ-7;A.Ⅱ-9;P.Ⅰ-15~16;V.Ⅰ-8。体长形,侧扁,腹部圆,肛门前方无腹棱。头小,吻突出。口下位,横裂,下颌具发达的角质缘。鳃耙短且扁薄,鳃耙75以上排列很紧密,咽齿2行。鳞小,侧线鳞70以上。背鳍起点约在体中,与腹鳍起点相对,硬刺粗壮而光滑。尾鳍深叉形。体背部深黑色,腹部银白,体侧有十余条黑色斑点组成的纵条纹。背、尾鳍灰黄色,尾鳍边缘黑色,偶鳍基部黄色。一般生活在水体的中下层,以水中有机碎屑、藻类等为主食。

(7) 鲢 *Hypophthalmichthys molitrix*(附图 68)

鲤科,俗称白鲢,鲢子。D. Ⅲ-7;A. Ⅲ-12~13;P. Ⅰ-15~17;V. Ⅰ-6~8。体长而侧扁,背部宽,腹棱完全。头较大,侧扁。口端位,口裂较宽,略上斜。眼较小,眼间距较宽。鳃盖膜不与峡部相连。鳃孔大,鳃耙细密。侧线完全,腹鳍前方向下弯曲,后较平直。背鳍基部短,无硬刺,起点距尾鳍基部较距吻端近。胸鳍较长,末端达腹鳍基部。腹鳍短,末端不达肛门。尾鳍分叉深末端较尖。背部浅灰色,略黄,体侧及腹部银白色。各鳍浅灰色。生活于大水面的水体中上层,以浮游动植物为食。

(8) 麦穗鱼 *Pseudorasbora parva*

鲤科,俗称罗汉鱼、青梢子。D. Ⅲ-7;A. Ⅲ-6;P. Ⅰ-12~13;V. Ⅰ-7。体延长,侧扁;腹部圆,无腹棱。头后背部稍隆起。头尖,较小,略平扁。吻短,稍尖突,眼后头长大于吻长。口小,上位,下颌长于上颌,口裂几乎垂直。口角无须。眼较大,眼间隔平,间距宽。鳃盖膜与峡部相连。体被较大圆鳞,侧线完全,较平直。背鳍不分支鳍条柔软,无硬刺,起点距吻端与距尾鳍基部约相等或略近吻端。臀无硬刺,起点距腹鳍起点较距尾鳍基部为近。胸鳍下侧位,后端不达腹鳍起点。腹鳍起点约与背鳍起点相对或略后。尾鳍分叉,上下叶等长。体背侧灰黑色,腹侧银白色。体侧中央自吻端至尾基部具 1 条黑色条纹,在头部横过眼中部,幼体较明显。鳞片后缘具新月形黑点斑纹。背鳍具 1 条黑色斜带,繁殖季节雄鱼暗黑色,头部具白色珠星;雌鱼体色浅淡,产卵管稍突出。生活于河流沿岸,喜栖息于水草丛中,以浮游生物为食。

(9) 小鳈 *Sarcocheilichthys parvus*

鲤科,俗称红脸鱼、荷叶鱼、五色鱼。D. Ⅲ-7;A. Ⅲ-6;P. Ⅰ-11~15;V. Ⅰ-7。体高短小,体长约为体高的 4 倍,侧扁。头较小,尾柄短,外观显得粗壮。吻较短而圆钝。口下位,口裂小,马蹄形。下颌前缘具发达而锐利的角质边缘。口角具小须 1 对。眼大小适中,侧位偏于上方。鳃盖膜与峡部相连。鳞片中等大小,侧线平直,侧线鳞 35~36。背鳍起点偏近吻端,鳍条较长。胸鳍长度适中,末端距腹鳍起点相隔 4 行鳞片。臀鳍位置偏近腹鳍。尾鳍分叉较浅。鱼体背部深黑色,体侧灰白,腹部白色。沿体侧正中具 1 条宽阔的黑色纵条。胸部腹面呈橘红色,体侧具虹色光彩。背鳍灰白色,鳍膜上具较大黑斑;其余各鳍浅灰色,带有鲜艳的橘黄色。栖息于小溪中水流比较平缓的沿岸浅水中。春夏季繁殖期雄鱼吻部出现珠星,雌鱼具短的产卵管。我国特有物种。

(10) 江西鳈 *Sarcocheilichthys kiangsiensis*

鲤科,俗称红头鱼、火烧鱼。D. Ⅲ-7;A. Ⅲ-6;P. Ⅰ-16~17;V. Ⅰ-7。体较长,为体高 4 倍以上。侧扁,背稍呈弧形,腹平圆。头大适中,吻突出,吻长与眼后头长略等。口下位,狭长,马蹄形。下颌前缘被发达锐利的角质边缘,口角具短须 1 对。眼较小,侧位稍偏上,眼间隔隆起。鳃盖膜与峡部相连。鳞片中等大小,具腋鳞。侧线平直,侧线鳞 42~44。背鳍起点位于鱼体中点,稍近吻端。胸鳍较短,末端与腹鳍起点相距约 4

行鳞片。腹鳍起点与背鳍起点上下相对。臀鳍起点位于腹鳍起点与尾鳍基部之间中点稍近于腹鳍。尾鳍分叉。背部深黑褐色，体侧逐渐变成淡黄褐色，腹部浅黄白色，背部和体侧具不规则、大小不等的黑色横斑。鳃盖后方、胸鳍基部上方具1个明显黑色大斑。鳃盖后缘及峡部和胸部具橙红色使体色更为鲜艳。各鳍灰色深浅不一。溪流性鱼类，栖息于水流平缓、水面开阔的溪流沿岸中下层水域。我国特有物种。

(11) 短须颌须鮈 *Gnathopogon imberbis*

鲤科，俗称颌须鮈。D. Ⅲ-7；A. Ⅲ-6；P. Ⅰ-14；V. Ⅰ-7。体略长而粗壮，稍侧扁，头后背部略隆起，腹部圆，尾柄高而侧扁，体长为尾柄高的9倍以下。头较小。吻略短，圆钝。口端位，口裂稍倾斜。口角须1对，极细微。眼中大，侧上位。眼间隔较窄。鳞片较大，胸腹部具鳞。侧线完全，前段微下弯，后段平直。背鳍短，无硬刺，起点距吻端较至尾鳍基部远或相等。胸鳍末端圆钝，后伸不达腹鳍基部，腹鳍起点与背鳍相对，末端接近肛门。肛门位置紧靠臀鳍起点。臀鳍无硬刺，尾鳍分叉，上下叶等长，末端稍圆。体背、体侧灰黑色，体侧上部具多行黑色细条纹，与体中轴平行，沿侧线具1条较宽的黑纵纹，前浅后深。背鳍鳍条上部具1条黑纹。余鳍灰白色。小型鱼类，栖息于山区溪流河段。我国特有物种。

(12) 胡鮈 *Huigobio chenhsienensis*

鲤科。D. Ⅲ-7；A. Ⅲ-6；P. Ⅰ-12~13；V. Ⅰ-7。体长，前段圆柱形，后段稍微侧扁。腹圆而平。头短小，吻长稍长于眼后头长。口下位，口裂弧形。下颌前缘平直，上下颌被锐利发达的角质边缘，眼位于头侧中线上方。眼间距宽而平。鳃盖膜与峡部相连。背鳍位于鱼体中间，由吻端至背鳍起点和背鳍基部至尾基两者距离相等。胸鳍较长，末端可达背鳍起点下方，腹鳍起点位于背鳍基部中点下方。臀鳍短小，尾鳍分叉极浅。背部黑褐色，体侧转淡，腹部灰白色。背正中线具7个左右模糊的深黑色大斑，体侧具1列7~8个大斑。体侧上部鳞片具小黑点。侧线处由前向后具1条黑条纹，背鳍尾鳍多具小黑点，其他各鳍灰白色。纯溪流性小鱼，栖息于大小溪流的急滩、水流均为平缓的水域，常成群吸附于砾石上面。我国特有物种。

(13) 棒花鱼 *Abbottina rivularis*

鲤科，俗称爬虎鱼、沙锤、花里棒子。D. Ⅲ-7；A. Ⅲ-5；P. Ⅰ-10~12；V. Ⅰ-7。体延长，前部近圆筒形，后部稍侧扁，头后背部稍隆起，腹部圆，无腹棱。头中大，头长大于体高。吻较长，圆钝，鼻孔前方下陷。口小，下位，近马蹄形。体被圆鳞，胸部前方裸露无鳞。侧线完全，平直。背鳍无硬刺，外缘明显弧形外突，起点距吻端较距尾鳍基部为近，臀鳍无硬刺，起点距尾鳍基部较距腹鳍起点为近，胸鳍下侧位，后端不伸达腹鳍起点。腹鳍起点后于背鳍起点，尾鳍分叉。体背侧青灰色，腹部浅黄色，体侧上部每鳞后缘具1个黑色斑点。体侧中部具7~8个黑斑。各鳍浅黄色，背鳍和尾鳍具5~7条黑点纹。生殖期雄鱼胸鳍部分鳍条变硬，外缘和头部具发达的珠星。底栖小型鱼类，主要摄食枝角类、桡足类和端足类节肢动物。

(14) 高体鳑鲏 *Rhodeus ocellatus*

鲤科，俗称鳑鲏。D. Ⅲ-9~12；A. Ⅲ-11~12；P. Ⅰ-10~12；V. Ⅰ-6。体侧扁而高，

卵圆形，后背部显著隆起，腹部微凸。头短小，三角形。吻短钝，吻长稍短于眼径。口小，前位。口角无须。眼中大，上侧位。眼间隔宽平，大于眼径。鳃孔较大，鳃盖膜与峡部相连。体被中大圆鳞。侧线不完全，近前面3~6鳞具侧线管。背鳍和臀鳍末根不分支鳍条基部弱刺状，端部柔软。背鳍起点距尾鳍基部与距吻端约相等或稍近于吻端。臀鳍起点位于背鳍前下方。尾鳍分叉。体侧银灰色，腹侧银白色。胸腹部雌鱼浅黄色，雄鱼红色。体侧鳞后缘黑色，体侧中部的银蓝色纵纹自尾鳍基部向前伸达背鳍基部下方。鳃孔后上方雌雄均无银蓝色斑点，而具2条垂直暗色云纹。成体背鳍鳍条前部无黑斑，幼体具黑斑。雌鱼背鳍鳍条浅黄色，雄鱼背鳍前半部鳍条上缘红色。臀鳍雌鱼浅黄色，雄鱼下缘具1条较细的外缘黑色、内缘橘黄色的纵纹，其余红色。底栖小型鱼类，生活于河流、沟渠和池塘等浅水处，喜栖息于静水多水草水体。

（15）光唇鱼 *Acrossocheilus fasciatus*

鲤科，俗称石斑鱼。D. Ⅳ-8；A. Ⅲ-5；P. Ⅰ-14~16；腹鳍Ⅱ，8。体稍长，侧扁。背稍隆起呈低弧形，腹部稍为平直圆形。头呈锥形，吻圆锥状明显前突。口裂弧形，较宽。下颌窄，弧形。体被黑褐色，至体侧逐渐变淡，腹部淡黄白色或乳白色。雌雄体侧具6条黑色横斑，雄性沿体侧具1条黑色纵条，胸部具玫瑰红色渲染。幼体颜色相同，均具6条黑色横斑，随鱼体成长雄性横斑消失代以纵条。背鳍鳍膜具黑斑，余鳍灰白色带橙红色。栖息于水质清冷的溪流中的中下层水体。我国特有物种。

（16）鲫 *Carassius auratus*（附图69）

鲤科，俗称河鲫鱼、鲫鱼。D. Ⅲ-16~18；A. Ⅲ-5；P. Ⅰ-14~15；V. Ⅰ-8。体高，侧扁，背部隆起且较厚，腹部圆，无腹棱。尾柄长短于尾柄高。头中大，侧扁，吻短钝，吻长约等于眼径。口小，端位，稍斜裂。无须。眼大，上侧位。鳃孔较大，鳃盖膜连于峡部。体被较大圆鳞。侧线明显，微弯。背鳍与臀鳍不分支鳍条骨化成硬刺，最后1根硬棘后缘锯齿状。胸鳍下侧位，腹鳍腹位，尾鳍分叉浅。生活于河流的敞水区、沿岸带，以沿岸草丛和河湾中多见。杂食性食性广。

（17）鲤鱼 *Cyprinus carpio*（附图70）

鲤科。D. Ⅳ-17~18；A. Ⅲ-5；P. Ⅰ-16~17；V. Ⅰ-8~9。体延长，侧扁，背面隆起，腹部圆，无腹棱。头中大，侧扁，吻长钝，口小。须2对，吻须长约为颌须长的1/2。眼小，上侧位。鳃孔中大，鳃盖膜与峡部相连。体被中大圆鳞，侧线明显，较平，直行于体侧中央。背鳍始于腹鳍基部稍前上方，臀鳍基短，始于背鳍后部鳍条下方。胸鳍下侧位，后端不达腹鳍基部，腹鳍后端不达肛门。尾鳍叉形。体背部暗黑色，体侧暗黄色，腹面黄白色。尾鳍下叶橘红色，胸鳍、腹鳍和臀鳍黄色。栖息于水体近岸下层，杂食性，主食螺、蚌等软体动物及各种浮游生物。

（18）中华花鳅 *Cobitis sinensis*

花鳅科 Cobitidae，俗称花泥鳅。D. Ⅲ-7；A. Ⅲ-5；P. Ⅰ-8~9；V. Ⅰ-6。小型鱼类，体稍延长，侧扁，腹部平直。头侧扁，吻钝。眼小，侧上位。口下位，须3对：吻须2对，颌须1对，较短。前后鼻孔紧挨。鳃盖膜连于峡部。体被小鳞，头部裸露。侧线不完全，仅伸达胸鳍上方。头部自吻端经眼至头背具1条黑色斜纹，左右斜纹在头背相接呈

"U"字形。体背部具1列菱形深褐色斑或黑斑，背鳍前5~8个，背鳍基部2~3个，背鳍之后6~10个。体侧沿中轴具8~15个较大的深褐色斑，尾鳍基上侧具显著黑斑。体上侧部还密布虫形斑或小斑点。背鳍尾鳍具黑斑，余鳍无斑。喜栖息于水质澄清、缓流河段的底层。

(19) 长吻花鳅 Cobitis dolichorhynchus

花鳅科，俗称花鳅。D. Ⅲ-7；A. Ⅲ-5；P. Ⅰ-8~9；V. Ⅰ-6。体细长，略侧扁。头小，吻尖长。口下位，眼侧上位。头较长，吻长略小于后头长。须3对，口角须长。雄鱼胸鳍基部骨质突基部宽。尾鳍基部上侧具1个黑斑，下侧斑纹色浅或不明显。颏叶不发达。体浅黄色。头及体背侧具褐色虫纹。自吻端经眼至头顶具1条斜纹，在头顶与另一侧相连呈"U"字形。背部正中具1列褐色方形斑块，背鳍前9~11个，背鳍基部2~3个，背鳍后7~8个。体侧中部具10~15条长短不一的褐色斑纹。尾鳍基部上侧具1个黑斑。背鳍、尾鳍鳍条各具3~5行褐色斑点组成的斜形条纹。臀鳍具2~3行不明显的斑纹。栖息于溪边浅水处的砾石间。我国特有物种。

(20) 泥鳅 Misgurnus anguillicaudatus（附图71）

花鳅科，俗称鳅、泥鳅。D. Ⅲ-7~8；A. Ⅲ-5~6；P. Ⅰ-7~9；V. Ⅰ-5~6。体细长，背鳍前端呈圆筒形，后端侧扁，背腹缘较平直。吻突出，前后鼻孔紧靠在一起。眼小，上侧位。口小，下位，口裂深弧形。须5对：2对吻须，1对颌须，2对颏须，外吻须和颌须较长。鳃盖膜连于峡部。头部无鳞，体被不明显细鳞。侧线不完全。体表黏液丰富。背鳍无硬刺，起点在腹鳍起点上方稍前。尾鳍圆形。体呈灰黑色，全身散布不规则深褐色斑点，背、尾、臀鳍多深褐色斑点，尾鳍基部上侧具1个黑斑。体色常因生活环境不同而有所差异。喜栖息于静水底层有机碎屑表面，对环境的适应能力极强，可进行肠呼吸。

(21) 张氏薄鳅 Leptobotia tchangi

沙鳅科 Botiidae，俗称薄鳅。D. Ⅲ-8；A. Ⅲ-5；P. Ⅰ-12~13；V. Ⅰ-7。体延长侧扁，头略呈三角形侧扁，后部较高。吻尖钝，口下位，呈马蹄形。吻端具吻须2对，颌须1对，后者较长。眼上侧位，偏近吻端，眼间距较窄。背部稍隆起呈低弧形，中间背腹两侧微凹。体被细小圆鳞，峡部具鳞。侧线完整平直，沿体侧延至尾基部。尾柄较短扁，尾鳍深分叉。自头部至背鳍起点多具大小均匀的4块宽黑斑，黑斑之间的间隔带纹较狭。头部背侧除眼间距后缘具浅色小点外为均匀的深色。溪流性小鱼，栖息于急滩的卵石缝隙间。我国特有物种。

(22) 原缨口鳅 Vanmanenia stenosoma

爬鳅科 Balitoridae，俗称石壁鱼。D. Ⅲ-7；A. Ⅱ-5；P. Ⅰ-13~14；V. Ⅰ-7。体细长，前段圆筒形，后段稍侧扁。背缘浅弧形，腹面平直，吻端钝圆，边缘较厚。口下位宽大，深弧形。下唇表面具4个叶状大乳突，上唇与吻之间具较宽而深的吻沟。吻沟前的吻褶分3叶，具2对小吻须。口角须2对，内侧1对乳状突。下颌前缘角质化。鼻孔较大。眼较小，侧上位。眼间隔宽而平坦。鳃裂自胸鳍起点前上缘扩展到头部腹面。鳞细小，侧线完全。尾鳍近截形。尾柄较高，大于尾柄长。体色与栖息环境卵石颜色相近，体背侧棕褐色，腹面白色。头背部及体侧具大小不等的虫蚀状黑斑纹。尾鳍基部具1块明显黑斑。

各鳍均具由黑色斑点组成的条纹,背鳍、尾鳍具3~4条。其他各鳍1~2条。溪涧性鱼类,栖息于水急、底质为砾石的地方,利用胸、腹鳍吸附在石块上。我国特有物种。

(23) 平舟原缨口鳅 *Vanmanenia pingchowensis*

爬鳅科,俗称花吸壁虎。D. Ⅲ-8; A. Ⅱ-5; P. Ⅰ-13~18; V. Ⅰ-8~9。体较细长,前段近圆筒形,后段稍侧扁,背缘弧形,腹面平坦。吻端圆钝,口下位,较小。上唇无明显乳突,下唇前缘具4个叶状乳突,上唇与吻端间具浅而窄的吻沟,延伸至口角。吻褶叶间具2对小吻须,内侧1对乳突状;口角须2对,内侧1对较小。鼻孔较大,眼侧上位。眼间隔宽而平坦。鳃裂自胸鳍起点前上缘扩展到头部腹面。鳞细小,侧线完全。臀鳍后位,尾鳍内凹。尾柄高小于尾柄长。体背侧棕褐色,腹面白色。头背部被黑褐色虫蚀状黑斑纹,鳃裂后的体侧具大小不等的不规则黑色云斑。各鳍均具由黑色斑点组成的条纹,其中背鳍、尾鳍各具整齐的4条,臀鳍1条,偶鳍为不整齐的2~4条。营底栖生活,常栖息于水质清澈、底多卵石、水流湍急的山涧溪流中。我国特有物种。

5.3.2.2 鲇形目

(1) 黄颡鱼 *Pelteobagrus fulvidraco* (附图72)

鲿科 Bagridae,俗称黄芽头、黄骨鱼、盎丝。D. Ⅱ-6~8; A. Ⅳ~Ⅶ-14~17; P. Ⅰ-6~7; V. Ⅰ-5~6。体粗壮,无鳞。吻部向背鳍方向渐上斜,背鳍基部起点处身体最高,前体较宽,背鳍基部向尾鳍方向身体侧扁。头大且平扁,背部大部分裸出。吻圆钝,眼小。口大,下位,上下颌均具绒毛状细齿。须4对,1对颌须向后伸达胸鳍基部或稍超过;2对颏须外侧1对较长,可伸达胸鳍基部或稍超出;鼻须1对位于后鼻孔前缘。背鳍和胸鳍具发达的棘,其后缘具锯齿;尾鳍后缘深分叉。具脂鳍。体呈浅黄色,头背、侧部和体背部黑褐色。沿侧线上下各有1条狭窄的黄色纵带,尾鳍中部各有1条暗色纵条纹。栖息于缓流多草的水域底层,尤其喜欢生活在静水或缓流的浅滩处,具腐殖质和淤泥多的地方。白天潜伏水底或石缝中,夜间活动、觅食。

(2) 盎堂拟鲿 *Pseudobagrus ondon*

鲿科,俗称盎堂鱼。D. Ⅰ-7; A. Ⅰ-19~20; P. Ⅰ-8; V. Ⅰ-5。体延长,腹鳍以前近圆筒形,后渐侧扁。头略宽扁,头顶稍隆起。口下位,略弧形。上颌长于下颌,均具绒毛状细齿。眼侧上位,间隔宽。前后鼻孔分离,前鼻孔位于吻端。鼻须末端后伸超过眼后缘,颌须末端后伸达胸鳍基部,外颏须长于内颏须,后端伸达鳃孔。胸鳍硬刺前后均具锯齿,前小后强。脂鳍短于臀鳍。尾鳍后缘略凹或近平截。全身淡黄色,项部具浅色横带纹,体侧具暗色斑块。溪流中生活的底栖性鱼类,栖息于水流平稳的溪流与水潭中,白天潜居洞穴或石缝,晚上外出觅食。我国特有物种。

(3) 鲇 *Silurus asotus*

鲇科 Siluridae,俗称鲇鱼。D. Ⅰ-3~4; A. Ⅱ-76~80; P. Ⅰ-10~12; V. Ⅰ-10。体延长,前部较宽,自头后向尾部渐侧扁。头部略平扁。口小,亚上位,唇后,下颌突出于上颌之前。上下颌具绒毛状细齿,排列成宽齿带。须2对,1对颌须长,末端可达胸鳍末端,1对颏须较短。眼小,侧上位。鳃盖膜不与峡部相连。体裸露无鳞,体表多黏液。侧线完全,位于体长中部。无脂鳍。背鳍短小或退化,臀鳍与尾鳍相连,尾鳍稍凹或平截。

栖息于岸边或缓流水域，属底栖肉食性鱼类，夜间外出觅食，主要捕食鱼虾和水生昆虫幼虫等。

5.3.2.3 鳉形目

(1) 青鳉 *Oryzias latipes*

鳉科 Adrianichthyidae。D. Ⅰ-5；A. Ⅲ-16；P. Ⅲ-7；V. Ⅰ-5。个体小，体细长，侧扁，背部宽而平直。头中大，平扁，头长大于尾柄长。眼大，上侧位；每侧鼻孔2个，相距较远；口小，前上位。鳃盖膜与峡部不相连。鳃耙细短。体被圆鳞，无侧线。背鳍1个，后位，雄鱼鳍条末端伸达尾鳍基部，鳍前部不形成交配器。胸鳍大，上侧位；腹鳍短小，尾鳍近截形。生活时体青灰色，体侧下方为灰白色。体背具黑色条纹。胸腹鳍均为浅灰色。臀鳍基部两侧具黑色条纹，尾鳍具黑色小点。栖息于池塘、稻田及沟渠等淡水水域的上层。性活泼喜集群。

5.3.2.4 合鳃鱼目

(1) 黄鳝 *Monopterus albus*

合鳃鱼科 Syngnathidae，俗称鳝鱼、长鱼。体细长呈蛇形，体前端近圆，向后渐细，侧扁，尾尖细。头部膨大，前端略呈圆锥形；头高大于体高。口大，端位，口裂伸达眼后下方。上颌稍突出，唇颇发达。眼小，上侧位，为皮膜遮盖。每侧鼻孔2个，相距颇远。左右鳃孔小，下位，在腹面连成"∧"字形细缝。体光滑，无鳞，体表一般有润滑液体，方便逃逸。侧线平直，完全。背鳍、臀鳍退化成皮褶，与尾鳍相连，无鳍条。无胸鳍和腹鳍，尾鳍甚小。生活时体大多呈黄褐、微黄或橙黄色，背部和体侧具不规则的深灰色斑点。适应能力强，栖息在池塘、小河、稻田等处，常潜伏在泥洞或石缝中，夜出觅食。在浅水中能竖直身体的前半部分，用口到水面呼吸，把空气储存于口腔及喉部。具有性逆转现象，先雌后雄，雌性个体生殖一次后发生转变。

5.3.2.5 鲈形目

(1) 鳜 *Siniperca chuatsi*（附图73）

鮨鲈科 Percichthyidae，俗称桂鱼。D. Ⅻ-13~15；A. Ⅲ-9~11；P. 15~16；V. Ⅰ-5。体高侧扁，眼后背显著隆起。头中大，吻尖突，吻长大于眼径。眼中大，口大，端位斜裂，下颌突出，两颌具绒毛状齿群。前鳃盖骨后缘具细锯齿，下角及下缘各具2小棘。鳃盖后缘具2扁棘。鳃孔大，鳃盖膜不与颊部相连。鳃盖条7。头体被小圆鳞，吻部和眼间无鳞。侧线完全。背鳍连续始于胸鳍基部上方。腹鳍胸位，左右腹鳍不显著接近。不形成吸盘。胸鳍和尾鳍圆形。体背侧棕黄色，腹面白色。体具不规则褐色斑块和斑点。至吻端经眼至背鳍第1~3棘基底具1条黑褐色斜纹，第6~8鳍棘下方具1条垂直黑褐色宽纹。背鳍基底具45个黑褐色斑块。背鳍、臀鳍和尾鳍均具黑褐色斑点。胸鳍、腹鳍色浅。一般生活在静水或缓流水体，尤以水草茂盛处数量较多，性凶猛，肉食性，以鱼虾为食。

(2) 河川沙塘鳢 *Odontobutis potamophila*（附图74）

沙塘鳢科 Odontobutidae，俗称塘鳢、塘鳢鱼、沙塘鳢、沙鳢鱼。D. Ⅶ，Ⅰ-9~10；A. Ⅰ-8；P. 14~15；V. Ⅰ-5。体延长，前部圆筒形，后部侧扁。头宽大，平扁，宽大于高。吻宽短，吻长大于眼径。口大，端位，斜裂。下颌突出。两颌齿细小，多行。眼小，上侧位，稍突出。眼间距宽。鳃孔大，鳃盖膜不与峡部相连。体被栉鳞，腹面、胸鳍基部、眼后头部被圆鳞。吻和头腹面无鳞，无侧线。背鳍2个，第2背鳍末端不达尾鳍基部。胸鳍宽圆，腹鳍胸位，左右接近不愈合。尾鳍圆形。体黑褐色。体侧具不规则黑色斑块3~4个。头侧和腹面具黑斑或黑点。各鳍具多行暗色点纹，胸鳍基部黑色。生活于河流沿岸底层，喜栖息于水草丛生、淤泥底质的浅水区，游泳能力较弱。我国特有物种。

(3) 子陵吻虾虎鱼 *Rhinogobius giurinus*

虾虎鱼科 Gobiidae，俗称栉虾虎、子陵栉虾虎鱼、朝天眼。D. Ⅵ，Ⅰ-8~9；A. Ⅰ-8~9；P. Ⅰ-16~17；V. Ⅰ-5。体延长，前部近圆筒形，后部稍侧扁。背缘浅弧形隆起，腹缘稍平直。头中大，圆钝，前部宽而平扁，背部稍隆起；颊部肌肉突出；吻圆钝，颇长。眼中大，背侧位，眼上缘突出于头部背缘。眼间隔较窄，内凹。鼻孔每侧2个分离。口中大，前位，斜裂。鳃孔中大，向头部腹面延伸。峡部宽，鳃盖膜与峡部相连。体被中大栉鳞，吻、峡部、胸鳍基部无鳞，头背部、项部被鳞，具背鳍前鳞；腹部具小圆鳞。无侧线。背鳍2个分离，臀鳍与第2背鳍相对。胸鳍宽大圆形，下侧位，腹鳍愈合成1个吸盘，尾鳍长圆形。体黄褐色，体侧具6~7个宽而不规则的黑色横斑，有时不明显。眼前方、峡部及鳃盖具数条暗色条纹。胸鳍基部上端具1个黑斑，背鳍和尾鳍黄色或橘红色，具多条暗色点纹。小型淡水鱼类，栖息于浅滩或砾石间，喜在溪水清澈的深潭中生活，散居于石缝。我国特有动物。

(4) 乌鳢 *Channa argus*

鳢科 Channidae，俗称黑鱼、乌鱼等。D. 49~53；A. 33~36；P. 17~18；V. 6。体延长，前部圆筒形，后部侧扁，尾柄短。头长，前部略平扁，后部稍隆起。吻短，圆钝；口大，端位；眼小，上侧位。鼻孔2对，前鼻孔位于吻端呈管状，后鼻孔位于眼前上方，为1个小圆孔。鳃裂大，左右鳃膜愈合，不与峡部相连。头体均被圆鳞，侧线平直。背鳍1个，无棘；胸鳍宽圆；尾鳍圆形。体灰黑色，体背和头顶色较暗，腹部浅色。体侧具不规则黑色斑块，头侧眼后至鳃盖具2行黑色纵纹。奇鳍具黑白相间的斑点，偶鳍浅黄色，具不规则斑点。营底栖生活，喜栖息于沿岸泥底的浅水区，潜伏于水草丛中。

第 6 章　两栖动物

两栖动物属于脊椎动物亚门，是从水生过渡到陆生的脊椎动物，具有水生脊椎动物与陆生脊椎动物的双重特性。它们既保留了水生祖先的一些特征，如生殖和发育仍在水中进行，幼体生活在水中，用鳃呼吸，没有成对的附肢等；同时幼体变态发育成成体时，获得了真正陆地脊椎动物的许多特征，如用肺呼吸，具有五趾型四肢等。

由于两栖类动物营水陆两栖生活方式，因而在生态类型上也表现出了多样性，不同的种类生活在不同的环境。两栖动物主要捕食农林害虫，由于人类活动及环境污染的胁迫，致使两栖动物的生存环境受到严重挤压，一些物种濒临灭绝。

6.1　两栖动物的基本形态特征

6.1.1　有尾目的形态特征

6.1.1.1　外部形态结构及主要量度

全长：吻端至尾末端间的长度。
头长：吻端至颈褶间的长度。
头宽：左右颈褶间的直线距离或头最宽处的长度。
吻长：吻端至眼前角间的距离。
眼径：与体轴平行的眼直径长。
尾长：肛门后缘至尾末端的距离。
尾宽：尾基部最宽处的长度。
尾高：尾部最高处的长度。
唇褶：颌缘皮肤肌肉组织的帘状褶。通常在上唇侧缘后半部，掩盖着对应的下唇褶，如山溪鲵属的物种。
口裂：吻下侧嘴部的开口。
颈褶：位于颈部两侧及其腹面的皮肤褶皱，通常作为头部与躯干部的分界线。
胁沟：位于躯干两侧、两胁骨之间形成的体表凹沟。
有尾目的外部形态结构如图 6-1 所示。

6.1.1.2　犁骨齿

犁骨齿着生在犁腭骨上，其齿列的位置、性状和长短可作为分类鉴别的重要特征之

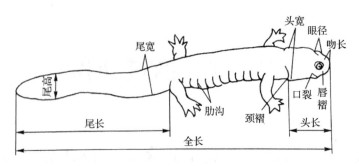

图 6-1 有尾目的外部形态结构(引自刘凌云等，2010)

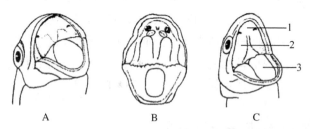

图 6-2 有尾目犁骨齿的形态(引自费梁等，1990)
A. 小鲵属　B. 山溪鲵属　C. 蝾螈科
1. 内鼻孔；2. 犁骨齿；3. 舌

一。例如，小鲵属的犁骨齿排列呈"V"字形（图 6-2A）；山溪鲵属的犁骨齿则呈弧形排列（图 6-2B）；蝾螈科的犁骨齿排列呈"V"字形（图 6-2C）。

6.1.1.3 卵袋

有尾目卵袋的形态也是野外识别时的重要鉴别特征。例如，大鲵的卵彼此连接呈念珠状（图 6-3A）；小鲵类则包裹在一个弯曲的卵胶囊内（图 6-3B）；而东方蝾螈则是单个卵（图 6-3C）。

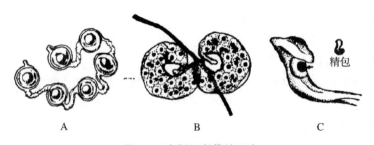

图 6-3 有尾目卵袋的形态
A. 念珠状卵带（大鲵）　B. 卵胶囊（小鲵）　C. 单生卵（东方蝾螈）

6.1.2 无尾目的形态特征

6.1.2.1 成体的形态结构及主要量度

体长：吻端至体后端间的长度。
头长：吻端至颌关节后缘间的长度。
吻长：吻端至眼前角间的距离。
上眼睑宽：上眼睑的宽度
前臂及手长：肘后至第 3 指末端间距离。
后肢全长：体后正中至第 4 趾末端间距离。
胫长：胫部两端间距离。
足长：自内蹠突近端至第 4 趾末端间距离。
鼓膜：眼后圆形膜质结构。
颊部：鼻孔和眼睛之间的部位。
婚垫：前肢拇指基部的瘤状突起。
颞褶：自眼后经颞部背侧达肩部的皮肤增厚形成的隆起。
背侧褶：背部两侧一般自眼后伸达胯部的 1 对纵行皮肤隆起。
其他还包括肛、内蹠突、关节下瘤等。
除了以上主要部位，无尾目成体还有其他一些部位和结构在分类识别中涉及，包括：
上颌齿：着生于上颌骨和前颌骨上的细齿。

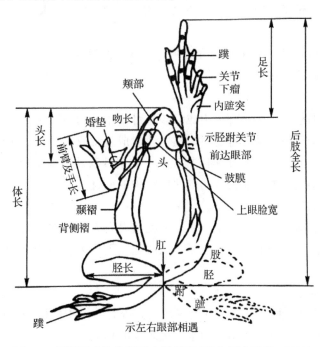

图 6-4　无尾目成体外部形态及量度(引自刘凌云等，2010)

犁骨齿：犁骨齿的有无、位置、形状大小可作为分类特征之一。

声囊：大多数种类的雄性在咽喉部由咽部皮肤或肌肉扩展形成的囊状突起。外表可观察到的为外声囊，如雨蛙、泽陆蛙(*Fejervarya multistriata*)和黑斑侧褶蛙(*Pelophylax nigromaculatus*)；观察不到的为内声囊。

蹼：连接指与指或趾与趾之间的皮膜。指间一般仅少数树栖种类具蹼，指间蹼主要以外侧2指即第3指、第4指之间蹼的形态来区分。趾间一般具蹼，蹼的发达程度因种类而异。趾间蹼以外侧3趾间蹼的形态来区分。

婚刺：雄性第1指基部内侧隆起的婚垫上着生的角质刺，不同种类角质刺的颜色、大小、密集程度各有不同。例如，华南湍蛙(*Amolops richetti*)婚刺为乳白色；武夷湍蛙(*Amolops wuyiensis*)则为黑色。

卵袋：中华蟾蜍的卵袋呈长管状，卵在胶质管内形成一长串。黑斑侧褶蛙、镇海林蛙(*Rana zhenhaiensis*)等则是颗粒状卵黏连在一起形成卵堆。

6.2 两栖动物的调查

6.2.1 两栖动物的调查方法

(1)样线法

在观测样地内沿选定的一条50~200 m长的路线调查、记录左右两侧各2~5 m空间范围内出现的两栖动物种类、数量等相关信息。该法适用于各种生境。

(2)样方法

在设定的5 m×5 m或10 m×10 m样方中计数调查两栖动物实体，样方数量可根据不同的调查生境而定。该法适用于各种生境。

(3)栅栏陷阱法

栅栏陷阱法由栅栏和陷阱两部分组成。栅栏可使用动物不能攀越或跳过的、具有一定高度的塑料篷布、塑料板、铁皮等材料搭建，设置成直线或折角状。在栅栏底缘的内侧或(和)外侧，沿栅栏挖埋一个或多个陷阱捕获器，陷阱捕获器可以是塑料桶或金属罐。该法适用于泥土基质的生境且攀爬能力较弱的两栖物种的调查。

(4)人工覆盖物法

在两栖动物栖息地按照一定大小、一定密度布设人工覆盖物，吸引两栖动物在白天匿居于其中，以检查匿居动物的种类和数量。该法适用于草地、湿地、灌丛、滩涂等自然隐蔽物较少的生境。

(5)人工庇护所法

把竹筒(或PVC桶)捆绑固定在树上或地上，查看竹筒中两栖动物成体、幼体、蝌蚪和卵。该法适用于树栖型蛙类较多且静水生境较少的林地。

(6)标记重捕法

在一个边界固定的区域内，捕捉一定数量的两栖动物个体进行标记，标记完后及时放回，经过一个适当时期(1周或10天、15天)后，再进行重捕并计算其种群数量。

6.2.2　两栖动物的采集

进行实习前查阅相关的文献资料，了解实习地区的自然概况以及该区域可能分布的两栖动物物种，到达实习基地后，可进一步向保护区工作人员及当地群众了解两栖动物的分布情况。

有尾目的种类大多为水栖，白天多潜伏在枯枝落叶、石块下或石缝中。无尾类是人们最熟悉的蛙类，营半水栖半陆栖的生活方式。蛙类有的在水边活动，有的可以长期远离水边，有的在树干上生活，有的喜欢在树叶上活动，有的喜欢蛰伏在溪流水面的石头或青苔上。大多数蛙类动物白天一般都隐蔽在近水的草丛间，少数种类可终日生活在山溪附近的石头上。无尾类在夜间活动频繁，喜欢晚上出来活动，容易捕捉。特别是对于一些有鸣声的种类，可先寻声接近，然后用手电筒照射，待其一动不动时可迅速用水网进行捕捉。捕捉到以后放入塑料桶、瓶中带回室内鉴定。鉴定结束应及时将采集的动物放回野外其生存的生境。

野外实习时应尽可能少量动物采集，以免破坏生态环境，采集的同时可进行录音、拍摄或录像。

6.3　天目山区常见两栖动物分类与识别

全世界现存两栖动物7000余种，迄今为止我国已经记录有两栖动物500余种。浙江省平原、丘陵、山地类型多样，河流众多，两栖动物资源丰富。其中，天目山区分布有两栖动物2目9科20余种。

6.3.1　天目山区两栖动物系统分类

天目山区分布的两栖动物以无尾目种类为主，有尾目种类较少。天目山区常见两栖动物20余种，分别属于小鲵科、蝾螈科、蟾蜍科、角蟾科、蛙科、树蛙科、雨蛙科、姬蛙科、叉舌蛙科。常见的种类如东方蝾螈(*Cynops orientalis*)、中华蟾蜍(*Bufo gargarizans*)、镇海林蛙、泽陆蛙等。

6.3.1.1　有尾目 Caudata

终身有尾，尾较长侧扁，适于游泳。幼体及成体体形近似，体长形，分头、躯干和尾3部分，颈部较明显，四肢匀称。皮肤光滑湿润，富于皮肤腺，全鳞。耳无鼓膜和鼓室。幼体用鳃呼吸，成体用肺呼吸，终生生活于水中，有的在变态后移到陆上湿地生活。变态不显著，多卵生，幼体先出前肢再出后肢。

(1) 小鲵科 Hynobiidae

全变态，多数有肺，体外受精。四肢较发达，指4，趾5或4。皮肤光滑无疣粒，有或无唇褶，有眼睑和颈褶，体侧有肋沟。犁骨齿短或呈"V"字形，椎体双凹型，肋骨末端无钩突。雄鲵泄殖腔壁无乳突，雌鲵无贮精囊。可分为水栖型和陆栖型两类。

（2）蝾螈科 Salamandridae

头躯略扁平，皮肤光滑或有瘰疣，脊棱弱或显，有些种类在繁殖季节期间雄性的背脊棱皮膜显著隆起，肋沟不明显，陆栖种的尾略呈圆柱状或略侧扁。四肢较发达，指 4，趾 5 或 4。犁骨齿两长列，呈"∧"字形；有前额骨。椎体多为后凹形，个别为双凹形，肋骨上有钩突。体内受精。有的主要生活于水内，觅食和产卵均在水中进行；有的在冬眠期间上陆地蛰伏，夏秋季多数时间在水内觅食和繁殖；有的主要在陆地上栖息和觅食，仅繁殖期进入水域，但繁殖期短，产卵在水中或在岸边潮湿的地面上。胎生或卵胎生。

6.3.1.2　无尾目 Anura

成体体形宽而短，头部略呈三角形；颈部不明显，躯干宽短；四肢发达，前肢短，后肢长，跗部自成一节，趾间一般具蹼；成体无鳃，无尾。皮肤一般光滑湿润，有的具疣粒或瘰粒，其上有角质刺或无。口大，舌后端多游离。眼大，位于头侧，下眼睑连有透明的瞬膜。下颌无齿，上颌一般具细齿，鼓膜显著或隐于皮下或无。多数种类具明显的第二性征，如雄性有声囊，前肢粗壮，有婚垫或婚刺以及其他部位有角质刺。蝌蚪的体形、食性等与成体不同，口部有角质小齿及角质颌，具鳃和尾。根据成体生活习性，可分为水栖、半水栖、陆栖、树栖、穴居等不同的类群。

（1）蟾蜍科 Bufonidae

身体宽短粗壮，多数种类皮肤粗糙，少数皮肤光滑。有或无耳后腺，鼓膜明显。上下颌及犁骨皆无齿，舌呈长椭圆形，后端无缺刻，能自由翻出口外。四肢较短，有外跖突，指、趾末端正常。肩带弧胸型，椎体前凹型，成体和亚成体均无肋骨。大多数种类头骨骨化程度高，且皮肤与头骨相黏连。瞳孔横置。成体多营陆栖或穴居，也有营树栖生活的。

（2）蛙科 Ranidae

大多数种类上颌有齿。指、趾端部尖或圆，或有吸盘；瞳孔多横置。皮肤光滑或有疣粒；舌一般长椭圆形，后端缺刻深或浅，能自由伸出。成体有以陆栖、水栖、穴居、树栖为主的多种栖息习性。不同种类的繁殖习性各不相同，大多数在静水中产卵，部分种类在溪流内产卵，绝大多数都是晚上活动。

（3）雨蛙科 Hylidae

背面多无棱嵴，瞳孔多横置。指、趾端有吸盘。大多数蛙为树栖，多数属的卵和蝌蚪在水内发育。有的亲体将卵驮在背上；有的成蛙背上有囊状构造，卵植于囊窝内直接发育成幼蛙，或发育成摄食或不摄食的蝌蚪；有的产卵在陆地上或植物上，卵在水外发育，蝌蚪期在水中生活并完成变态。

（4）树蛙科 Rhacophoridae

吸盘发达，指、趾末两节间有间介软骨。指、趾端部最后一节较宽，末端指骨 2 根，呈"Y"字形。吸盘的背面一般无横凹痕，腹面呈肉垫状。多树栖。一般舌后端缺刻深，瞳孔大多横置。多数种类有筑泡沫卵巢的习性，有的种类卵粒盛于卵泡内或胶质团内，卵泡或被树叶包裹，蝌蚪生活于静水水域内；有的种类产卵于树洞或陆地上，有短暂的非摄食性的蝌蚪阶段，从卵直接发育成幼蛙；有的种类生活于溪流，卵贴附于溪边石下或水生植物上或呈小块状浮于水面，不呈泡沫状。

（5）姬蛙科 Microhylidae

一般体形较小，口小头尖，体短胖，有的呈球状。声囊只有1个，位于下颌。体形各异，树栖种类指、趾末膨大。外跖突有或无；上腭部位有2~3个腭褶。许多种类在陆地上产卵，卵直接发育，孵化出非摄食性蝌蚪，有些种类有水生性幼体。本科多为陆栖，在静水中产卵。

天目山区常见两栖动物分科检索表

1 成体具尾 ……………………………………………………………………………… 有尾目 Caudata2
　成体无尾 ……………………………………………………………………………… 无尾目 Anura3
2 体光滑或具疣粒、瘰粒、痣；犁骨齿呈"∧"字形，较长 ………………………… 蝾螈科 Salamandridae
　皮肤光滑，体两侧具肋沟；颈部具颈褶，头部具唇褶；犁骨齿呈"∧"字形，较短
　……………………………………………………………………………………………… 小鲵科 Hynobiidae
3 体型小，上颌无齿，如上颌有齿，则第4指特别短而细 ……………………… 姬蛙科 Microhylidae
　体型大小不一，上颌有齿 ……………………………………………………………………………… 4
4 体大中型，背部皮肤粗糙，具大小不等瘰粒，耳后腺发达 ……………………… 蟾蜍科 Bufonidae
　体中小型，背部皮肤一般光滑，无耳后腺 …………………………………………………………… 5
5 趾、指末端具发达的吸盘 ………………………………………………………………………………… 6
　趾、指末端无吸盘或吸盘不发达 ……………………………………………………… 蛙科 Ranidae
6 体小，体色以绿色为主，吻圆、短而高 ……………………………………………… 雨蛙科 Hylidae
　体中大型，体色绿色、褐色等多变，产卵于卵泡内 ……………………… 树蛙科 Rhacophoridae

6.3.2　天目山区常见两栖动物

6.3.2.1　有尾目

（1）东方蝾螈 *Cynops orientalis*（附图75）

蝾螈科，俗称水龙、四脚鱼。体形小，体长60~100 mm。头部扁平，头长大于头宽；吻端钝圆，鼻孔近吻端，唇褶显著；上下颌具细齿，犁骨齿列呈"∧"字形。躯干圆筒形，背脊扁平，无肋沟。四肢细长，前、后肢贴体相对时，指、趾末端相互重叠。尾部侧扁，尾梢钝圆。体背深褐色或黄褐色，一般无斑纹；腹面橘红色或朱红色，具黑斑；尾下缘橘红色。主要栖息于海拔30~1000 m的山区池塘、水田以及流速较缓的溪流中。中国特有物种，浙江省重点保护野生动物。

（2）秉志肥螈 *Pachytriton granulosus*

蝾螈科，俗称山和尚、山狗、山娃娃、山椒鱼、四脚鱼。体型肥壮，体长120~170 mm。头部扁平，头长大于头宽；吻部较长，吻端圆，鼻孔极近吻端，唇褶发达；上下颌具细齿，犁骨齿列呈"∧"字形。躯干圆柱状，背腹略扁平，具肋沟；四肢粗短，前、后肢贴体相对时，指、趾端相距1.5~2.5个肋沟。尾基部宽厚，后渐侧扁，末端钝圆。皮肤光滑，体背褐色或黄褐色，无黑斑，体侧常具橘红色斑点；腹面橘红色或橘黄色，四肢及尾下缘橘红色。栖息于海拔50~700 m、水质清洁且水流缓慢的溪流中，白天多隐于溪内石隙间，夜晚外出多在水底石上爬行。中国特有物种，浙江省重点保护野生动物。

（3）中国瘰螈 *Paramesotriton chinensis*

蝾螈科，俗称山和尚、水壁虎。体型中等，体长126~151 mm。头部扁平，吻端钝圆，

上下颌具细齿，犁骨齿列呈"∧"字形。躯干圆柱状，无肋沟；四肢长，无蹼；尾基部较粗，向后侧扁，末端钝圆。皮肤粗糙，体背与体侧满布分散的大小瘰粒；全身黑褐色或黄褐色，有的个体背脊棱和体侧疣粒棕红色，有的体侧和四肢具黄色圆斑；腹面橘黄色色斑深浅和形状不一。栖息于海拔 200~1200 m 丘陵山区的溪流中，常隐蔽在水底的石块间、溪旁杂草丛或石缝内。中国特有物种，国家二级重点保护野生动物。

(4) 安吉小鲵 *Hynobius amjiensis*（附图 76）

小鲵科。体型较大，体长 150~170 mm，尾长短于头体长。头部平扁，卵圆形，吻端钝圆，无唇褶；上下颌具细齿，犁骨齿列呈"V"字形。躯干粗壮而略扁，背脊线明显下凹，体侧肋沟 13 条；四肢细长，无蹼，掌跖突显著。尾基部近圆形，向后渐侧扁，末端钝圆。体表皮肤光滑，颈褶明显；体背面暗褐色或棕黑色，腹面灰褐色，无斑纹。生活在海拔 1000~1300 m 的沟谷沼泽湿地，分布范围狭小，种群数量较少。中国特有物种，国家一级重点保护野生动物。

6.3.2.2 无尾目

(1) 中华蟾蜍 *Bufo gargarizans*（附图 77）

蟾蜍科，俗称癞蛤蟆。体粗壮，体长 60~130 mm。头宽大于头长，吻圆而高，吻棱明显；鼓膜显著，耳后腺大呈长圆形；上颌无齿，无犁骨齿。皮肤粗糙，背部布满大小不等的圆形瘰粒，腹部满布疣粒。后肢粗短，趾侧缘膜显著，第 4 趾具半蹼。体色变异大，一般为灰绿色或棕黄色，有的体侧具黑褐色纵条纹。雄性内侧 3 指具黑色刺状婚垫。生活于不同海拔的多种生态环境中，分布广泛。冬眠和繁殖期栖息于水中，余多在草丛、石下或土穴等潮湿环境栖息，白天蛰伏，晚上活动，是农业害虫的重要天敌。

(2) 中国雨蛙 *Hyla chinensis*

雨蛙科。体型较小，体长 25~39 mm。头宽略大于头长，吻钝圆而高，吻棱明显，鼓膜圆而清晰；上颌具齿，犁骨齿两小团。指端具吸盘及横沟，第 2、4 指几等长，指关节下瘤显著；胫跗关节前伸达鼓膜或眼，趾端具吸盘，外侧三趾间具 2/3 蹼。背面皮肤光滑，绿色或草绿色；体侧及腹面浅黄色，腹面密布颗粒疣。一条深棕色的细线纹从吻端经颞褶达肩部，在眼后鼓膜下方又有一条深棕色细线纹至肩部汇合呈三角形斑；体侧、股部具黑斑点或连成粗黑线，跗足部棕色。雄性第 1 指具婚垫，具单咽下外声囊。栖息于海拔 200~1000 m，夜晚多隐藏在各种植物上鸣叫。浙江省重点保护野生动物。

(3) 镇海林蛙 *Rana zhenhaiensis*（附图 78）

蛙科。体长 40~60 mm。头长大于头宽；吻端钝尖；鼓膜圆而明显；犁骨齿两短斜行。皮肤较光滑，背部及体侧具少数小圆疣，多数个体肩上方具"∧"字形疣粒；背侧褶细窄，在颞部上方略向外侧弯曲。前臂及手长不到体长之半，后肢较长，胫长超过体长之半，趾间蹼缺刻深。体背多为橄榄棕色、棕灰色或棕红色，颞部具黑色三角斑；腹面乳白色或浅棕色。雄性第 1 指具灰色婚刺。生活于海拔 1800 m 以下的山区植被较为繁茂的乔木、灌丛和草丛等环境。中国特有物种，分布广，数量多。

(4) 弹琴蛙 *Nidirana adenopleura*

蛙科。体长 50~60 mm，躯体较肥硕。头部扁平，吻棱明显；鼓膜大，犁骨齿两短斜行。皮肤较光滑，背侧褶显著，背部后端具少许扁平疣；腹面光滑。指端略膨大，趾端吸盘较大，趾间1/2~1/3蹼。体背多灰棕色或蓝绿色，有的具黑色斑点；两眼间至肛上方多有浅色脊线；体后端及体侧具深色斑点；背侧褶色浅，四肢具横纹。雄性第1指具灰色婚垫；雄性具1对咽侧下外声囊。生活于海拔30~1800 m山区的稻田、草地、水塘及其附近。成体白天隐匿于石缝间，阴雨天夜间外出活动较多。

(5) 阔褶水蛙 *Sylvirana latouchii*

蛙科。体长35~55 mm。头长大于宽，吻较短而钝，吻棱、鼓膜明显；犁骨齿两小团。皮肤粗糙，背侧褶粗大，中部最宽；背面具稠密的小刺粒，体侧疣粒较大；腹面光滑。指末端钝圆，无腹侧沟；趾末端略膨大呈吸盘状，趾间半蹼。体背多褐色或黄褐色，背侧褶橙黄色；吻端经鼻孔沿背侧褶下方具黑色带；体侧具黑斑，四肢具黑色横纹，腹部乳黄色或灰白色。雄性第1指具婚垫。生活于海拔30~1500 m的平原、丘陵和山区，常栖息于山旁水沟附近，白天隐匿在草丛或洞穴中。中国特有物种。

(6) 黑斑侧褶蛙 *Pelophylax nigromaculatus*（附图79）

蛙科。体长35~90 mm。头长大于宽，吻部略尖，吻端钝圆，吻棱不明显，鼓膜大；犁骨齿两小团。背面皮肤较粗糙，背侧褶宽，其间具长短不一的肤棱；体侧具长疣和痣粒，腹面光滑。后肢较短，蹼凹陷较深。体色变异大，有的个体背脊中央具浅绿色脊线或体背及体侧具黑斑；四肢具黑色或褐绿色横纹，股后侧具黑色或褐绿色云斑。雄性第1指具灰色婚垫，有1对颈侧外声囊。生活于平原或丘陵的水田、池塘、湖泊及山地，白天隐蔽于草丛和泥窝内，黄昏和夜间活动，跳跃能力强。分布广，数量多。

(7) 金线侧褶蛙 *Pelophylax plancyi*

蛙科。体长53~71 mm。头略扁，长略大于宽；吻端钝圆，吻棱略显，鼓膜较大。犁骨齿两小团。皮肤光滑或具疣粒，腹面光滑。前肢较短，后肢较粗短，趾间几乎满蹼。体背绿色或橄榄绿色，鼓膜及背侧褶棕黄色；四肢背面绿色或具棕色横纹；腹面鲜黄色，股腹面具棕色斑。雄性第1指具灰色婚垫。生活于海拔50~200 m的稻田、池塘内，多匍匐于塘内杂草间或荷叶上，昼夜外出觅食。中国特有物种。

(8) 天目臭蛙 *Odorrana tianmuii*（附图80）

蛙科。俗称花蛤蟆。中型蛙类。体长33~85 mm。头部扁平，长大于宽；吻端钝尖，吻棱显著。前肢较粗，指末端膨大呈小吸盘，后肢长，趾端具吸盘与横沟，趾间全蹼。颞褶黑褐色，鼓膜褐色，上下唇缘黄色有黑褐色横纹。背面黄绿色，间以棕褐色或酱红色大圆斑；四肢背面浅褐色，胫部背面横纹4~5条，横纹间点缀着褐色斑。皮肤光滑，背侧稍具细小痣粒，体侧具扁平疣粒，腹面白色无斑。生活于海拔200~800 m水流平缓、环境阴湿、植被茂盛的山区溪流岸边，栖息于溪边的石块、岩壁、岩缝或溪边的灌丛中。中国特有物种，浙江省重点保护野生动物。

(9) 大绿臭蛙 *Odorrana graminea*

蛙科。中小型蛙类，雌雄蛙大小差异甚大。体长43~114 mm。头扁平，吻端钝圆，吻棱明显；瞳孔横椭圆形；眼间距与上眼睑几等宽；鼓膜大；犁骨齿两短斜行。指较长，指端具吸盘与马蹄形横沟；后肢长为体长的1.8倍，趾端吸盘略小于指端吸盘；趾间全蹼。

背侧褶细或略显，颞部有细小痣粒。皮肤光滑，背面有零星小痣粒；背部草绿色，头侧、体侧及四肢为浅棕色，腹面白色。栖息于海拔 450~1200 m 的林中溪流岸边。成体白天多隐匿于溪流岸边石下或附近密林落叶间，夜间多在溪内或旁边的石头上。浙江省重点保护野生动物。

(10) 凹耳臭蛙 *Odorrana tormota*

蛙科。中小型蛙类，体长 32~60 mm。头扁平，吻端尖圆，吻棱明显；雄蛙鼓膜内凹呈外耳道，深达 2~3 mm。指端扩大呈小吸盘，外侧 3 指具马蹄形横沟，指关节下瘤显著；后肢长，趾端有吸盘，趾关节下瘤显著，趾间全蹼。背部皮肤光滑，体背后端、体侧及四肢背面具小疣粒；背侧褶显著；体腹面大部光滑。上唇缘具 1 条醒目黄纹；背面棕色，体侧色较淡，腹面淡黄色。栖息于海拔 150~800 m 的山区溪流附近，夜晚在山溪两旁灌木枝叶、草丛茎秆或溪边石块上发出单一的"吱"声，犹如钢丝摩擦发出的声音。中国特有物种，浙江省重点保护野生动物，分布区狭窄。

(11) 小竹叶蛙 *Bamburana exiliversabilis*

蛙科。体长 43~62 mm。头部扁平，长略大于宽；吻端钝圆，上唇缘具锯齿状乳突；两眼间具一个小白疣，鼓膜明显。背面光滑，背侧褶细窄，腹面皮肤光滑。指、趾末端吸盘显著，具腹侧沟；后肢长，趾间全蹼。背部颜色变异较大，多为橄榄褐色、浅棕色、铅灰色或绿色，有的具黑褐色斑；体侧、上唇缘浅黄色，四肢具黑褐色横纹；腹面棕黄色，咽胸部具深灰色细小斑点。雄性第 1 指具婚垫。生活于海拔 600~1500 m 的森林茂密的山区，栖息于山溪内，白天常蹲在水流中的石头或岸边。中国特有物种。

(12) 武夷湍蛙 *Amolops wuyiensis*

蛙科。体长 40~45 mm。头部扁平，宽略小于长，吻端钝圆，吻棱明显。鼓膜小或不显，具犁骨齿。皮肤略粗糙，全身及后肢背面布满米色小疣粒，体侧大疣粒较多；无背侧褶；体腹面一般光滑，近白色。前肢较短，指、趾末端均具吸盘及边缘沟，趾间全蹼。体背面多为黄绿色或灰棕色，散有不规则深棕色或棕黑色斑纹。雄性第 1 指基部具黑色婚刺。生活于海拔 100~1300 m 的山溪内或附近，白天少见，野外栖于激流处石头上或石壁上。

(13) 天台粗皮蛙 *Glandirana tientaiensis*

蛙科。体长 38~57 mm。头部偏扁，长宽几乎相等；吻端钝圆，犁骨齿 2 斜列。体背腹面均粗糙，全身满布大小不等的疣粒；背部大疣长形或椭圆形，排列不规则。指、趾略宽扁，末端钝圆，指基下瘤明显；后肢较短，趾间全蹼。背面浅黄褐色或灰褐色，具黑斑；四肢具棕黑色宽横纹。头腹面灰蓝色，体及后肢股腹面浅黄色有棕灰色点斑。雄性第 1 指背面具婚垫。生活于海拔 100~600 m 的丘陵或山区，多栖息在较开阔的溪流岸边，少数生活于溪流附近的静水塘内。白天隐藏在岸边石隙和泥土内，野外觅食。中国特有物种。

(14) 大树蛙 *Zhangixalus dennysi*（附图 81）

树蛙科。体型较大，扁平而窄长。雄蛙体长 68~92 mm，雌蛙 83~109 mm。头长宽几相等，头部扁平，雄蛙吻端斜尖，雌蛙钝圆；吻棱显著；鼓膜大而圆；犁骨齿左右两列几平直。指端具吸盘和横沟，背部有纵沟，第 3、4 指吸盘大，指间蹼发达，关节下瘤发达；

后肢较长趾间全蹼，蹼上有网状纹。背面皮肤较粗糙，有小刺粒；腹部和股部密布较大扁平疣；指、趾吸盘背面可见"Y"形迹。下颌及咽喉部紫罗兰色；背面绿色，具棕黄色或紫色斑点；体侧具成行的白色大斑点或白纵纹，腹面其余部位灰白色。栖息于海拔 80~800 m 的山区灌木丛、溪边岩石等，捕食金龟子、蟋蟀等多种昆虫及其他小动物。傍晚雄蛙发出"咕噜、咕噜"的连续清脆而洪亮的鸣叫声。4~5 月产卵，卵泡多产于田埂或水坑壁、灌丛及树枝上。中国特有物种，浙江省重点保护野生动物。

(15) 布氏泛树蛙 *Polypedates braueri*

树蛙科。中小型蛙类，体型扁而窄长。雄蛙体长 41~48 mm，雌蛙 57~65 mm，体扁平，吻略尖圆，吻棱显著；鼓膜显著，犁骨齿两行，呈"八"字形排列。前肢长，指端具吸盘与横沟，第 3 指吸盘与鼓膜几等大，指基无蹼，指侧具缘膜，关节下瘤及掌突显著；后肢长，趾吸盘略小于指吸盘，第 3、5 趾几等长，趾间全蹼，关节下瘤发达。颞褶平直而长，达肩后方；背面皮肤密布细疣粒，体侧、腹面疣粒较大。体背浅棕色，散有棕褐色斑点；两眼间有一横斑纹，体侧及股后满布网状棕色斑；咽部有黑斑点；背面一般有 4 条黑纵纹，有的在头后呈"X"字形斑；腹面乳白色。生活于海拔 80~2200 m 的丘陵和山区，常栖息在水田、池塘的灌丛、草丛或泥窝中。傍晚发出"啪、啪、啪"的鸣叫声，行动较缓，跳跃能力不强。浙江省重点保护野生动物。

(16) 饰纹姬蛙 *Microhyla fissipes*

姬蛙科。体型小，略呈三角形。雄性体长 21~25 mm，雌性体长 22~24 mm。头小，头长宽几乎相等，吻钝尖，鼓膜不显著；无犁骨齿。背面皮肤具小疣，枕部具肤沟或无，由眼后至胯部前方具斜行大长疣；腹面光滑。前肢细弱，前臂及手长小于体长之半，指、趾端圆，掌突 2 个；后肢粗短，趾间仅具蹼迹。背面颜色和花斑有变异，一般为粉灰色、黄棕色或灰棕色，其上有 2 个深棕色"∧"字形斑前后排列；咽喉部色深，胸、腹部及四肢腹面白色。雄性咽喉部黑色，具单咽下外声囊。生活于海拔 1400 m 以下的平原、丘陵和山地的水田、水坑、水沟的泥窝或土穴内，或水域附近的草丛中。雄性发出"嘎、嘎"的鸣叫声，主要以蚂蚁为食。

(17) 小弧斑姬蛙 *Microhyla heymonsi*

姬蛙科。体小型，略呈三角形。雄性体长 18~21 mm，雌性体长 22~24 mm。头小，头长宽几乎相等，吻端钝尖，鼓膜不显著；无犁骨齿。背面皮肤光滑散有小痣粒，股基部腹面具较大的痣粒。指、趾端具小吸盘；后肢适中而粗壮，胫长超过体长之半，趾间具蹼迹。背面颜色变异大，多为粉灰色、浅绿色或浅褐色，从吻端至肛部具一条黄色细脊线；背部脊线具 1 对或 2 对黑色弧形斑；体两侧具纵行深色纹；腹面肉白色，咽部和四肢腹面具褐色斑纹。雄性具单咽下外声囊。生活于 70~1500 m 的山区或平地，常栖息于稻田、水坑、沼泽泥窝、土穴或草丛中。雄性发出低而慢的"嘎、嘎"鸣叫声，捕食昆虫和蛛形纲等小动物。

(18) 泽陆蛙 *Fejervarya multistriata*（附图 82）

叉舌蛙科。体小型。雄性体长 35~40 mm，雌性体长 40~46 mm。头长略大于头宽或相等，吻端钝尖，瞳孔横椭圆形，眼间距窄，鼓膜圆形。背部皮肤粗糙，颞褶明显，无背侧褶，体背具数行长短不一的纵肤槽，褶间、体侧及后肢背面有小疣粒；体腹面皮肤光滑。指、趾端钝尖无沟；后肢较粗短，胫跗关节前伸达肩部或眼部后方，胫长小于体长之半，趾间近半蹼。背面一般灰橄榄色或深灰色，杂有黑褐色斑纹；上、下唇缘具黑褐色纵纹，四肢背面各节具褐色横斑2~4条，体和四肢腹面为乳白色或乳黄色。从沿海平原、丘陵地区至1700 m左右的山区分布广泛，生活于稻田、沼泽、水塘、水沟等静水域或其附近的旱地草丛。

第7章 爬行动物

爬行动物在中生代曾盛极一时，种类繁多，留存至现代生存的仅为少数。现存爬行动物按身体形态可分为蜥蜴型、蛇型和龟鳖型。大多数爬行动物体表被以角质鳞片，缺乏皮肤腺。除蛇类和少数蛇蜥外，均具发达的五趾型附肢。爬行类所产的卵具坚硬的卵壳或革质的卵膜，在胚胎发育中有羊膜、尿囊等胚膜，可使胚胎发育不受外界水环境限制和束缚。因而，爬行动物成为第一批真正摆脱对水的依赖从而征服陆地的脊椎动物，较两栖类更能适应多种多样的生态环境。除龟鳖等营水陆两栖生活外，蛇和蜥蜴等大多数爬行类生活在陆地上。

7.1 爬行动物的基本形态特征

7.1.1 龟鳖类的外部形态特征

龟鳖类背腹面盾片的基本类型和部位如图7-1所示。

颈盾：椎盾前端正中央、嵌入左右缘盾之间的小盾片，1枚。
椎盾：背甲中央一列盾片，5枚。
肋盾：椎盾两侧肋部的一列盾片，左右各4枚。
缘盾：背甲外缘的一列盾片，左右各12枚。

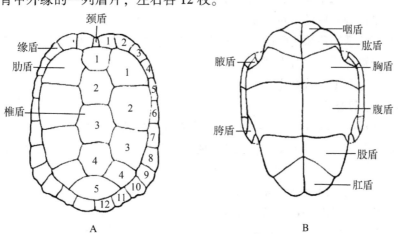

图7-1 龟鳖类盾片的基本形态（引自张孟闻等，1998）
A. 背面　B. 腹面

臀盾：背甲后缘正中的角质盾片，1或2枚，有或无。
咽盾：腹甲前缘的盾片，左右各1枚。
肱盾：咽盾后侧的盾片，左右各1枚。
胸盾：肱盾后侧的盾片，左右各1枚。
腹盾：胸盾后侧的盾片，左右各1枚。
股盾：腹盾后侧的盾片，左右各1枚。
肛盾：腹甲后缘的盾片，1枚或左右各1枚。
腋盾：两侧背腹甲之间、前肢后方腋部的小盾片，左右各1枚。
胯盾：两侧背腹甲之间、后肢前方胯部的小盾片，左右各1枚。

除了盾片外，龟鳖类还包括头部、鼻孔、吻、眼睛、颈部、尾部、前肢、后肢、足等部位。

7.1.2 蜥蜴类的外部形态特征

蜥蜴类鳞片的大小、形状、数目、排列和起棱情况，在不同的属、种有所不同，而且较为稳定。因此，根据鳞被的特征辅以其他外部形态结构（如鼻孔的位置、耳孔的大小、指趾的形态及结构等）是通常鉴别蜥蜴属、种的方法。

7.1.2.1 头部的鳞片

头部的鳞片根据部位不同可以分为背面、腹面和侧面，如图7-2所示。

(1) 头部背面的鳞片

吻鳞：吻端中央的单片大鳞，一般比其两侧的上唇鳞宽而高，如较高时可从吻背看到。

上鼻鳞：紧接吻鳞后方，左右鼻鳞之间的成对鳞片，有些种类无此鳞片。

额鼻鳞：吻鳞正后方的单枚鳞片，少数种类成对。

前额鳞：额鼻鳞后方的1对大鳞，彼此相接或分离，或多于1对，或单个。

额鳞：两眼之间的1枚长形大鳞，在额鼻鳞正后方。

额顶鳞：紧接额鳞后的1对大鳞。

顶间鳞：额顶鳞和顶鳞之间的1枚大鳞，如有顶眼时常位于此鳞上。

顶鳞：额顶鳞之后的1对大鳞。

颈鳞：顶鳞后方1至数对宽大的鳞片，大于其后的背鳞。

(2) 头部侧面的鳞片

鼻鳞：鼻孔周围的鳞片，由1~3枚切鼻孔的鳞片组成。

眶上鳞：额鳞与额顶鳞两侧的对称大鳞，位于眼眶上方，一般为2~4对，也有5对的。

上唇鳞：吻鳞之后沿上颌唇缘的鳞片。

下唇鳞：颏鳞之后沿下颌唇缘的鳞片。

上睫鳞：眶上鳞外缘的一排小鳞。

颞鳞：位于眼后颞部、在顶鳞和上唇鳞之间的鳞片。有的较大，并按一定顺序前后排列，相应称为前(初级)颞鳞、后(次级)颞鳞，也有未分化出颞鳞的。

(3) 头部腹面主要的鳞片

颏鳞：下颌前端正中的 1 枚大鳞，与吻鳞对应。

后颏鳞：颏鳞正后方不呈左右对称的鳞片，前后排列或单枚或无。

颏片：颏鳞(后颏鳞)后方左右对称排列的大鳞，位于下唇鳞内侧，通常为 2~4 对。

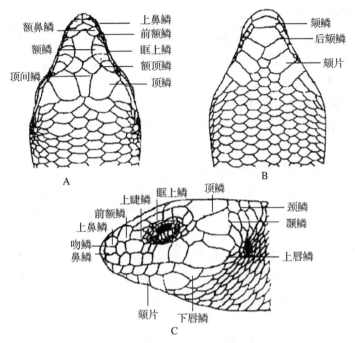

图 7-2　蜥蜴头部的鳞片(引自黄美华等，1990)

A. 背面　B. 腹面　C. 侧面

7.1.2.2　其他结构

睑窗：下眼睑中央的无鳞透明区，如滑蜥。

瓣突：耳孔边缘鳞片突出部分形成的叶状物，如石龙子科某些种类。

领围：喉部横行皮肤褶，褶缘具一排突出的大鳞，如蜥蜴属和麻蜥属的种类。

肛前孔(窝)：肛前部分鳞片上的小窝，呈一横排，如壁虎科一些种类。

鼠蹊孔(窝)：鼠蹊部部分鳞片上的小窝，1 至数对，如草蜥属的种类。

指趾扩张：指、趾侧缘横向延伸，如壁虎科的种类。

7.1.2.3　鳞片的形态

方鳞：身体腹面近似方形的大鳞片，如蜥蜴科的腹鳞。

圆鳞：身体背腹面近似圆形的大鳞片，游离缘呈弧形，一般呈覆瓦状排列，如石龙子科。

粒鳞：鳞片小，表面微凸，略圆，平铺排列，如壁虎科。

疣鳞：分布在粒鳞间略大的疣状鳞片，如壁虎科。

棱鳞：表面起棱呈纵脊状，如草蜥属的背鳞。

平鳞：表面光滑无棱的鳞片。

7.1.3 蛇类的外部形态特征

蛇通身覆盖的鳞片总称鳞被，鳞被特征是蛇目分类常用的依据。蛇类鳞被的各种鳞片包括头部、躯干部和尾部。

7.1.3.1 头部的鳞片

盲蛇科、蟒科、瘰鳞蛇科、蝰科的蝰属和烙铁头属，它们头部的鳞片或者特殊或者都是一些小鳞片。其他蛇类头部的鳞片一般，如图7-3所示。

(1) 头部背面的鳞片

吻鳞：位于吻端正中的1枚鳞片，其下缘(唇缘)一般具缺凹，口闭合时细长而分叉的舌可经此伸出。从背面一般只能看见吻鳞的上缘，但小头蛇属吻鳞甚高，且弯向吻背，从背面看到部分较多。

鼻间鳞：介于左右两枚鼻鳞之间的鳞片，正常1对，有的种类无(如两头蛇属)。有的只有1枚(黄腹杆蛇)，水蛇属只有1枚且位于彼此相切的1对鼻鳞之后。

前额鳞：鼻间鳞正后方的大鳞，正常1对，有的种类只有1枚(后棱蛇属、黄腹杆蛇属等)，有的纵裂为2枚以上(滇西蛇等)。

额鳞：前额鳞正后方的单枚大鳞，介于左右2枚眶上鳞之间，略呈龟甲形或六角形。

顶鳞：正常1对，闪鳞蛇属前后两对，在4枚顶鳞中央还有1枚顶间鳞。

枕鳞：顶鳞正后方的1对大鳞，只有眼镜王蛇具有此鳞。

(2) 头部侧面的鳞片

正常的头侧鳞片是左右两侧对称排列，由于个体变异，往往左右不对称。每侧由前向后依次如下：

鼻鳞：鼻孔开口的鳞片，一般位于吻两侧，左右各1，其间相隔1对鼻间鳞。有的种类鼻鳞为完整的1枚，有的种类鼻鳞具1鳞沟，将其局部分开或完全分开为前后两半。在没有鼻间鳞(如海蛇亚科)或1枚鼻间鳞(水蛇属)情况下，左右鼻鳞在头背相切。

颊鳞：介于鼻鳞与眶前鳞之间的较小鳞片，通常1枚。有的没有(如两头蛇属、眼镜蛇科等)，有的多于1枚(如鼠蛇属)。有的种类没有眶前鳞或眶前鳞较小，颊鳞后伸，参与构成眼眶(入眶)。

眶前鳞：位于眼眶前缘，1至数枚。如没有或较小时，可能由颊鳞及(或)前额鳞入眶。

眶上鳞：位于眼眶上缘，正常每侧1枚。此鳞实际上位于头背面、额鳞两侧。

眶后鳞：位于眼眶后缘，1至数枚，如无则颞鳞入眶。

眶下鳞：有些种类无，由部分上唇鳞参与构成眼眶下缘。如具眶下鳞，或呈1长条，完全构成眼眶下缘(钝头蛇属多如此)，或较小，靠近眼前下方(眶前下鳞)或眼后下方(眶后下鳞)。

颞鳞：眼眶之后，介于顶鳞和上唇鳞间，一般可分为前后2列。其数目可以用颞鳞式表示，如1+2，表示前颞鳞1枚，后颞鳞2枚。

上唇鳞：吻鳞之后，上颌两侧唇缘的鳞片。数目多少、是否入眶及入眶的鳞数可做鉴别特征。上唇鳞式如3-2-4表示每侧上唇鳞各有9枚,其中第4枚、第5枚入眶,在入眶的2枚上唇鳞的前后分别有3枚和4枚上唇鳞片。

(3) 头部腹面的鳞片

颏鳞:下颌前缘正中的1枚鳞片,略呈三角形,位置恰好与吻鳞对应。

颔片(颏片):颏鳞之后,左右下唇鳞之间的成对窄长鳞片,一般为2对,分别称前颔片、后颔片。前颔片左右2枚常彼此相切,后颔片左右两侧则常有小鳞片将其分开。左右颔片之间形成的鳞沟称颔沟。

下唇鳞:颏鳞之后、下颌两侧唇缘的鳞片。大多数蛇类的第1对下唇鳞在颏鳞之后彼此相切,将颏鳞和前颔片分开;少数种类如颈斑蛇属、美姑脊蛇和许多海蛇的第1对下唇鳞左右不相切,骨前颔片和颏鳞相切。下唇鳞的数目及其切前颔片的鳞数,具有鉴别意义。

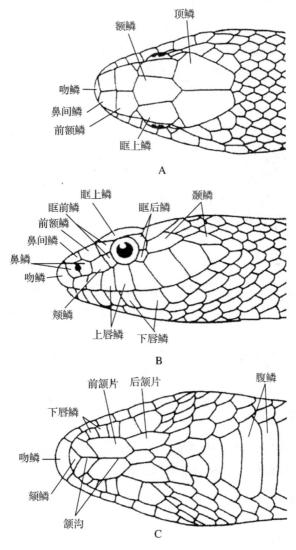

图7-3 蛇类头部的鳞片(引自赵尔宓,1993)
A. 背面 B. 侧面 C. 腹面

7.1.3.2 躯干部及尾部鳞片

背鳞：除腹鳞和肛鳞外，被覆躯干部的鳞片统称背鳞。背鳞前后排列略呈纵行，可以计算行数(图 7-4)。计数一般取颈部(头后 2 个头长处)、中段(吻端与肛孔中间点)及肛前(肛孔前 2 个头长处)3 个部位的数据。可以用背鳞式表示，如 21~19~17 表示颈部 21 行、中段 19 行、肛前 17 行，如果只写背鳞 19 行，一般多指中段行数。除背鳞的行数外，背鳞的形状(菱形、披针形、六角形或圆形等)、排列方式(覆瓦状或镶嵌)、起棱或平滑以及起棱程度等都是一些种类的鉴定特征。背鳞正中一行又称脊鳞，有的种类脊鳞显著扩大呈六角形，如过树蛇属、环蛇属的种类；有的种类背鳞排列呈显著的斜行，如斜鳞蛇属。

腹鳞：肛鳞之前、躯干腹面正中的一行较宽大的鳞片统称腹鳞。腹鳞在陆栖蛇类的运动中起着重要的作用。腹鳞的大小和数目具有鉴别意义。

肛鳞：紧紧覆盖在肛孔之外的鳞片，一般纵分为 2 片或呈完整的 1 枚(图 7-5)。

尾下鳞：一般为双行，左右交错排列(图 7-5B)。少数种类为单行，如脊蛇属的种类。眼镜王蛇则单行与双行变化不定。尾末端(尾尖)往往是 1 枚小圆锥棒状角质构造，尾下鳞呈单行的，可以将其加入计数，尾下鳞呈双行的，如该蛇尾下鳞为 98 对，其完整的表述是 98/98+1。

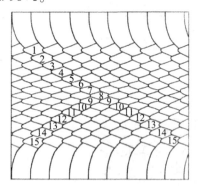

图 7-4　蛇类背鳞(引自齐硕，2019)

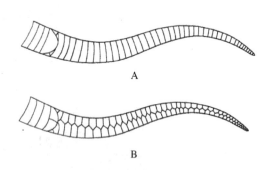

图 7-5　蛇类肛鳞及尾下鳞(引自齐硕，2019)
A. 肛鳞完整及尾下鳞单行　B. 肛鳞二分及尾下鳞双行

7.2　爬行动物的调查

7.2.1　爬行动物的调查方法

爬行动物的野外调查与两栖动物类似，可以采用样线法、样方法、栅栏陷阱法或人工覆盖物法等进行调查和采集，具体见两栖动物调查方法。

7.2.2　爬行动物的采集

7.2.2.1　根据栖息生境

陆栖种类包括大多数蜥蜴、蛇类，部分龟鳖类。穴居种类四肢不甚发达或完全退化，头小，身体多呈蛇形，如盲蛇和蛇蜥。树栖种类包括各种树蜥和树栖蛇类，身体一般呈绿色。树栖蛇类身体细长，尾部也较长，适于缠绕，如游蛇科的林蛇、蝰科的竹叶青等。栖于淡水的蛇类，一般体形粗短。水栖龟类的四肢入水后可变为桨状，适于划水。

7.2.2.2 根据生态习性

爬行动物有许多种类具有保护色，如生活于草地及树栖种类多呈绿色，有些种类还可随环境而改变体色。如眼镜蛇遇到危险或准备捕猎时，常将身体前部抬起，颈部膨大，露出颈背部的眼镜状花纹。爬行类是典型的变温动物，具有昼夜和季节性活动规律，多数陆栖蛇类一般是在雨前雨后、空气湿度较大时外出活动。蝮蛇、烙铁头、银环蛇等多为夜行性，眼镜蛇等则主要在白天活动。

7.2.2.3 根据食性

多数爬行动物属于肉食性种类。龟鳖类主要以鱼、虾为食，大多数蜥蜴取食昆虫、蛛形类、蠕虫类和软体动物，夜间活动的壁虎类则以鳞翅目昆虫等为食。而蛇的食性很广。蜥蜴类常常生活在干燥、温暖、阳光充沛的山坡、草丛、树上或路旁的石堆缝隙中。墙壁上活动的壁虎类和一些地面活动的种类可以利用昆虫网进行捕捉。

在野外实习时，蛇类采集应事先准备好蛇叉、蛇夹。遇到蛇时，用蛇叉前端压紧蛇的头部后方，然后用手紧捏蛇颈，放入较大的塑料瓶或桶内，拧紧盖子，扎几个小孔透气或放入专门的布质蛇袋内扎好袋口。采集同时应尽量利用手机、数码相机等进行声音、影像记录。鉴定结束应及时将采集的动物放回野外相应合适的生境。野外实习时应仅进行少量动物采集，避免破坏生态环境，采集同时可进行录音、拍摄或录像。

7.3 天目山区常见爬行动物分类与识别

全世界现存爬行动物有9000余种，到目前为止我国已经记录有爬行动物近500种。浙江省爬行动物资源丰富，其中，天目山区分布有爬行动物2目13科50余种。

7.3.1 天目山区爬行动物系统分类

天目山区分布的爬行动物以有鳞目蛇亚目种类为主，龟鳖目种类较少。天目山区常见爬行动物20余种，常见的种类如黄缘闭壳龟、铅山壁虎、铜蜓蜥、北草蜥、赤链蛇、短尾蝮、福建竹叶青等。

7.3.1.1 龟鳖目 Testudinata

四肢短小，背腹具坚固的背甲和腹甲，背腹甲靠甲桥以骨缝或韧带相连。头、四肢和尾从龟壳边缘伸出。陆生种类背甲高拱，四肢长而粗壮。水生种类一般具流线型的甲壳，有利于游泳时减少阻力，四肢扁平，指、趾间具蹼。鳖类无角质盾片，覆以革质皮肤，背甲边缘形成裙边，四肢与水生龟相似。

(1) 鳖科 Trionychidae

头小，呈三角形，眼小，颈长。上下颌具肉质软唇，鼻孔延伸呈管状。体表无坚硬角质盾片，仅覆盖革质皮肤。四肢扁平，具横向扩大的褶皱，指、趾间具发达的足蹼，末端具3爪，尾短。生活于江河湖泊等淡水水域，底栖类。

(2) 平胸龟科 Platysternidae

头大，呈三角形，头背部和侧部被整块角质盾片覆盖。上下喙钩状，上喙似鹰嘴。体扁平，呈长方形。尾长，几乎超过自身背甲长，尾覆盖矩形鳞片，常环状排列。头、尾不能缩入壳内。

(3) 地龟科 Geoemydidae

头小、尾短，腹甲与缘甲相接，无缘下甲。四肢粗壮，趾指间无蹼。

7.3.1.2 有鳞目 Squamata

Ⅰ. 蜥蜴亚目 Lacertilia

分布广泛，除穴居种类外均具发达的四肢，体被角质鳞，颗粒状、疣状、圆形、方形、板形。鼓膜下陷，外耳道明显。多数种类眼睑可动。尾较长，遇险时能断尾逃生，尾能再生。捕食各种昆虫、蜘蛛和其他无脊椎动物，或捕食小型脊椎动物。壁虎夜间活动，其他蜥蜴则多在白天捕食。多数种类具领域行为。

(1) 壁虎科 Gekkonidae

夜行性。眼大，瞳孔常垂直，具眼睑。体表被颗粒状鳞片，指趾端具膨大的吸盘状趾垫，适于攀爬。尾部具有自残及再生功能，以昆虫为食，常在房屋附近捕食蚊蝇。

(2) 石龙子科 Scincidae

中小型陆栖类群，体粗壮，四肢短，常具圆形光滑鳞片，覆瓦状排列。眼睑常透明。

(3) 蜥蜴科 Lacertidae

中小型陆栖类群，鳞片一般具棱脊。头部具大型对称鳞片，紧贴于头骨。四肢发达，具股窝或鼠蹊窝，指趾端具爪。

(4) 蛇蜥科 Aaguidae

体成蛇形，四肢退化，后肢骨有残迹。体背圆鳞，鳞下具骨板。眼小，具活动眼睑。逃生时尾可自动断掉，后可再生。

Ⅱ. 蛇亚目 Serpentes

体细长，圆筒形，分头、躯干和尾三部分，通身覆鳞片。舌细长，前端凹入深分叉。无外耳道和鼓膜。游蛇科少数种类上颌具后沟牙，眼镜蛇科上颌具前沟牙，蝰科上颌具管牙。视觉不发达，蝮亚科鼻孔和眼间具颊窝。分布广，营陆地生活、树栖、半水栖和水栖。主食各种动物，多数卵生，少数卵胎生。

(1) 盲蛇科 Typhlopidae

体小，圆柱形似蚯蚓，身体被覆光滑鳞片，眼隐于眼鳞之下。头小，与躯干分界不明显。口小，上颌具数量少量牙齿，尾短。长15~40 cm，多适应穴居生活，傍晚或雨后出来活动，以白蚁、蚯蚓等为食。

(2) 钝头蛇科 Amblycephalidae

头较大，吻宽钝，头颈区分明显。眼大，瞳孔直立椭圆形，具1较长眶下鳞。颔片左右交错排列，不形成颔沟。躯干略侧扁，背鳞通身15行，平滑或起棱，肛鳞完整，尾下鳞两行。

(3) 游蛇科 Colubridae

头背面覆盖大而对称的鳞片，背鳞覆瓦状排列成行；腹鳞横展宽大。上颌骨不能竖立，其上生有细齿；少数种类为后沟牙类毒蛇，即最后2~4个细齿形成较大而有纵沟的沟牙。形态和习性多样性丰富，树栖、穴居、水栖或半水栖。卵生。

(4) 眼镜蛇科 Elapidae

头部椭圆形，身体修长，外形上与毒蛇不易区别。瞳孔圆形，尾圆柱形，上颌前部各着生1枚大的前沟牙。头顶有对称排列大鳞，背鳞通常15行，脊鳞扩大呈六角形，尾下鳞单行(环蛇属)；或没有颊鳞，第3枚上唇鳞较大，前接鼻鳞后入眶(眼镜蛇属及丽纹蛇属)；头背有1对较大的枕鳞(眼镜王蛇属)。

(5) 蝰科 Viperidae

头大，三角形，略扁，颈细而明显；蝮蛇鼻眼间有颊窝，蝰蛇无；上颌短而略高，前端着生1对长而弯曲的管状毒牙，张口时能竖立，为血液循环毒蛇。头被大而对称鳞片或全为小细鳞。体粗壮或粗细适中。尾短。

天目山区常见爬行动物分科检索表

1. 体短而略扁，具骨板形成的硬壳；上下颌无齿，覆以角质鞘 …………… 龟鳖目 Testudinata 2
   体较长，体被鳞片，无硬壳；上颌具齿 ……………………………………………………… 4
2. 体外被以角质甲 ………………………………………………………………………………… 3
   体外被以革质皮 ………………………………………………………… 鳖科 Trionychidae
3. 头大，吻端钩状；尾长；头尾不能缩入龟甲内。背甲扁平，腹甲与缘甲间具缘下甲 …………
   …………………………………………………………………………… 平胸龟科 Platysternidae
   头小、尾短，腹甲与缘甲相接，无缘下甲。四肢粗壮，趾指间无蹼 …… 地龟科 Geoemydidae
4. 具四肢，如无则具肢带。一般具眼睑和鼓膜；尾长一般大于头体长 ……………………………
   ………………………………………………… 有鳞目 Squamata 蜥蜴亚目 Lacertilia 5
   无四肢，无活动眼睑，无鼓膜；尾长远短于头体长 ………………… 有鳞目蛇亚目 Serpentes 8
5. 头部背面无大型成对的鳞片；趾端膨大，大多无动性眼睑 …………… 壁虎科 Gekkonidae
   头部背面有大型成对的鳞片 ……………………………………………………………………… 6
6. 无四肢，蛇形，腹鳞方形，体侧具纵沟；尾较长 ……………………… 蛇蜥科 Aaguidae
   有附肢，蜥蜴形 …………………………………………………………………………………… 7
7. 腹鳞近方形，具股窝或鼠蹊窝 ……………………………………………… 蜥蜴科 Lacertidae
   腹鳞近圆形，无股窝或鼠蹊窝 ……………………………………………… 石龙子科 Scincidae
8. 体小似蚯蚓，头、尾与躯干界限不明显；眼不发达，其上具鳞片，通身被相似鳞片 …………
   ……………………………………………………………………………… 盲蛇科 Typhlopidae
   体型中等或较大，头、尾与躯干界限分明，眼发达，腹鳞发达 ………………………………… 9
9. 上颌骨前端无毒牙，头颈分区不明显 ………………………………………………………… 10
   上颌骨前端具毒牙，头颈分区明显或不明显，体色多变 ……………………………………… 11
10. 颊沟存在；中大型，鳞片大而发达 ……………………………………… 游蛇科 Colubridae
    无颊沟，体纤细，鳞片细小 …………………………………………… 钝头蛇科 Amblycephalidae
11. 上颌具发达前沟牙；瞳孔圆形；头部椭圆形，体、尾长短、粗细均匀 ……… 眼镜蛇科 Elapidae
    上颌具管牙，瞳孔一般直立；头呈三角形，具颊窝或略呈三角形无颊窝；体粗壮而尾短 ………
    ……………………………………………………………………………………… 蝰科 Viperidae

7.3.2　天目山区常见爬行动物

7.3.2.1　龟鳖目

(1) 中华鳖 *Pelodiscus sinensis*

鳖科，俗称甲鱼、团鱼、王八。成体背盘长 20~30 cm。头部三角形，管状吻突较长；眼后常具 1 条黑褐色线纹，头背具黑色、乳白色斑点。颈部较长，头、颈可缩入壳内。背盘卵圆形，被以柔软的革质皮肤，光滑或具少量疣粒，边缘具"裙边"。背面橄榄绿色、橄榄黄色或黄褐色，腹面乳白色。四肢扁平，趾间全蹼；尾粗短。栖息于河流、湖泊、水库等水域，杂食性，主要以水生昆虫、鱼、虾、蟹类等小动物为食，也取食水草、瓜果等。分布广泛，中国特有物种。

(2) 平胸龟 *Platysternon megacephalum*

平胸龟科，俗称鹰嘴龟、鹰龟、大头龟。成体背甲长 15~20 cm。头大，上颌钩曲呈鹰嘴状，头背覆以大块角质硬壳；眼大，鼻孔 1 对位于上喙的前端上方；身体背腹部扁平，背甲中央有 1 棱嵴隆起；背甲与腹甲的缘盾间以韧带相连，有下缘角板。四肢灰色且粗壮有力，后肢较长，具覆瓦状鳞片；指、趾间有半蹼；除外侧的指、趾外，均有锐利的长爪，四肢均不能缩入腹甲。头部背面具深棕色的细条纹；背甲棕褐色，具细纹及黄色斑点；腹甲呈橄榄色，每个盾片周围的横纹及纵纹均有平行的同心纹；四肢背面棕褐色，腹面灰色；尾背面棕褐色，腹面黄色。栖息于山涧清澈的溪流、沼泽地。国家二级重点保护野生动物。

(3) 黄缘闭壳龟 *Cuora flavomarginata*（附图 83）

地龟科，俗称克蛇龟、夹板龟、驼背龟、金钱龟、金头龟。成体背甲长 10~17 cm。头部光滑，上喙有明显的勾曲；眼大，鼓膜圆而清晰。颈部细长明显；头背部棕绿色，吻黄色，眼后两侧各具 1 条金黄色条纹达枕部，喉部橘黄色。背甲明显隆起，棕红色至棕褐色，边缘米黄色，各盾片具清晰的同心纹。胸腹盾之间具韧带，当头尾及四肢缩入壳内时，腹甲与背甲紧密闭合。栖息于丘陵山区溪流附近，喜在杂草丛、灌木丛或林缘活动，食性杂，主要以水生昆虫、蚯蚓、蛙类、鱼类等为食。分布广泛但数量较少，国家二级重点保护野生动物。

7.3.2.2　有鳞目

(1) 铅山壁虎 *Gekko hokouensis*

壁虎科，俗称壁虎、守宫。成体全长 10~13 cm。躯体背侧以灰黑色或褐色为主，体色深浅因栖息环境而异。背部中央自颈部后方具 1 深浅交错的短斑纵行至尾部，体背覆盖较细的粒鳞，夹杂有大型疣鳞，体背中线疣鳞较为稀疏；指和趾具明显的扩展。生活于丘陵、山区，主要于夜间活动，常见于灯光下的屋檐、墙壁、山间石壁等处，主要以昆虫为食。

(2) 多疣壁虎 *Gekko japonicus*

壁虎科。成体全长 10~15 cm，尾与头体长度相当。枕部具较大圆鳞，吻端经眼至耳孔具1道深褐色纵纹；体较扁平，体背多呈灰褐色；具5~7道较宽的深褐横斑，四肢及尾背亦具深褐色横斑；色斑变异幅度较大，部分个体色斑较浅；腹部灰白色。体背覆盖较小的粒鳞，背侧及四肢背侧散布疣鳞，其中体背中线疣鳞较为密集。栖息于平原、丘陵地区，活动于房屋屋檐下、墙缝中，主要以昆虫为食。分布广泛。

(3) 铜蜓蜥 *Sphenomorphus indicus*（附图84）

石龙子科，俗称四脚蛇。成体全长16~25 cm。体背光滑无棱，呈古铜色，具细碎黑褐色点斑；体侧具较宽的黑褐色纵纹，自眼延伸至尾基两侧，纵纹边缘较为平齐；腹部灰白色。四肢短小纤细，具少许细黑点。眼睑发达，下眼睑被细鳞。生活于海拔2000 m以下的地区、平原及山地阴湿草丛以及荒石堆或石壁裂缝，主要以昆虫为食。分布广泛。

(4) 蓝尾石龙子 *Plestiodon elegans*

石龙子科，俗称四脚蛇。成体全长18~30 cm。体表棕褐色，具5条浅黄色纵纹，背部中央具1条顶间鳞分叉向前沿额鳞2侧达上鼻鳞后缘。体侧2条纵纹分别由眼上下方向后延伸至尾部。尾部未成体时一般为蓝灰色，成体为灰褐色；腹部浅灰色。生活于平原、山区，常见于杂草丛、灌木丛、田埂，主要以昆虫为食，尤其喜欢吃蚂蚁。分布广泛。

(5) 中国石龙子 *Plestiodon chinensis*

石龙子科，俗称四脚蛇。成体全长18~35 cm。体表棕色，头部颜色稍浅，背部略带灰褐色。从耳孔向后至尾基部，体两侧具红棕色斑纹，雄性生殖季节更加鲜艳。背部侧面具少量分散的黑色斑点，腹部呈灰白色。生活于山区、丘陵、城市等地区，常见于草丛、灌木丛、田埂、山路或居民区，主要以昆虫为食。分布广泛。

(6) 宁波滑蜥 *Scincella modesta*

石龙子科，俗称四脚蛇。成体全长12~15 cm。体型细长，通体鳞片光滑无棱。背部古铜色，散布零星黑褐色点斑或线纹；体侧各具1条黑色纵纹，自吻端延伸至尾部。腹部灰白色。四肢短小纤细，前后肢指、趾相向不相遇。下眼睑具透明的睑窗。栖息于海拔较低的平原及山地阴湿草丛、荒石堆或石壁裂缝处，以各种小型无脊椎动物为食。分布广泛，中国特有物种，浙江省重点保护野生动物。

(7) 北草蜥 *Takydromus septentrionalis*（附图85）

蜥蜴科，俗称四脚蛇，草蜥蜴。成体全长25~30 cm。体型细长，尾长为头体长的2~3倍，头小而略尖。背面橄榄褐色，体背鳞片大而起棱，通常中段为6纵行。部分个体体背外侧各具1条镶黑边的白色纵纹，自颈后延伸至尾部，成年雄性体侧常呈草绿色，偶见间杂深色色斑。腹面灰白色，具起棱大鳞8纵行。幼体多为棕色。栖息于山区、平原及丘陵地带，常见于山坡、草丛、灌木处，白昼活动，捕食各种小型无脊椎动物。行动迅速，分布广泛。

(8) 脆蛇蜥 *Dopasia harti*

蛇蜥科，俗称金蛇、银蛇、金星地鳝、土龙。成体全长18~37 cm。四肢退化，通身细长如蛇。吻鳞呈三角形，眼小。背鳞中央10~12行明显起棱，前后连续成明显的纵嵴；腹鳞光滑无棱；尾部腹面鳞片起棱。体侧各有一纵行浅沟。背面棕褐色，雄性背面具金属光泽的短横斑或点斑；腹面黄白色。栖息于植被茂密的山区，常隐于石块、朽木、落叶层下及疏松的土壤中，以小型无脊椎动物为食。浙江省重点保护野生动物。

(9) 钩盲蛇 *Indotyphlops braminus*

盲蛇科。无毒蛇。成体全长 15~18 cm。体型似蚯蚓，全身覆盖均匀圆形鳞片。吻端钝圆，头颈不分，眼睛退化，黑色点状隐于鳞下。尾部极端而且钝，最末端具 1 片细小而坚硬的尖鳞。背面多为黑褐色，腹面颜色略淡，吻部及尾尖略白。穴居生活，多见于松软泥土、落叶层、石缝等潮湿阴暗处，以蚯蚓、白蚁、昆虫卵、蛹等为食。浙江省重点保护野生动物。

(10) 中国钝头蛇 *Pareas chinensis*

钝头蛇科，俗称柴杆蛇。无毒蛇。成体全长 50~70 cm。体型细长，头部较大，与颈区分明显，吻端钝圆。眼大，呈橘红色，瞳孔竖立。鳞片光滑；体背黄褐色或棕褐色，具数个不规则黑色横斑；头背至颈后具小黑点组成的箭形斑，眼后具 1 细黑纹斜向口角。腹面浅黄色，杂以黑褐色斑点。尾细长，具缠绕性。栖息于山区溪流、丘陵灌丛、平原等区域，夜晚捕食蛞蝓、蜗牛等软体动物。

(11) 原矛头蝮 *Protobothrops mucrosquamatus*

蝰科，俗称烙铁头、笋壳斑。管牙类毒蛇。成体全长 80~100 cm。头呈三角形，头背侧具 1 条深褐色"∧"字形斑，眼后至颈侧具 1 条暗褐色纵纹；颈部细长，形似烙铁。体表以棕褐色为主，体背中线两侧并列分布暗褐色斑块，左右连成波状纹带，波纹两侧具不规则的小型斑块；腹部夹杂有方形或圆形小斑。生活于丘陵及山区，多栖息于竹林、灌丛、溪流边的岩石、沟壑。昼伏夜出，主要以鼠类、蛙类、鸟类及蜥蜴等为食。常见剧毒蛇。

(12) 尖吻蝮 *Deinagkistrodon acutus*

蝰科，俗称百步蛇、五步蛇、蕲蛇。管牙类毒蛇。成体全长 100~150 cm。体型粗壮，头部较大，三角形，吻尖上翘。体背棕褐色、深棕色或黄褐色，背部具 1 列前后以尖角相接的方形大斑块，两侧具八字形暗褐色的大斑块，顶端在背侧相接。腹部灰白色，两侧具黑褐色圆形斑块及不规则斑点，尾部尖短。生活于丘陵和山区，常见于溪流岩石旁、茶山、竹林、杂草、灌丛中。行动迟缓，昼夜活动，主要以鼠类、蛙类、蜥蜴等为食。常见剧毒蛇，浙江省重点保护野生动物。

(13) 福建竹叶青 *Trimeresurus stejnegeri*（附图 86）

蝰科。管牙类毒蛇。成体全长 60~80 cm。头呈三角形，颈部细长。头背部鳞片多而细小，眼红色。眼与鼻孔之间具颊窝。体背草绿色，颈部起体侧具 1 条白色或红白各半的纵线，腹侧淡黄绿色，尾端呈暗红色。生活于山区森林、竹林或溪流旁边的灌木丛、草丛间，颜色与环境融为一体。常在晨昏活动，喜欢挂在灌木上伏击猎物，主要以鼠类、蛙类、鸟类、蜥蜴等为食。管牙较长，常见毒蛇。

(14) 短尾蝮 *Gloydius brevicaudus*（附图 87）

蝰科，俗称狗乌扑、土公蛇。管牙类毒蛇。成体全长 60~70 cm。头呈三角形，背侧具 1 深色"∧"字形斑，眼后至口角具 1 条黑色条带。全身灰褐色至褐色，体背交错排列黑褐色的圆斑，腹部灰白色至灰褐色，杂有黑斑。尾部急速变细变短，黄褐色。常见管牙类剧毒蛇。

(15) 中华珊瑚蛇(丽纹蛇) *Sinomicrurus macclellandi*

眼镜蛇科，俗称赤伞节。前沟牙毒蛇。成体全长 50~80 cm。头部椭圆形，与颈区分不明显。头背黑色，具 2 条黄白色横纹，前细后宽。体背红褐色，自颈后至尾末具数十道镶黄边的黑色细横纹。腹面黄白色，纵向排列数十个大小不一的黑色横斑。栖息于山区、丘陵，夜晚活动，捕食小型蛇类及蜥蜴。

(16) 舟山眼镜蛇 *Naja atra*

眼镜蛇科，俗称饭铲头、犁头扑、犁铲头。前沟牙毒蛇。成体全长 100~210 cm。体呈圆柱形，头部椭圆形，颈部背侧具 1 块黑白相间的眼镜状斑块，颈部膨大时尤为明显。体背黑色或黑褐色，身体后段具数道浅色横纹，颈部腹面乳黄色或乳白色，体腹面一般为灰褐色或黑褐色。栖息于平原、丘陵或山区林木茂盛区域，常见于山坡、坟堆、灌木丛林及竹园等处。常白天活动，性凶猛，被激怒时身体前部竖起，颈部膨大并发出"呼呼"声进行示威、攻击。主要以鼠类、鸟类、蜥蜴类、蛇类、蛙类等为食。神经性剧毒蛇，浙江省重点保护野生动物。

(17) 银环蛇 *Bungarus fasciatus*

眼镜蛇科，俗称黑白蛇、白带蛇。前沟牙毒蛇。成体全长 100~120 cm。头部呈椭圆形，颈部不明显。体背黑白相间，白色横纹较窄；腹面灰白或黄白色。背部脊鳞扩大呈六角形。栖息于平原及丘陵地带多水之处，白天隐匿于石下或洞中，喜夜晚活动。常见于田埂、河滨、鱼塘、石堆下，以鱼类、蛙类、蜥蜴、蛇类及鼠类为食。神经性剧毒蛇，一般于咬后 1~4 h 才会产生全身中毒反应。在咬伤早期常因麻痹大意误认为是无毒蛇而造成严重后果。

(18) 钝尾两头蛇 *Calamaria septentrionalis*

游蛇科，俗称两头蛇。无毒蛇。成体全长 30~40 cm。体型筒状，头小，与颈不分；体背侧灰褐色或深灰色，泛虹彩光泽，腹侧橙红色，具少量黑点；颈部两侧各具 1 个黄白色或肉粉色色斑。尾较短，端部圆钝，形态、斑纹与头部十分相似；尾端腹面中央具 1 条黑线纹。栖息于高山、丘陵及平原等地区，穴居生活，夜晚或雨后到地表活动，捕食蚯蚓和各种无脊椎动物幼虫。

(19) 绞花林蛇 *Boiga kraepelini*

游蛇科，俗称大头蛇。后沟牙毒蛇。成体全长 100~150 cm。头大，略呈三角形，与颈部区分明显。眼大，瞳孔竖直。尾部细长，利于攀缘。体色多变，背部颜色常见黄褐色、红褐色、灰褐色等，背脊中央具 1 列深色菱形斑；腹面白色。栖息于多植被的山区、丘陵，常出现在灌丛、树枝之上，多于夜晚活动，主要以蛙类、鸟类、蜥蜴等为食。

(20) 中国小头蛇 *Oligodon chinensis*

游蛇科，俗称小头蛇、秤杆蛇。无毒蛇。成体全长 50~70 cm。头较小，与颈部区分不明显。背面黄褐色或灰褐色；头部前端过双眼具 1 条弧形黑褐色横斑，两侧达上唇鳞，颈背具 1 条黑褐色"∧"字形斑。体尾背侧等距排列十余道黑褐色菱形横斑，横斑间常具黑褐色细横纹，部分个体体背脊中央具 1 条橘红色纵脊纹。腹面黄白色或灰白色，散有方块状灰褐色色斑。遇到威胁时常将尾盘起上翘。栖息于平原、丘陵、山区，以爬行动物的卵为食。

(21) 黑头剑蛇 Sibynophis chinensis

游蛇科。俗称黑头蛇。小型无毒蛇。成体全长 40~58 cm。头背侧暗黑色或暗棕色，后部具黑斑或棕色斑两块；上唇鳞白色，下缘间杂以黑斑点；头腹部呈黄白色，杂以黑褐细斑。背部暗褐色或深棕色，由头后至体后的背正中具棕褐色线纹 1 条，体后线纹逐渐不明显；腹部灰绿色或灰白色，腹鳞两侧具纤细黑点并列成行。背鳞光滑，前后一致。一般生活于海拔 150~2000 m 的山区，常见于山脚下近溪流、草石较多的地方。

(22) 翠青蛇 Cyclophiops major

游蛇科，俗称青蛇。无毒蛇。成体全长 80~110 cm。头部椭圆形，眼大。身体细长，背面纯绿色，腹面浅黄绿色，全身光滑具光泽。幼体体背有时出现黑色斑点，随年龄增长逐渐消失。栖息于山林、丘陵、平原等环境，主要以蚯蚓、蛙类和昆虫幼虫为食。

(23) 滑鼠蛇 Ptyas mucosus

游蛇科，俗称水律蛇、笋壳蛇。无毒蛇。体型粗大，体长 150~200 cm。头部椭圆形，眼大，瞳孔圆形。体背棕褐色，后部具不规则锯齿状黑色横纹，至尾部形成网纹；腹部浅黄色，腹鳞后缘黑色。栖息于山区、丘陵及平原地带，性情凶猛，昼夜活动，主要以蛙类、鼠类、蜥蜴类等为食。浙江省重点保护野生动物。

(24) 黑背链蛇(黑背白环蛇) Lycodon ruhstrati

游蛇科。无毒蛇。成体全长 70~110 cm。头略大而扁，与颈部区分明显。背面黑色或黑褐色，体背具数十个污白色环纹，中后段白色环纹常夹杂褐色色斑。腹面污白色，具黑色斑点。幼蛇头背及枕部具 1 块宽大的白色横斑。栖息于山区，多于傍晚出没，主要捕食蜥蜴等爬行动物。

(25) 赤链蛇 Lycodon rufozonatum (附图 88)

游蛇科，俗称火赤链。无毒蛇。成体全长 80~130 cm。头较大，吻端稍宽略扁；头背黑色，头部鳞片后缘红色，枕部具红色"∧"字形斑。体背黑色，等距排列红色窄横斑，横斑体侧分叉大腹鳞；腹面污白色，两侧具黑红相间斑纹。栖息于林地、灌丛、田野、公园等多种环境，多于傍晚出没于水源地附近，捕食鱼类、蛙类、蜥蜴等，食性广，性情凶猛。

(26) 玉斑丽蛇(玉斑锦蛇、玉斑蛇) Euprepiophis mandarinus

游蛇科，俗称美女蛇、玉带蛇。无毒蛇。体型中等，成体全长 120~140 cm。头部较小，椭圆形，与颈部区分不明显。头背部黑黄相间，具明显的 3 条黑斑，前部黑斑呈弧形经鼻孔、上唇止于下唇，中间黑斑弧形横跨两眼至眼下并分叉，第 3 条黑斑呈"∧"字形，尖端止于额鳞。体背紫灰色或灰褐色，正中具数十个等距排列的黑色菱形斑，菱形斑中心黄色，外围镶极细的黄边；体侧散有长短不一、交互排列的黑斑，腹面灰白色。栖息于山区、丘陵、平原等环境，常见于林中、溪边、草丛，也常出没于居民区及其附近。浙江省重点保护野生动物。

(27) 黑眉锦蛇(黑眉曙蛇、黑眉晨蛇) Elaphe taeniurus

游蛇科，俗称家蛇、菜花蛇。大型无毒蛇。体型粗大，体长 150~200 cm。头较大，与颈区分明显；眼后具1条明显的黑色斑纹，状如黑眉。头和体背黄绿色或棕灰色；体背前、中段具黑色梯形或蝶状斑纹，体背中段往后斑纹逐渐消失。体侧具褐色杂斑，后段形成黑色纵带延伸至尾端；腹面黄白色或灰白色。栖息于山区、丘陵、平原等环境，常见于田园及村舍附近，捕食鼠类、鸟类、蛙类等。浙江省重点保护野生动物。

(28) 王锦蛇 *Elaphe carinata* (附图 89)

游蛇科，俗称菜花蛇、大王蛇。大型无毒蛇。体型粗大，成体全长 150~250 cm。头略大，眼较大，瞳孔圆形。成体通身呈黑黄两色，头部、体背鳞缘为黑色，中央呈黄色，似油菜花；头部形成"王"字形黑斑纹，体前段具多条黄色横斜斑纹，到体后段及尾逐渐代之以黄色斑点。腹面黄色，并伴有黑色斑纹。幼体体色、色斑与成体差异较大，背面浅黄褐色，具4道红褐色纵纹自颈后延伸至尾末，体背正中具若干红褐色或深褐色短横纹，中后段不明显。栖息于山地、丘陵及平原的灌丛、草丛中，善于攀爬，性凶猛，白天活动，主要以蛙类、鸟类、蜥蜴、兽类及蛇类为食。浙江省重点保护野生动物。

(29) 红纹滞卵蛇(红点锦蛇) *Oocatochus rufodorsatus*

游蛇科，俗称水蛇、三线蛇。无毒蛇。成体全长 90~110 cm。头部椭圆形，头背具3条"∧"字形斑，眼后具1条黑褐色眉纹。体背黄褐色或棕褐色，背脊正中具1条红褐色纵纹自颈后延伸至尾末，两侧各具2条棕褐色纵纹。腹面浅黄色，散布黑黄相间的方块状斑。半水栖生活，常见于丘陵、平原地区的河滨、溪流、水沟、水塘、鱼池等地，捕食鱼类、蛙类、螺类等为食。

(30) 赤链华游蛇 *Sinonatrix annularis*

游蛇科，俗称水赤链。无毒蛇。成体全长 60~80 cm。头部略钝圆，眼小。体背橄榄灰色，具黑褐色环纹，延伸至腹鳞中间，年老个体色斑较模糊。头部腹面白色，体尾腹面橘红色，夹杂数十个左右相对的方形黑斑，延至体侧与背侧黑褐色环纹相连。背鳞起棱明显。半水栖生活，夜晚常出没于稻田、水塘、溪流等处，捕食鱼类、蛙类及蝌蚪等为食。

(31) 颈棱蛇 *Macropisthodon rudis* (附图 90)

游蛇科，俗称伪蝮蛇。无毒蛇。体色斑纹似短尾蝮，体型短粗，成体全长 60~90 cm。头大，略呈三角形，与颈区分明显；幼时头背黄褐色，成体转为黑褐色。自吻端经鼻孔、眼延伸至头颈处具1条黑色条带，下侧面颊土黄色或土红色。体背黄褐色或棕褐色，鳞片强烈起棱；具若干成对排列的黑褐色近椭圆形斑块，前部斑块多愈合。腹面黄褐色，具黑色斑点。栖息于山区溪流和草丛中，捕食蛙类、蜥蜴等，幼体喜食蚯蚓、蝌蚪等。

(32) 乌梢蛇 *Ptyas dhumnades*

游蛇科，俗称乌风蛇。大型无毒蛇。成体全长 180~250 cm。体型细长，头部椭圆形，头颈区分明显，眼大。幼体背面黄绿色，体侧各具2条黑色纵线由颈后一直延伸至尾末，随年龄增长体色转为黄褐色或灰褐色，个别转为黑色。成体前部黑色纵线清晰可见，后部体色明显变深，黑色纵线模糊甚至消失。腹面前部白色或黄色，后部颜色逐渐加深至浅黑色。栖息于山区、丘陵、平原的灌丛、草丛中，常见于农田、水塘、山坡，行动敏捷，昼夜活动，主要以蛙类、鼠类等为食。

(33) 山溪后棱蛇 *Opisthotropis latouchii*

游蛇科。无毒蛇。成体全长 50 cm 左右。头部椭圆形，与颈部区分不明显。背面橄榄绿色，体尾背面具黑黄相间的多道纵纹；腹面浅黄白色。半水栖生活，多出没于山涧溪流中，夜晚活动捕食蚯蚓等。

(34) 虎斑颈槽蛇(虎斑游蛇) *Rhabdophis tigrinus* (附图91)

游蛇科，俗称野鸡脖子、竹竿青。中型毒蛇。成体全长 70~130 cm。头部椭圆形，眼大，眼下侧及眼后具黑色纵斑；枕部两侧具1对粗大的黑斑。颈背具明显颈槽，受惊时常直立起前半身，颈部平扁扩大。体背草绿色、青绿色或深绿色，躯干前段自颈后具红黑相间的斑块延伸至体中段消失；体中后段草绿色伴有少量黑色斑。腹面污白色或浅黄绿色，具不规则黑斑。栖息于山区、丘陵、平原地区的田园及水边附近，主要以鱼类、蛙类及蝌蚪为食。

第 8 章　鸟类

鸟类是自然界的重要组成部分，在维护了森林、草原、农田及城市生态系统平衡中具有重要作用。目前，全世界已记录鸟类近 10 000 多种，我国已记载 1490 余种，约占世界鸟类种数的 15%，是世界上拥有鸟类种数最多的国家之一。近些年野外观鸟活动在全国悄然兴起，观鸟队伍日益发展壮大。到山林、原野、海滨、湖沼、草地原等自然环境中，寻找鸟类的踪迹，观察鸟类的多样姿态、行为方式，关注鸟类的栖息环境，将自身融入大自然已经成为越来越多人们的爱好。

8.1　鸟类的基本形态特征

8.1.1　鸟类身体分区及外部形态(图 8-1)

鸟类识别是进行鸟类分类和生态学研究的基础。在野外调查时，鸟类停留的时间一般都很短暂，往往没仔细观察、辨别出具体种类，鸟就已经飞走了。所以在野外调查时，要迅速抓住鸟类容易观察的明显特征，充分熟悉鸟类身体的主要部位及其特征，掌握鸟类识别、鉴定技巧。

头颈部：眼、眼先、耳羽、喙、额、头顶、枕(后头)。

躯干部：胸腹部、胁部、背部、腰部、翅膀等。翅膀根据羽毛功能和着生部位不同分为飞羽和覆羽。

飞羽包括初级飞羽(着生于掌骨和指骨的飞羽)、次级飞羽(着生于尺骨的飞羽)和三级飞羽(着生于肱骨的飞羽)。

覆羽覆盖于翅膀内外两面，根据着生位置不同可分为初级覆羽(覆盖于初级飞羽基部的羽毛)和次级覆羽(覆盖于次级飞羽基部的羽毛)，根据排列的前后和羽片的大小，分为大、中、小 3 种。

尾部：尾羽、尾上覆羽、尾下覆羽。尾羽分中央尾羽(尾羽中央的一对羽毛)和外侧尾羽(位于中央尾羽外侧的尾羽)。尾上覆羽位于腰部之后、覆盖于尾羽基部上，尾下覆羽位于泄殖腔孔后，覆盖于尾羽基部下。

腿趾部：腿、跗跖、趾、爪、蹼等。

跗跖位于胫部和趾部之间，或被羽，或着生鳞片。跗跖部前缘的鳞片可分为盾状鳞、网状鳞和靴状鳞。

趾通常具 4 趾，多数为 3 前 1 后。不同的类群趾型有差异。

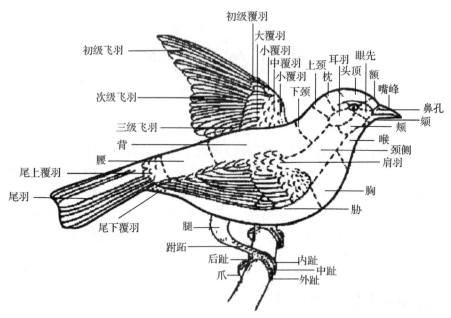

图 8-1　鸟类身体的外部形态(引自钱燕文，1995)

8.1.2　鸟类头部主要部位及斑纹(图 8-2)

额：头的最前部，与上嘴基部相连。

头顶：额后面，头的正中部。

枕(后头)：头的最后部。

额板(甲)：额部的裸露角质化皮肤结构。如骨顶鸡具白色额板，黑水鸡为红色。

嘴甲：嘴端的甲状加厚部分，多见于雁形目的鸟类。

蜡膜：上嘴基部的皮肤增厚呈盖状，是一种感觉器，见于鸠鸽类和猛禽。

眼先：嘴角后至眼前的区域。

眼圈：眼周缘呈圆圈状，常具不同的色泽。如暗绿绣眼鸟的白色眼圈，金眶鸻的金黄色眼圈。

颊：耳羽与颏部、喉部之间的区域。

耳羽(耳覆羽)：着生于耳孔周围，覆盖耳孔，如长耳鸮。

面盘：围绕双眼、鼻、口的羽毛形成盘面状，常见于鸮类。

羽冠：头顶上特别延长或耸起的羽毛，呈冠状，如冠鱼狗。

枕冠：后头上特别延长或耸起的成簇长羽，如鹭类繁殖期的辫状羽毛。

肉冠：头上裸露皮肤的突出部形成的冠状结构，如鸡形目雄性头顶的肉冠或角冠。

头部的斑纹可以分为以下几类：

中央冠纹：又称顶纹，位于头顶中央的纵纹，如冠纹柳莺。

侧冠纹：头顶两侧的纵纹，如三道眉草鹀。

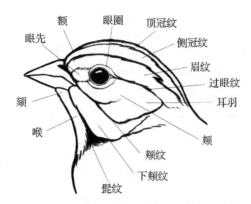

图 8-2 鸟类头部的斑纹(引自刘阳等，2021)

眉纹(眉斑)：位于眼上部的斑纹，如多数柳莺类。
贯眼纹：又称过眼纹，自眼先穿过眼及眼周延伸至眼后的纵纹，如伯劳科鸟类。
颊(颧)纹：自前而后纵贯颊部的斑纹，如白颊噪鹛。
髭纹：自嘴角向后延伸，介于颊和喉之间的纵纹，隼类都有髭纹。
颏纹：贯穿于颏部中央的纵纹，如斑头鸺鹠的白色颏纹。

8.2 鸟类的识别与调查

8.2.1 鸟类的识别

8.2.1.1 根据形态特征识别鸟类

鸟类形态特征包括很多方面，如体形、嘴形、趾形、翅形、尾形等，在野外识别鸟类要迅速抓住容易观察的特征。

(1) 鸟类体型

鸟类的体型大小是野外鸟类鉴别最重要的环节，一般相同类群的鸟类具有相似的外形和比例。在野外很难判断鸟类确切的体长，但是可以根据自己熟知的鸟类作为标准，利用自己比较熟悉的鸟类大小作参考，比较大概长度。例如，与麻雀相似的有文鸟、山雀、金翅、燕雀等；与八哥相似的有椋鸟、鸫等；与喜鹊相似的有灰喜鹊、灰树雀、杜鹃、乌鸦；与老鹰相似的有鹰、隼、鹞、鹫等，大型的有鹫及雕；与鸡相似有松鸡、石鸡、竹鸡、马鸡、勺鸡、长尾雉、白鹇及鹧鸪等；与白鹭相似的有多种鹭类、苇鳽等，大型的有鹳及鹤；与鸽子相似的有岩鸽、斑鸠、黄鹂、杜鹃等；与柳莺相似的有树莺、太阳鸟、绣眼鸟、鹪莺等。

除了体型大小，还可以通过鸟类体形轮廓来识别，例如，鹈鹕纤细修长，骨顶鸡圆胖，翠鸟、八色鸫短粗。

有的鸟类头部具有不同形态的羽冠或耳突。某些鸟如凤鹛、戴胜、太平鸟、八哥、鹭类、凤头麦鸡、冠鱼狗、红耳鹎等有不同形态的羽冠；某些猫头鹰具有突起的耳羽，如角鸮、长耳鸮、短耳鸮等。

(2) 鸟类的喙型 (图 8-3)

鸟类喙的形态变化非常大，主要与食物和取食习性有关。喙短而尖细，利于啄食，如黄眉柳莺等；喙短而粗壮，利于嗑食，如麻雀；喙粗壮而向下钩曲，利于撕裂，如红隼；喙笔直而端尖，利于啄刺，如普通翠鸟；喙长而笔直，如鹤类、鹭类、鹬类等涉禽；喙上下扁平，利于滤食，如绿头鸭等游禽；喙长而扁平，端膨大，如琵鹭。

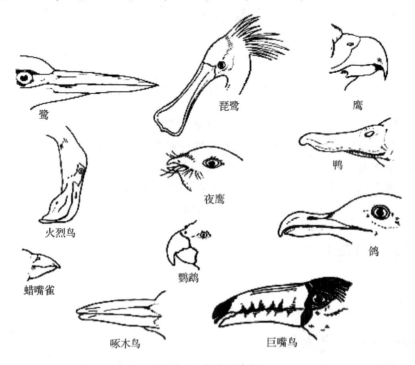

图 8-3 鸟类的喙型

(3) 鸟类的翅型和尾型

当鸟类在空中慢飞或翱翔时，容易观察其翅型。对于一些难以接近的鸟，靠翅型的特征可以进行初步分类。一般根据翅的最外侧飞羽与内侧飞羽的长度比较，可将翅型分为以下4种：

椭圆型：短而宽，翼端呈圆形，能使鸟迅速起飞，并在森林中灵活避开各种障碍。例如，雉类、鸽类、雀类具有椭圆型翼。

狭长型：窄而尖，翼端呈尖形，能让鸟作水平快速飞行，在空中迅速抓捕或吞食猎物。例如，隼类、雨燕、燕鸥属于这种翼型。

长阔型：长而宽阔，翼端近似方形，适合空中机动性滑翔，善于利用小范围的上升气流盘旋飞行。例如，鹫、雕等大型猛禽具有此类翼型。

极狭长型：窄而长，翼端呈尖形，适合在海洋表面气流速度不同的空中持续滑翔，具有这类翼型的都是海鸟。例如，信天翁、军舰鸟和暴风鹱等。

鹰类和隼类体形和喙形差别不大，但是在翅形上有明显的区别。鹰类翅膀多圆形，隼类翅膀多尖长，在空中飞行时一目了然。家燕和雨燕的翅均为尖形，但家燕翅具明显的翼角，雨燕则翼角不明显，翅长呈镰刀状。

在识别时常将翅型和尾型综合考虑。根据各枚尾羽的长度，鸟类尾型可分为以下几种（图8-4）：

凸尾：中央尾羽较外侧尾羽长，而且长短相差较大，如伯劳、杜鹃。
叉尾：中央尾羽较外侧尾羽短，相差较显著，如卷尾、燕尾。
圆尾：中央尾羽与外侧尾羽长短相差不显著，如八哥、鹰类。
铗尾：中央尾羽较外侧尾羽短，而且相差极为显著，如燕鸥、燕。
平尾：中央尾羽与外侧尾羽长短相等，如鹭。
凹尾：中央尾羽较外侧尾羽短，但相差甚少，如朱雀。
尖尾：中央尾羽较外侧尾羽长短相差极甚，如蜂虎。
楔尾：中央尾羽较外侧尾羽长短相差更大，如啄木鸟。

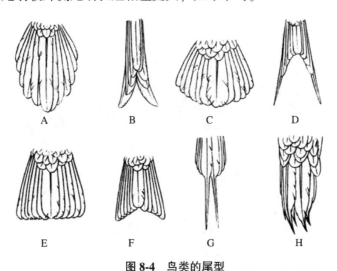

图 8-4　鸟类的尾型

A. 凸尾　B. 叉尾　C. 圆尾　D. 铗尾　E. 平尾　F. 凹尾　G. 尖尾　H. 楔尾

（4）鸟类的趾型、蹼型

趾型包括以下几种类型（图8-5）：

不等趾型（常态足）：3趾向前，1趾（即大趾）向后。
半对趾：与不等趾足同，但第4指可扭转向后。
对趾型：第2、3趾向前，第1、4趾向后。
异趾型：第3、4趾向前，第1、2趾向后。
并趾型：前趾的排列如常态足，但向前3趾的基部互相并着。
前趾型：4趾均向前方。

蹼型包括以下几种类型（图8-6）：

蹼足：前趾间具有极发达的蹼相连。
凹蹼足：与蹼足相似，但蹼膜中部往往凹入，发育不完全。

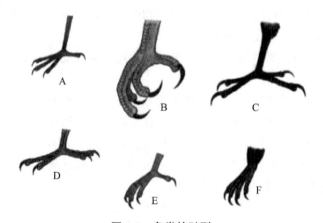

图 8-5 鸟类的趾型
A、B. 不等趾型　C. 对趾型　D. 异趾型　E. 并趾型　F. 前趾型

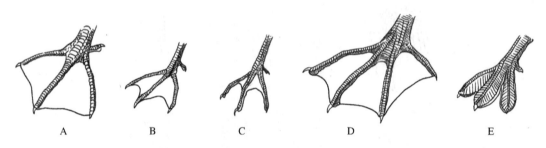

图 8-6 鸟类的蹼型(引自刘凌云等，2010)
A. 蹼足　B. 凹蹼　C. 半蹼　D. 全蹼　E. 瓣蹼

半蹼足(微蹼足)：大部退化，仅于趾间的基部留存。

全蹼足：前趾及后趾间均有蹼相连着。

瓣蹼足：趾的两侧附有叶状膜。

8.2.1.2 根据颜色、斑纹识别鸟类

鸟类头颈部的颜色和斑纹在一些鸟类识别中是非常重要的区分特征，头部斑纹主要包括冠纹、贯眼纹、眉纹、颊纹、颚纹、颈环等。特别是对于一些小型的灌丛、森林鸟类来说往往要靠非常细小的差别来区分，例如，柳莺类、鹟莺类小鸟头部有着丰富的斑纹和颜色变化，喙部、头顶、眉纹、贯眼纹、眼周等都是观察识别的重点。而喙部颜色在灰雁为粉红色，斑头雁为黄色，鸿雁则为黑色。飞行中的鹰隼类的翅膀、尾羽等处的羽色和斑纹也要特别注意。

鸟类的羽色是野外识别的重要依据。观察鸟类的羽毛颜色时，因逆光看好象黑色，容易产生错觉，故应顺光观察。观察羽色时首先要注意观察鸟体全身整体色调，然后尽快准确观察头、颈、背、尾、翅、胸、腹、腰等主要部位颜色，并抓住1、2个显要特征，如头颈、眉纹、眼圈、翅斑、腰羽及尾端等处的鲜艳或异样色彩。鸟类一年当中要换两次羽毛，多数种类换羽前后羽色没有明显差别；有一些鸟类的成鸟和幼鸟、亚成鸟的羽色具有

显著差异，野外识别时较难区分，如许多日行性的猛禽。

以下是一些羽色具有显著特征鸟种的例子：几乎全为黑色的，如鸬鹚、乌鸫、噪鹃、黑卷尾、发冠卷尾、乌鸦等；几乎全为白色的，如天鹅、白鹭、朱鹮、白鹇、白马鸡等；黑白两色的，如喜鹊、白鹡鸰、鹊鸲、反嘴鹬等；以灰色为主的，如灰鹤、杜鹃、岩鸽等；以蓝色为主的，如蓝马鸡、蓝翡翠、红嘴蓝鹊、蓝歌鸲、蓝矶鸫等；以绿色为主的，如白头鹎、灰头绿啄木鸟、红嘴相思鸟、暗绿绣眼鸟、各种柳莺等；以黄色为主的，如黄鹂、金翅雀、黄雀等；以红色(棕红)为主的，如红腹锦鸡、棕背伯劳、红隼等，以褐色(棕色)为主的，如部分雁鸭、鹰隼、鸫类、雀类等。

8.2.1.3 根据行为特征识别鸟类

鸟类的行为通常是长期进化的结果，鸣唱点的喜好，栖息地的选择，觅食的方法，群栖的习性都可为野外识别提供参考。觅食、摆尾、停栖、行走、飞行、鸣叫等行为也是极为主要的识别特征。

(1) 停息地点和姿势

鸟类停息的地点和姿势也可作为识别不同鸟类的线索。鸟类的停落姿势各式各样，因种而异。例如，蓝矶鸫停下时常挺直身体站立，星鸦、山椒鸟经常出现在树冠或树梢的顶部；岩鹨常出现在地面或岩石上；伯劳、部分鸫和一些鹟喜欢在突出物如树桩上停息；鹊鸲常在树上或房屋顶上昂首翘尾；旋木雀及啄木鸟等喜欢攀在树干上。

许多水禽喜欢在水面上停落，在观察时要注意体型大小，身体露出水面的情况，头颈的长短和角度，尾部与水面的角度等。越善于潜水的鸟，后肢越靠后，停落于水面时身体后部露出水面部分越少。在这方面鸬鹚、鹧鹕、天鹅、鸥及雁有明显的区别。

(2) 尾羽的摆动

鸟类走动或停息时尾羽的摆动是很好的识别特征，如鹡鸰走动时常常上下摆动尾巴，鹬类会剧烈摆动尾羽。伯劳停息时尾巴会抽动或划圆圈，红尾水鸲、白顶溪鸲的尾巴会左右展开并上下急剧摆动。苦恶鸟、黑水鸡走动时短短的尾巴总是一上一下不停地摆动。

(3) 行走方式

鸟的行走方式有步行、跳跃，或兼而有之。如斑鸠、鸽子都是双脚交互落地行走，麻雀和许多生活在灌木丛中的鹛类则只会双脚跳跃前行，八哥、乌鸦则步行、跳跃均有。啄木鸟能在树干上攀附向上跳行，而䴓不仅可以沿树干向上行进，也能头朝下向下行进，旋木雀常沿树干作螺旋状攀爬。

(4) 飞行曲线

鸟类的飞行曲线多种多样，波浪式前进如鹨、鹡鸰、云雀、燕雀、戴胜及啄木鸟等；直线式前进如伯劳、翠鸟、野鸭、天鹅、杜鹃、乌鸦等；百灵和云雀则常常垂直起飞与降落；鹰、隼、鵟、雕、山鸦等喜欢翱翔盘旋，而雨燕、家燕等飞行速度快，常改变方向，翠鸟、红隼善于空中定点振翅悬停。

(5) 飞行姿态

鸟类飞行姿态也有许多特征可用于鉴别。如飞行时鹭的颈和足是弯曲的，鹤是伸直的，区分起来比较容易。天鹅、大雁、鹤等在迁徙时常列队飞行，队列的类型也可以用于鉴定鸟群。红嘴蓝鹊、灰喜鹊、黑脸噪鹛及松鸦等在运动时常常鱼贯式前行。

(6) 求偶行为

鸟类的求偶行为包括戏飞、舞蹈、空中追逐、点头、注视、献花、气囊等。不同类群的鸟类有着自己特殊的求偶方式，熟悉不同鸟类的求偶行为有助于更好的识别各种鸟类。

8.2.1.4 根据鸣声识别鸟类

(1) 鸟类的鸣声

鸟类的集群、报警、个体间识别、占据领域、求偶炫耀、交配等行为都和鸣叫有关，许多行为的完成都伴有特定的叫声。不同鸟类的鸣叫存在着种类的特异性，可以作为野外识别的依据。对于鸟类的叫声要注意音频的高低、鸣叫的节律、音色等特点。

①单调粗厉的鸣声：大嘴乌鸦为"啊——"，小嘴乌鸦为"哇——"，绿头鸭为"嘎——嘎——嘎——"，灰头绿啄木鸟为"哈——哈——"，环颈雉为"咯——咯——"等。

②嘹亮重复音节的鸣声：重复一个音节的有普通夜鹰的"哒、哒、哒——"，普通翠鸟的"嘀、嘀、嘀——"。重复两个音节的有白鹡鸰的"叽呤、叽呤——"，白胸苦恶鸟的"苦恶、苦恶——"，大杜鹃的"布谷、布谷——"。重复三个音节的有大山雀的"仔仔嘿——"，柳莺的"驾驾吉——"，红角鸮的"王刚哥——"，青脚鹬的"丢——丢——丢"。重复四个音节的有四声杜鹃的"割麦割谷"等。重复五六个音节的有小杜鹃的"阴天打酒喝喝"。

③尖细颤抖的鸣声：大多为小型鸟类。如绣眼鸟、太平鸟、燕雀、金翅雀、黄雀、蜡嘴雀等小型鸟类边飞边鸣，发出既颤抖又尖细的声音。

④婉转多变的鸣声：绝大多数雀形目鸟类的鸣叫韵律丰富，各具特色，如百灵、云雀、画眉、红嘴相思鸟、乌鸫等；黄鹂、黑短脚鹎还能发出类似猫叫的声音；画眉、乌鸫还能模仿其他鸟鸣叫。

(2) 鸣声的记录

可以采用不同的方法记录鸟类的声音，例如，可用如下方法进行记录。

①方言、短句或短音节记录法：如四声杜鹃的"光棍好苦，割麦割谷"，大杜鹃的"布谷，布谷"，中杜鹃的"苦苦"，小杜鹃的"有钱打酒喝喝，打酒喝喝"，鸦鹃的"行不得也哥哥"，短翅树莺的"咕噜咕噜分球"，红角鸮的"王刚哥"，大山雀的"子伯子伯"。

②拼音记录法：如煤山雀的"caiweling~caiweling~caiweling"；褐头山雀的"zou~diao~diao~diao，zou~diao~ju~ju ju~ju~diao~diao"；蓝歌鸲的"zi，zi，zi，zi~~~~~~li-wuliwuwu"。

③音质描述法：嘹亮、哨音、长笛声、磨挫声、耳语声、刺耳声、低音号声、唧唧声等。

④录音法：利用录音机、录音带、话筒、集音器、摄像机、智能手机等工具录制下鸟类鸣叫的声音。

鸟鸣资料可以参考国际、国内的一些专业网站、手机APP和各地观鸟组织如我国香港观鸟会等的相关网络资源以及最新出版的观鸟手册，在实习之前提前进行了解和熟悉。

8.2.2 鸟类调查

鸟类是自然环境中种类和数量最多的脊椎动物，也最容易观察到的，但要在野外鉴别到种很困难，只有亲自多次在野外认真观察，同时通过记录、素描、照相，并与彩色图谱对照才能逐步提高野外识别鸟类的能力。

8.2.2.1 野外调查工具

(1) 观察工具

望远镜是鸟类野外调查的主要观察工具，可以分为双筒望远镜和单筒望远镜。

①双筒望远镜：最常见的望远镜，由两个独立的镜筒组成，可以使用双眼同时观测，观测时视野宽，操作方便，立体感很强，而且体积小，重量较轻，一般携带也比较方便。

根据光学结构设计，双筒望远镜分为普罗棱镜式(Porro Prism)和屋脊棱镜式(Roof Prism)两种。一般来说普罗棱镜式由于制造工艺难度较低，价格比较低，但体积和重量较大，比较笨重，防水性能较差。屋脊棱镜式加工的精度和难度大，光学性能好，体积和重量也比相同型号的普罗棱镜小，易于携带，而且一般屋脊棱镜式的望远镜都有防水设计，但价格要比普罗棱镜式的高。

根据目镜调焦系统，双筒望远镜分为中心调焦(Central Focus)和独立调焦(Individual Focus)两种类型。中心调焦式望远镜使用一个调焦轮进行调焦操作，调焦速度快；独立调焦式望远镜需要对两个目镜分别进行调焦来得到清晰的图像，精度更高。

双筒望远镜的主要性能指标包括放大倍数、物镜口径和观察视野。

放大倍数、物镜口径和观察视野。镜身上主要标有 8×42, 114 m/1000 m, 8 是指望远镜的放大倍数，表明该望远镜的放大倍数是 8 倍，就是将 800 m 远的物体用肉眼看起来象在 100(800/10=100) m 远处一样。42 指物镜的口径，表明该望远镜的物镜直径为 42 mm，一般口径越大成像越明亮，但价格和重量也一并上升。114 m/1000 m 是指观察的视野，就是说当目标距离 1000 m 时，该望远镜的有效视野范围是 114 m。

②单筒望远镜：比较常见的一类望远镜，其特点是放大倍数比较大，一般可以到 20~60 倍，但相应视野比较小，还需装设在固定的三角架上，加之体积和重量都较大，操作和携带都不太方便，不过单筒望远镜适合于观测一些距离更远或不便接近的鸟类，如观测开阔水面的游禽和涉禽。

单筒望远镜的主要性能指标包括物镜口径和目镜倍数。一般物镜直径口径在 60~100 mm，多数产品直径在 80 mm 左右。目镜倍数分为固定倍数和可变倍数，定倍如 20 倍、30 倍、40 倍，可变倍数如 20~40 倍或 30~60 倍等。

除了以上的性能指标，影响一个望远镜产品质量的因素还有目镜和物镜使用的镜片类型，包括光学玻璃、萤石玻璃、ED 玻璃、水晶玻璃等。不同的质地具有不同的质量。

其他指标如镜筒是否冲氮、是否防水、重量大小、调焦方式等也是选择望远镜时需要加以考虑的问题。单筒望远镜还要考虑配置合适的三脚架、云台及相关摄影配件(摄影支架、摄影摄像接口)等。

(2) 记录工具

大倍率数码相机或单反数码相机加长焦镜头组合比较常用，近年来红外数码相机也越来越多的应用到野生动物包括鸟类的野外调查监测中（详见兽类调查方法）。录音机、录音笔、话筒、集音器、手机等工具也可以用来录制动物特别是鸟类鸣叫的声音。

8.2.2.2 鸟类野外调查方法

鸟类种类、数量调查是鸟类生态学研究的重要内容之一。鸟类调查数据可以反映鸟类的种类，当时的种群及预测密度，这些都是鸟类种群研究的重要部分。鸟类的密度和多样性同时亦反映了环境的质量，与生境管理有直接的关系。鸟类种类、数量不仅可以作为评价鸟类保护、鸟类濒危状态的依据，还可以作为评价环境质量的重要指标。

(1) 调查方法

鸟类调查方法基本上可分为两大类型：一是调查在景观生境中均匀分布物种的方法；二是调查非均匀分布物种（即高度群聚）的方法。例如，点计数、样线带和领域制图最适于分布较均匀的物种（如领域性物种），而计数群落、休息场鸟群和求偶场对集群分布的鸟种最好。有些类群的分布在每年各时期都有变化。例如，许多松鸡科鸟类雄性个体在繁殖季节聚集在求偶场，但其他时间则散布很广；海鸟常常在春天聚集在繁殖群落中，其他时间大多在海上活动。

鸟类数量统计方法包括标图法、样线法（固定距离样线法和可变距离样线法）、样点法（无距离估计样点法、固定半径样点法和可变半径样点法）、鸣声回放法、标志重捕法等。其中最常用且简便易行的两种鸟类种类、数量调查方法介绍如下：

①固定距离样线法：沿着 1~2 km 的直线样线直线行走，并记录一定距离内听到和看到的鸟类种类和数量，样线宽度在森林环境中一般是每边 25 m，而在开阔地是每边 50 m，行走速度一般约 1 km/h。样线的长度和宽度相乘为调查面积。每一样线至少进行 2 次或 3 次数量调查。固定距离样线法可以估计出单位面积鸟类的个体数，以便对不同地区或不同环境的鸟类丰盛度和多样性进行比较。

②固定半径样点法：记录某一特定地点周围一定半径范围内所有鸟类（含听到的和看到的鸟类）个体的种类和数量。样点半径为 10~200 m。在进行样点调查时一般在相同的样点不进行重复统计。样点随机确定，两个样点不能重叠，样点间的距离应在 100 m 以上，每一个样点需要统计的时间为 10 min。

(2) 鸟类调查的记录

每一次鸟类调查要及时利用鸟类调查记录表进行记录，记录表的格式和包含的内容项目根据调查的方法、目的和内容的不同而随时调整。

对于野外调查过程中拍摄的图像记录和录制的声音记录，调查结束返回后要及时进行整理、汇总，和调查记录表进行核对，做好标注，合理保存。

8.2.2.3 调查数据的统计与分析

对调查所得的数据资料进行整理，然后可以进行必要的数据分析。

(1) 鸟类密度的计算

样线法鸟类密度的计算按以下公式进行：

$$D = \frac{N}{2LW} \tag{8-1}$$

式中，D 为鸟类密度（只数/单位面积）；N 为在 W 宽度内所记录的鸟类数量；L 指样线长度；W 为样线单边宽度。

样点法鸟类密度的计算按以下公式进行：

$$D = \frac{N}{3.14r^2} \tag{8-2}$$

式中，D 为鸟类密度；N 为每个样点的个体数，如果记录的是雄鸟需乘 2；r 为样点半径(m)。

在计算多次调查结果时，大部分情况下只需求其平均数即可。

(2) 鸟类优势度分析

①个体百分比法：根据统计到的鸟类个体数占总个体数的比率进行分析；若占总个体数的比例>10%，则为优势种；若占总个体数的比例为 1%~10%，则为常见种；若占总个体数的比例<1%，则为稀有种。

②频率指数估计法：可用各种鸟的遇见百分率(R)与每天遇见数(B)的乘积作为指数进行鸟类数量等级的划分。

$$R = \frac{100d}{D} \tag{8-3}$$

$$B = \frac{N}{D} \tag{8-4}$$

式中，R 为某一种鸟类遇见的百分率；d 为遇见鸟类的天数；B 为平均每天遇见的数量；D 为工作总天数；N 为鸟种的总数。

R 与 B 的乘积值大于 500 的为优势种，在 200~500 的为常见种，小于 200 的为稀有种。

(3) 鸟类居留型分析

通过对调查记录中鸟类是否进行迁徙及迁徙季节、时间等信息，可以统计分析出调查区域内鸟类的居留情况。

8.3 天目山区常见鸟类分类与识别

全世界有鸟类近万种，我国共有 1400 余种鸟类，是世界上鸟类种类最多的国家之一。浙江省已有记录鸟类达 500 余种，仅天目山区目前野生鸟类就有 300 余种，以涉禽类的鹭类、游禽类的雁鸭类、攀禽的啄木鸟类，以及鸣禽的伯劳、鸫类、鹟类、鹛类、鹀类、鸦类等为主。

8.3.1 天目山区鸟类系统分类

《浙江动物志鸟类卷》(1990)记载分布于浙江的鸟类共计 33 目 46 科 456 种。经过近 30 年的调查研究，特别是从 21 世纪初以来业余观鸟活动的开展和大力推广，越来越多的鸟类新纪录和分布被发现，再加上新的鸟类分类系统的变化带来鸟类种类变化，浙江省鸟类的种类目前已经达到 540 多种，共计 34 目 67 科。其中，天目山区目前野生鸟类已达 300 余种，包括 17 目 54 科。天目山区常见鸟类分目检索表如下。

天目山区常见鸟类分目检索表

1. 趾间蹼发达，善于游泳或潜水 ……………………………………………………………… 2
   趾间蹼不发达或缺失，脚适于步行或抓握 ………………………………………………… 5
2. 趾间具全蹼，喙尖长，末端具弯钩 ………………………………… 鹈形目 Pelecaniformes
   趾间不具全蹼 ………………………………………………………………………………… 3
3. 喙通常平扁，先端具嘴甲 …………………………………………… 雁形目 Anseriformes
   喙略侧扁而尖直，无嘴甲 …………………………………………………………………… 4
4. 翅尖长，尾羽正常，趾不具瓣蹼 …………………………………………… 鸥形目 Lariformes
   翅短圆，尾羽甚短，前趾具瓣蹼 ………………………………… 䴙䴘目 Podicipediformes
5. 颈和脚较长，胫下部裸出，蹼膜不发达 …………………………………………………… 6
   颈和脚较短，胫部全被羽，无蹼 …………………………………………………………… 8
6. 后趾发达，与前趾在同一平面上，眼先裸出 …………………………… 鹳形目 Ciconiiformes
   后趾退化，存在时位置高于其他趾，眼先被羽 …………………………………………… 7
7. 翅短圆，第1枚初级飞羽短于第2枚初级飞羽，趾间无蹼 ……………… 鹤形目 Gruiformes
   翅尖，第1枚初级飞羽长于或等长第2枚初级飞羽 …………………… 鸻形目 Charadriiformes
8. 喙和爪尖而弯曲，喙基具蜡膜 ……………………………………………………………… 9
   喙和爪均平直或稍弯曲，除鸽形目外喙基不具蜡膜 …………………………………… 11
9. 蜡膜裸出，眼侧位；外趾不能反转，尾脂腺被羽 ……………………………………… 10
   蜡膜被硬须掩盖，两眼向前；外趾能反转，尾脂腺裸出 ……………… 鸮形目 Strigiformes
10. 体型大中型，翅膀多数长而宽阔 ……………………………………… 鹰形目 Accipitriformes
    体型中小型，翅膀狭长呈三角形 …………………………………………… 隼形目 Falconiformes
11. 3趾向前，1趾向后（后趾有时缺少），各趾多彼此分离 ……………………………… 16
    趾不具上述特征 ……………………………………………………………………………… 12
12. 足前趾型，喙短阔平扁，无喙须 ……………………………………………… 雨燕目 Apodiformes
    足非前趾型，喙不扁平（夜鹰目除外），常具喙须 ………………………………………… 13
13. 足对趾型 ……………………………………………………………………………………… 14
    足非对趾型 …………………………………………………………………………………… 15
14. 喙强直呈凿状，尾羽通常尖出 ……………………………………………… 啄木鸟目 Piciformes
    喙端稍曲，不呈凿状，尾羽正常 …………………………………………… 鹃形目 Cuculiformes
15. 喙形短阔，鼻通常呈管状，中爪具栉缘 ………………………………… 夜鹰目 Caprimulgiformes
    喙不如上述，鼻不呈管状，中爪不具栉缘 ……………………………… 佛法僧目 Coraciiformes
16. 喙基部被蜡膜，喙端大部具角质 ………………………………………… 鸽形目 Columbiformes
    喙全被角质，喙基无蜡膜 …………………………………………………………………… 17
17. 雄性具距突，后爪较其他爪短 …………………………………………… 鸡形目 Galliformes
    无距突，后爪较其他爪长 …………………………………………………… 雀形目 Passeriformes

8.3.2 天目山区常见鸟类

8.3.2.1 鸡形目

（1）灰胸竹鸡 *Bambusicola thoracicus*

雉科 Phasianidae。体长24~37 cm，雌雄相似。额部蓝灰色，头顶至枕部褐色，眉纹蓝灰色下延至颈部，颊部棕褐色。喉部、颈侧棕色，胸部具蓝灰色、棕色斑块，腹部棕黄色，两胁具显著心形黑色点状斑纹。背部、两翼灰褐色具棕褐色斑纹，尾羽棕褐色。虹膜深褐色，喙铅灰色，跗跖青绿色。常见留鸟，活动于树丛、竹林、灌丛，常集群活动，叫声似"地主婆"。中国南方特有种。

(2) 环颈雉 *Phasianus colchicus*

雉科。体长 57~87 cm，雌雄异形异色。雄鸟头部具金属绿色光泽，眼周皮肤鲜红色，颈部金属绿色具明显的白色颈环。背部棕黄色具深褐色点斑，两翼具栗色、灰色斑纹，尾羽棕褐色具褐色横纹。胸腹部多紫红色，两胁棕黄色具深栗色点斑。雌鸟整体暗褐色，密布浅褐色斑纹。虹膜黄褐色，喙灰褐色，跗跖灰褐色。常见留鸟，喜欢栖息于山脚、丘陵的林缘灌木林、杂草丛生地带。

(3) 勺鸡 *Pucrasia macrolopha*（附图 92）

雉科。体长 43~63 cm，雌雄异形异色。雄鸟头部暗绿色，具发辫状羽冠。颈部两侧各具 1 白斑。背部、两翼多棕褐色，尾羽棕褐色至灰色。胸腹部棕栗色，两侧多灰色披针状羽毛。雌鸟整体较暗淡，羽冠较短，眼后具棕白色眉纹，颈侧具白斑。虹膜深褐色，喙灰褐色，跗跖灰褐色，雄鸟具距。少见留鸟，栖息于针阔混交林，密生灌丛的多岩坡地、山脚灌丛、开阔的多岩林地、松林及杜鹃林。国家二级重点保护野生动物。

(4) 白鹇 *Lophura nycthemera*（附图 93）

雉科。体长 70~115 cm，雌雄异形异色。雄鸟头部具显著的黑色羽冠，脸部裸露鲜红色。背部、两翼白色具不明显的黑色细纹，白色尾羽较长。喉部、胸腹部蓝黑色少斑纹。雌鸟整体棕褐色，眼周具红色裸出，胸腹部具褐色斑纹。虹膜褐色，喙黄色，跗跖暗红色，雄鸟具距。少见留鸟，主要栖息于海拔 2000 m 以下的亚热带常绿阔叶林中，尤以常绿阔叶林和沟谷雨林较为常见。国家二级重点保护野生动物。

(5) 白颈长尾雉 *Syrmaticus ellioti*（附图 94）

雉科。体长 45~87 cm，雌雄异形异色。雄鸟头顶褐色，眼周裸露红色，颈部灰白色。背部红褐色具深褐色斑纹，两翼栗红色具蓝绿色块斑及显著的白色翼斑，腰部黑白相间鳞纹状。尾羽较长，具灰色、棕褐色相间横斑。喉部黑色，胸部红褐色具深褐色斑纹，腹部白色，两胁具棕褐色鳞状斑。雌鸟整体灰褐色，颈部偏灰色，背部深褐色具黄褐色斑纹。虹膜深褐色，喙灰褐色，跗跖灰褐色，雄鸟具距。少见留鸟，常栖息于地山丘陵地带的竹林、针阔混交林、林缘灌丛等地。中国特有鸟类，国家一级重点保护野生动物。

8.3.2.2 雁形目

(1) 鸳鸯 *Aix galericulata*

鸭科 Anatidae。体长 41~51 cm，雌雄异形异色。雄鸟头具橙色至绿色羽冠，白色眉纹长而宽阔，颈侧具橙色丝状羽。背、腰、两翼暗褐色，蓝绿色翼镜具白色边缘，帆状饰羽栗黄色。尾羽暗褐色具金属绿色。喉部栗色，胸部紫色，腹部至尾下覆羽白色，胁部浅棕色。雌鸟灰褐色，无冠羽，眼周白色，眼后具白色眼纹。翼镜蓝绿色，无帆状饰羽。胸至两胁具暗褐色鳞状斑。虹膜褐色，喙雄鸟粉红色，尖端黄白色，雌鸟灰褐色，基部白色；跗跖橙黄色或灰绿色。常见冬候鸟，主要栖息于河流、湖泊、水库、沼泽中。国家二级重点保护野生动物。

(2) 绿头鸭 *Anas platyrhynchos*

鸭科。体长50~60 cm，雌雄异形异色。雄鸟头颈墨绿色具金属光泽，具白色细领环。胸部栗红色，其余体羽灰白色，翼镜蓝紫色。尾羽白色，尾上下覆羽黑色，两对尾羽向上卷曲成钩状。雌鸟全身黄褐色，夹杂有斑驳黑褐色细纹，贯眼纹黑褐色，两胁和上背具鳞状斑，翼镜紫蓝色。幼鸟似雌鸟，下体白色，具黑褐色斑和纵纹。虹膜棕褐色，喙黄色至黄褐色，跗跖橙红色。常见冬候鸟，主要栖息于水生植物丰富的湖泊、河流、池塘、沼泽等水域中。浙江省级重点保护野生动物。

(3) 斑嘴鸭 *Anas zonorhyncha*（附图95）

鸭科。体长50~63 cm，雌雄相似。成鸟通体深褐色，头和前颈颜色浅而具深褐色贯眼纹和下颊纹。头顶深褐色并具皮黄色眉纹，上背和两胁具深褐色粗鳞状斑，翼镜蓝紫色。幼鸟羽色似成鸟。虹膜褐色，喙灰黑色，端部黄色，跗跖橙红色。常见冬候鸟，部分留鸟，主要栖息于湖泊、水库、江河、水塘、河口、沙洲和沼泽地带。浙江省级重点保护野生动物。

(4) 绿翅鸭 *Anas crecca*（附图96）

鸭科。体长33~38 cm，雌雄异形异色。雄鸟头部、颈部棕红色，眼周至颈侧具1带金色边缘的绿色粗眼罩。体羽大部灰褐色，肩羽具1道白色长条纹。上背、两肩大部分和两胁具黑白相间虫蠹状细斑。翼镜绿色，翼镜前后缘具两道明显白色带。深色的尾下羽外缘具黄色斑块。雌鸟通体暗褐色，头部羽色较浅，具深色贯眼纹，翼镜墨绿色。虹膜褐色，喙灰黑色，跗跖灰褐色。常见冬候鸟，多活动在河流、水库、湖泊、池塘、沼泽等水域，多集大群活动。浙江省级重点保护野生动物。

(5) 赤颈鸭 *Anas penelope*

鸭科。体长42~50 cm。雄鸟头部、颈部栗红色，头顶至前额浅黄色，胸部粉红色，胁部灰色具细密的黑色纹，腹部浅皮黄色。尾下覆羽黑色，臀部两侧白色。两翼具大块白色斑，翼镜深绿色。雌鸟通体红棕色，眼周色深，下腹白色。幼鸟羽色似雌鸟。虹膜黑褐色，喙铅灰色，尖端黑色，跗跖黑色。栖息于富有水生植物的开阔水域，冬季常成群活动。浙江省级重点保护野生动物。

8.3.2.3 䴙䴘目

(1) 小䴙䴘 *Tachybaptus ruficollis*（附图97）

䴙䴘科 Podicedidae。体长23~29 cm，雌雄相似。繁殖羽头部深褐色，胸背部深褐色，胁部至腹部褐色逐渐变浅。头颈侧面栗红色，喙基具明显黄白色斑块。非繁殖羽整体色浅，转为浅褐色，头背部羽色略深，其余部位浅褐色或皮黄色。虹膜黄白色，喙黑色，非繁殖期暗黄色，跗跖蓝灰色。幼鸟头、背具纵纹，喙肉色。亚成鸟头纹消失，全身羽色灰白。常见留鸟，适应各种水体，通常成小群活动。趾两侧具蹼，善潜水觅食。

8.3.2.4 鸽形目

(1) 山斑鸠 *Streptopelia orientalis*

鸠鸽科 Columbidae。体长30~33 cm，雌雄相似。头、颈、上体余部及胸部粉褐色，颈侧具数条黑白相间横斑。两翼飞羽深褐色，覆羽暗褐色具棕色羽缘，构成清晰而密集的鳞状斑。尾羽褐色，羽端具灰色斑。腹部多粉灰色。虹膜橙红色，喙灰色，跗跖暗红色。常见留鸟，多在平原或山区林地栖息，常结小群在地面边走边觅食。

(2) 珠颈斑鸠 Streptopelia chinensis（附图98）

鸠鸽科。体长30~33 cm，雌雄相似。头颈粉色为主，前额至头顶羽色稍淡。颈侧及后颈具清晰密集的黑白相间块斑，亚成鸟不清晰或无。上体和两翼褐色或粉褐色，飞羽黑褐色，尾羽褐色，两侧具白色端斑，飞翔时尾羽展开呈扇形并具弧形白斑。虹膜橘黄色，喙灰褐色，跗跖红褐色。常见留鸟，栖息于丘陵、林区和多树平原及城市绿地。

8.3.2.5 夜鹰目

(1) 普通夜鹰 Caprimulgus indicus

夜鹰科 Caprimulgidae。体长30~33 cm，雌雄相似。雄鸟整体灰褐色，密布黑褐色与灰白色斑纹。颊部棕褐色具白色颊纹，两翼黑褐色，具锈红色斑纹。雌鸟整体颜色偏棕黄色，颊部、喉部斑块皮黄色，飞羽斑点淡黄色。虹膜深褐色，喙近黑色，跗跖肉褐色。常见夏候鸟，栖息于开阔林地和灌丛，夜行性，重复发出"哒哒哒"似机关枪的声音。

8.3.2.6 鹃形目

(1) 大鹰鹃 Hierococcyx sparverioides

杜鹃科 Cuculidae。体长35~41 cm，雌雄相似。成鸟头和颈侧灰色，上体和两翼淡灰褐色，飞羽具淡色横斑。尾羽深灰色，具深浅不一的带斑。下体白色。喉部具灰褐色纵纹，上胸淡栗色具暗灰色纵纹，下胸及腹部、两胁具褐色横纹。幼鸟前额灰色，上体和两翼棕褐色并具暗色横纹，下体近白色具明显黑色纵斑。虹膜橙色，眼圈黄色，喙灰绿色，跗跖浅黄色。常见夏候鸟，栖息于中低海拔落叶林和常绿阔叶林，具巢寄生习性，叫声似"贵贵阳"。浙江省级重点保护野生动物。

(2) 四声杜鹃 Cuculus micropterus

杜鹃科。体长31~34 cm，雌雄相似。成鸟头颈浅灰色，背部和两翼灰褐色，尾羽棕褐色具白斑，黑色次端斑显著。喉、胸腹部灰白色，密布近黑色横纹，下腹至尾下覆羽污白色，具黑褐色斑块。雌鸟胸部多褐色，亚成鸟头颈及上体具白色、皮黄色鳞状斑。虹膜暗褐色，眼圈黄色，喙灰褐色，跗跖黄色。常见夏候鸟，栖息于山地森林和山麓平原地带的森林中，尤以混交林、阔叶林和林缘疏林地带活动较多。叫声似"光棍好苦，割麦割谷"。浙江省级重点保护野生动物。

(3) 小杜鹃 Cuculus poliocephalus

杜鹃科。体长24~26 cm。雄鸟额、头顶、后颈至上背灰褐色，下背和翅上覆羽灰沾蓝褐色，腰至尾上覆羽蓝灰色，飞羽黑褐色，初级飞羽具白色横斑；尾羽黑色，两侧具白斑，末端白色。头两侧淡灰色，颏灰白色，喉和下颈浅灰色，上胸浅灰褐色，下体余部白色，杂以较宽的黑色横斑；尾下覆羽沾黄，稀疏的杂以黑色横斑。雌鸟额、头顶至枕褐色，后颈、颈侧棕色，杂以褐色，上胸两侧棕色杂以黑褐色横斑，上胸中央棕白色，杂以黑褐色横斑。幼鸟背、翅上覆羽和三级飞羽褐色，杂以棕色横斑和白色羽缘；初级飞羽黑褐色，具棕色斑和白色羽端；腰及尾上覆羽黑色至灰黑色，夹杂浅棕色和白色横斑；尾黑色，具白色斑和白色端斑；下体白色，具褐色横斑。虹膜褐色，眼圈黄色，喙黑色，基部淡黄，跗跖黄色。少见夏候鸟，主要栖息于低山丘陵、林缘地边及河谷次生林和阔叶林中，有时亦出现于路旁、村屯附近的疏林和灌木林。浙江省级重点保护野生动物。

（4）噪鹃 *Eudynamys scolopaceus*

杜鹃科。体长39~46 cm。雄鸟通体蓝黑色，具蓝色光泽，下体沾绿色。雌鸟上体暗褐色，略具绿色金属光泽，满布整齐的白色小斑点，头部白色小斑点略沾皮黄色，且较细密，常呈纵状排列。背、翅上覆羽及飞羽，以及尾羽常呈横斑状排列。颏至上胸黑色，密被粗的白色斑点。其余下体具黑色横斑。雌鸟全身布满白色斑点且尾羽具有规则显著的白色横纹。虹膜深红色，喙土黄色或浅绿色，基部较灰暗，跗跖蓝灰色。少见夏候鸟，栖息于山地、丘陵、山脚平原地带林木茂盛的次生林、园林及人工林中。浙江省级重点保护野生动物。

（5）小鸦鹃 *Centropus bengalensis*

杜鹃科，体长30~40 cm。肩和翅栗色，成鸟繁殖羽头、颈及下体黑色，背部和两翼棕色，尾羽黑色。非繁殖羽上体褐色，具放射状纵纹，下体皮黄色，胁部具黑色横纹。幼鸟似非繁殖羽成鸟，通体暗褐色，头颈具明显纵纹，两翼、胁部和尾羽具黑色横斑。虹膜暗褐色，喙黑色，幼鸟黄色，跗跖黑色。留鸟，栖息于低山丘陵和开阔山脚平原地带的灌丛、草丛、果园和次生林中。国家二级重点保护野生动物。

8.3.2.7 鹤形目

（1）红脚苦恶鸟 *Amaurornis akool*

秧鸡科 Rallidae。体长25~28 cm，雌雄相似。成鸟头顶至后颈橄榄绿色，脸颊深灰色；颏部、喉部、颈部、胸部、腹部深灰色；背部、两翼、尾羽橄榄褐色。虹膜暗褐色，喙灰绿色，跗跖暗红色。常见留鸟，栖息于沼泽草地，尤其喜欢富有水生植物的溪流、水塘、稻田等地带，多在晨昏活动，常在水生植物或岸边行走。

（2）黑水鸡 *Gallinula chloropus*（附图99）

秧鸡科。体长25~35 cm，雌雄相似。成鸟似鸡，通体黑褐色，额甲红色；两胁具白色细纹而成的线条，尾下有2块白斑。虹膜红色，喙部红色，喙端黄色，跗跖青绿色。常见留鸟，栖息在富有水生挺水植物的沼泽、湖泊、水塘等地带，尾不停上翘。不善飞，起飞前需在水面上助跑一段距离。

8.3.2.8 鸻形目

（1）黑翅长脚鹬 *Himantopus himantopus*

反嘴鹬科 Recurvirostridae。体长29~41 cm。雄鸟额部白色，头顶至后颈、背部、翅黑色；雌鸟似雄鸟，但背部、两翼黑褐色。喙细长，跗跖部甚长。幼鸟背部多棕褐色，羽缘浅色。飞行时白腰明显，尾羽灰褐色。虹膜红色，喙黑色，跗跖粉红色。多为旅鸟，常栖息于开阔草地中的湖泊、浅水池塘及沼泽地带、河流浅滩等。

（2）反嘴鹬 *Recurvirostra avosetta*

反嘴鹬科。体长40~45 cm，大型鹬类，雌雄相似。整体以黑白两色为主，头顶、枕部黑色,颈部、胸部、腹部和背部白色。初级飞羽、三级飞羽、中覆羽和外侧小覆羽黑色,其他白色。喙细长而上翘,跗跖部甚长。幼鸟暗褐色或灰褐色。虹膜红褐色,喙黑色,跗跖蓝灰色。冬候鸟或旅鸟,栖息于水塘、湖泊、河流浅滩等水域或水边。

(3) 金眶鸻 *Charadrius dubius*

鸻科 Charadriidae。体长15~18 cm,雌雄相似。上体灰褐色,下体白色。额部白色,头顶前端、眼后黑色明显,金色眼圈明显。喉部白色,有明显的白色领圈,其下有1明显的黑色或灰色颈环。虹膜黑色,喙黑色,跗跖橙黄色。夏候鸟或旅鸟,常栖息于湖泊沿岸、河滩、沼泽或稻田等生境。

(4) 环颈鸻 *Charadrius alexandrinus*

鸻科。体长15~17 cm。雄鸟头顶棕色,额部白色,贯眼纹黑色;喉部白色,黑色颈环较窄,于胸前断开;胸部、腹部白色。雌鸟似雄鸟,但头顶、颈环、贯眼纹近灰褐色。幼鸟整体褐色,具明显的淡色羽缘。虹膜黑色,喙黑色,跗跖灰褐色或黄褐色。夏候鸟或旅鸟,常栖息于草地、河边等生境。

(5) 扇尾沙锥 *Gallinago gallinago*

鹬科 Scolopacidae。体长24~29 cm,雌雄相似。整体黄褐色,头部中央冠纹和眉纹偏白色,喙较长,约为头长的2倍。胸部、腹部黄褐色多深褐色斑纹;尾羽张开时可见14枚等宽的棕褐色尾羽。飞行时翅后缘具明显白色,翅下具明显的白色区域。虹膜深褐色,喙端深褐色,喙基部黄褐色,跗跖橄榄色。旅鸟,迁徙时可见,常栖息于稻田、沼泽、河流滩涂等生境。

(6) 青脚鹬 *Tringa nebularia*(附图100)

鹬科。体长30~35 cm,雌雄相似。整体较粗壮,青灰色喙较粗壮且略上翘。繁殖羽头部、胸部、腹部具灰黑色点状斑,背部具黑斑;非繁殖羽整体偏白,胸腹部多白色而少斑纹,背部灰色少杂斑。飞行时跗跖部伸出尾后较长。虹膜深褐色,跗跖黄绿色至灰绿色。冬候鸟或旅鸟,常栖息于湖泊、河流、水塘和沼泽地带,特别喜欢栖息在有稀疏树木的湖泊和沼泽地带。

(7) 白腰草鹬 *Tringa ochropus*

鹬科。体长20~24 cm,小型鹬类,雌雄相似。繁殖期头顶、胸部灰白色具黑褐色斑纹,腹部白色无斑纹,背部深褐色具白色点状斑。非繁殖期头顶、胸部、背部褐色而少斑纹,腹部白色。飞行时可见明显白腰,跗跖部略伸出尾末。虹膜深褐色,喙端黑褐色,喙基橄榄绿色,跗跖橄榄绿色。冬候鸟或旅鸟,常栖息于池塘、沼泽、河流地带。

(8) 矶鹬 *Actitis hypoleucos*

鹬科。体长16~22 cm,小型鹬类,雌雄相似。成鸟头部灰色,具明显灰白色眉纹;胸侧具灰褐色斑块,腹部白色无斑纹;背部灰色,翼角前缘白色甚明显。繁殖羽整体灰色较重。飞行时翼上具白色横纹,腰无白色。虹膜深褐色,喙灰褐色,跗跖青绿色。冬候鸟或旅鸟,栖息于江河沿岸,湖泊、水库、水塘岸边,也出现于海岸、河口和附近沼泽湿地。

8.3.2.9 鹳形目

(1) 白鹭 *Egretta garzetta*(附图 101)

鹭科 Ardeidae。体长 54~68 cm，中小型白色鹭，雌雄相似。成鸟繁殖期眼先淡绿色，枕后具显著延长的辫状羽；前颈基部具延长的丝状饰羽，背部具显著延长的蓑羽。非繁殖期眼先黄色或黄绿色，头部无辫状饰羽，颈背部亦无延长蓑羽。虹膜黄色，喙黑色，跗跖黑色，趾黄色。留鸟及候鸟，多见于稻田、河岸、沙滩、泥滩及沿海小溪流等湿地浅水区，喜集群，常与其他种类混群。

(2) 夜鹭 *Nycticorax nycticorax*(附图 102)

鹭科。体长 48~59 cm，中型鹭鸟，雌雄相似。头粗胖，颈部较短，喙粗壮，黑色，虹膜棕红色。头颈大部分灰色，头顶至枕部蓝黑色，头后具细长的灰白色羽辫；背部蓝黑色，两翼、尾羽及下体灰色，其中腹部至尾下覆羽羽色稍淡，近白色。跗跖部橙黄色或橙红色。幼鸟喙黄绿色，虹膜橙色，上体及两翼褐色，具白色斑点，颈部至胸部具褐色纵纹，下体其余部分白色。跗跖黄绿色。留鸟，常见于各种湿地环境，多于晨昏及夜间活动，喜集群。

(3) 牛背鹭 *Bubulcus ibis*

鹭科。体长 47~55 cm，中型鹭鸟，雌雄相似。颈部较短；繁殖期眼先黄绿色，头颈部均为橙棕色，头后无辫状饰羽，颈基部具下垂的蓑羽，背部具橙黄色丝状饰羽延长不超过尾端，上体其他部位、两翼、下体均为白色。非繁殖期眼先黄色，全身白色。虹膜黄色，喙橙红色或黄色，跗跖黑色。幼鸟似成鸟非繁殖期，但喙黑褐色。留鸟及冬候鸟，常见于各种湿地环境及农田、草地和荒野，喜欢捕食草丛中的昆虫类动物。

(4) 池鹭 *Ardeola bacchus*

鹭科。体长 38~50 cm，小型鹭鸟，雌雄相似。繁殖羽头、颈均为栗色，背部蓝灰色，两翼、尾羽及下体为白色。头后具延长的羽冠，颈基部和背部具延长的蓑羽。非繁殖羽头颈部淡黄白色，具深褐色纵纹，背部褐色。头后羽冠较短，颈部和背部无延长的饰羽。幼鸟似成鸟非繁殖羽。虹膜黄色，喙基黄色，喙端黑色，跗跖黄色。夏候鸟，多活动于河流、湖泊、沼泽、水塘、稻田等淡水湿地环境，常单独或集群混群活动。

8.3.2.10 鹰形目

(1) 黑冠鹃隼 *Aviceda leuphotes*

鹰科 Accipitridae。体长 30~35 cm。头顶具有长而竖立的蓝黑色冠羽，极为显著。头部、颈部、背部尾上的覆羽和尾羽黑褐色，具蓝色金属光泽，与褐冠鹃隼不同。喉部和颈部黑色；上胸具一宽阔的星月形白斑，下胸及腹侧具宽窄不一的白、栗色横斑；腹中央、腿上覆羽和尾下覆羽黑色，尾羽外侧具栗色块斑。飞翔时翅短阔而圆，黑色翅下覆羽和尾下覆羽与银灰色飞羽和尾羽形成鲜明对照；次级飞羽背侧具宽而显著的白色横带。虹膜棕褐色，喙深灰色，跗跖深灰色。少见夏候鸟，栖息于平原低山丘陵和高山森林地带。国家二级重点保护野生动物。

(2) 蛇雕 *Spilornis cheela*

鹰科。体长 50~76 cm，雌雄相似。成鸟头部深褐色，枕部具不明显的深色羽冠。上体暗褐色，具窄的白色或淡棕黄色羽缘。下体褐色，腹部、两胁及臀具白色点斑。飞羽暗褐色，中部具白色宽横带，翼后缘近黑色，羽端具不明显白色羽缘。尾较短，黑色中部具白色的宽横斑。两翼圆而宽，飞行时白色尾斑及白色翼带明显。虹膜黄色，喙灰褐色，跗跖黄色。少见留鸟，喜在林地及林缘活动，高空盘旋飞翔，主要以各种蛇类为食。国家二级重点保护野生动物。

(3) 林雕 *Ictinaetus malainsis* (附图 103)

鹰科。体长 67~81 cm。通体黑褐色，眼下及眼先具白斑；嘴较小，上嘴缘几乎是直的，鼻孔宽阔。头、翼及尾色较深；尾较长，尾羽具不明显的灰褐色横斑；尾上覆羽淡褐色具白横斑。跗跖被羽。两翅宽长，翅基较窄，两翼后缘近身体处明显内凹，后缘略微突出。下体黑褐色，但较上体稍淡，胸、腹有粗的暗褐色纵纹。虹膜黄色，喙铅色，跗跖黄色。少见留鸟，主要栖息于山地森林和林缘地带，常见开阔原野、林缘和村庄上空盘旋。国家二级重点保护野生动物。

(4) 白腹隼雕 *Aquila fasciatus*

鹰科。体长 70~74 cm。成鸟上体深褐色，头顶和后颈呈棕褐色。颈侧和肩部的羽缘灰白色，背部具 1 白斑。飞羽灰褐色，具细小横斑，翼尖深色。胸腹部白色，具黑色细纵纹。飞翔时翼下覆羽黑色，飞羽下面白色，后缘具波浪形暗色横斑。灰色尾羽较长，上具 7 道不甚明显的黑褐色波浪形斑和宽阔的黑色亚端斑。飞行时两翼平端。虹膜淡褐色，喙尖端黑色，基部灰黄色，蜡膜黄色，跗跖黄色。少见留鸟，栖息于低山丘陵和山地森林中的悬崖和河谷岸边的岩石上。国家二级重点保护野生动物。

(5) 凤头鹰 *Accipiter trivirgatus* (附图 104)

鹰科。体长 37~49 cm。前额、头顶、后枕及其羽冠黑灰色；头和颈侧较淡，具黑色羽干纹。上喙边端具弧形垂突，基部具蜡膜或须状羽。上体暗褐色，翅短圆，后缘突出；飞羽具暗褐色横带。尾淡褐色，具白色端斑和 1 道隐蔽而不甚显著的横带和 4 道显露的暗褐色横带。喉和胸白色，具 2 道黑色髭纹，喉具 1 黑褐色中央纵纹；胸具宽的棕褐色纵纹，腹部具暗棕褐色与白色相间排列的横斑，腰部具大团蓬松的白色羽毛。跗跖部相对较长。雌鸟显著大于雄鸟。虹膜黄色，喙灰褐色，跗跖淡黄色。常见留鸟，通常栖息在山地森林和山脚林缘地带，也出现在竹林和小面积丛林地带。国家二级重点保护野生动物。

(6) 赤腹鹰 *Accipiter soloensis*

鹰科。体长 27~36 cm。翅膀尖而长，外形似鸽。雄鸟上体背面蓝灰色，头部颜色较深。胸部和上腹部浅棕色，下腹部白色，下体颜色较浅。飞行时翅下白色，仅飞羽外缘黑色。翅膀和尾羽灰褐色，外侧尾羽暗褐色，具不明显的 5 道黑褐色横斑。雌鸟体色与雄鸟相似，但体色稍深。亚成鸟上体褐色，尾具深色横斑，下体白，喉具纵纹，胸部及腿上具褐色横斑。虹膜雄性深褐色，雌性黄色，喙灰色，跗跖橘黄色。少见夏候鸟，栖息于山地森林和林缘地带。国家二级重点保护野生动物。

(7) 日本松雀鹰 *Accipiter gularis*

鹰科。体长 23~33 cm。外形和羽色与松雀鹰相似，但体型小，喉部中央的黑纹较为细窄，不似松雀鹰那样宽而粗。翅下覆羽白色并具灰色的斑点，腋下羽毛白色，具灰色横斑。雌鸟比雄鸟体型大。雄鸟虹膜深红色，雌鸟黄色，喙蓝灰色，跗跖黄色。少见旅鸟，主要栖息于山地针叶林和针阔混交林中，也出现在林缘和疏林地带，典型森林猛禽。国家二级重点保护野生动物。

(8) 松雀鹰 *Accipiter virgatus*

鹰科。体长 28~38 cm。雄鸟上体黑灰色，喉白色，喉中央有 1 条宽阔而明显的黑色中央纵纹，其余下体白色或灰白色，两胁棕色并具褐色或棕红色横斑；尾羽灰褐色，上具 4~5 道暗色横斑。雌鸟个体较大，上体暗褐色，下体白色，具暗褐色或赤棕褐色横斑。亚成鸟胸部具纵纹。虹膜、蜡膜和跗跖均为黄色。少见留鸟，通常栖息于山地针叶林、阔叶林和针阔混交林中。国家二级重点保护野生动物。

(9) 苍鹰 *Accipiter gentilis*

鹰科。体长 46~60 cm。成鸟前额、头顶、枕和头侧黑褐色，枕部羽尖白；眉纹白而具黑色羽纹，耳羽黑色；喉部、前颈具黑褐色细纹及暗褐色斑，无喉中线。上体灰褐色，飞羽具暗褐色横斑。下体白色，胸、腹、两胁布满较细的横纹。尾灰褐色，具 4 道黑褐色横斑。尾下覆羽白色，具少许褐色横斑。飞行时，双翅宽阔，翅下白色，密布黑褐色横带。雌鸟显著大于雄鸟。雌鸟羽色与雄鸟相似，但较暗。亚成体上体褐色，具不明显暗斑，眉纹不明显，耳羽褐色；腹部淡黄褐色，具黑褐色纵行点斑。虹膜黄色，喙黑色，跗跖黄色。少见冬候鸟，栖息于不同海拔高度的针叶林、针阔混交林和阔叶林等森林地带。国家二级重点保护野生动物。

(10) 黑鸢（黑耳鸢）*Milvus migrans*（附图 105）

鹰科。体长 54~69 cm。前额基部和眼先灰白色，耳黑褐色，头顶至后颈棕褐色，颏、颊和喉灰白色。上体暗褐色，覆羽黑褐色，初级飞羽黑褐色；翅狭长，飞翔时翼下左右形成显著大型白斑。下体棕褐色，胸、腹及两胁暗棕褐色，具粗著的黑褐色羽干纹，下腹至肛部羽毛稍浅淡，棕黄色。尾较长，呈浅叉状，等宽的黑褐色横斑相间排列，尾端具淡棕白色羽缘。虹膜暗褐色，喙灰色，跗跖灰色。少见留鸟，栖息于开阔原野和低山丘陵地带。常单独在高空飞翔、盘旋来观察和觅找食物。国家二级重点保护野生动物。

(11) 普通鵟 *Buteo japonicus*

鹰科。体长 50~59 cm，雌雄相似。体色变化较大，上体主要为暗褐色，下体主要为暗褐色或淡褐色，具深棕色横斑或纵纹，尾淡灰褐色，具多道暗色横斑。飞翔时两翼宽阔，初级飞羽基部具明显白斑，翼下白色或褐色，尾羽呈扇形。翱翔时两翅微上举呈浅"V"字形。虹膜暗褐色，喙基部黑色，端部灰色，跗跖被羽。少见冬候鸟，主要栖息于山地森林和林缘地带，常在开阔原野、耕作区、林缘和村庄上空盘旋翱翔。国家二级重点保护野生动物。

8.3.2.11 鸮形目

(1) 领角鸮 *Otus lettia*

鸱鸮科 Strigidae。体长 20~27 cm。面盘显著，额、眉纹灰白色，稍缀以黑褐色细点，棕灰色耳羽明显。上体、两翅表面多灰褐色，具黑褐色纵纹和虫蠹状细斑，并杂有棕白色斑点，在后颈处大而多，形成不完整半领斑；肩和翅上外侧覆羽端具有棕色或白色大斑。

初级飞羽黑褐色。尾灰褐色，具6道棕色夹杂黑点的横斑。喉灰白色，具1微沾棕色皱领，各羽具黑色纵纹；其余下体灰白色，满布黑褐色纵纹及浅棕色波状横斑；覆腿羽棕白色具褐色斑，跗跖被羽。幼鸟通体灰褐色，夹杂棕黑色虫蠹状细斑，腹面较淡，均呈绒羽状。虹膜深褐色，喙黄绿色，跗跖污黄色。常见留鸟，栖息于山地阔叶林和针阔混交林中，也出现于山麓林缘和村寨附近树林内。国家二级重点保护野生动物。

(2) 红角鸮(东方角鸮) *Otus sunia*

鸱鸮科。体长 17~21 cm。上体灰褐色或棕栗色，具黑褐色虫蠹状细纹。面盘灰褐色，密布纤细黑纹；领圈淡棕色，耳羽基部棕色；头顶至背和覆羽夹杂棕白色斑。飞羽大部黑褐色，尾羽灰褐，尾下覆羽白色。下体大部红褐至灰褐色，具暗褐色纤细横斑和黑褐色纵纹。全身遍布花纹，肩部具1列较大羽毛，梢部具浅色大斑。虹膜黄色，喙灰绿色，跗跖灰褐色。少见留鸟，栖息于山地阔叶林和混交林中。国家二级重点保护野生动物。

(3) 领鸺鹠 *Glaucidium brodiei*

鸱鸮科。体长 14~16 cm，上体灰褐至棕褐色，遍被狭长的浅黄色横斑。头部灰褐色，眼先及眉纹白色，无耳簇羽，面盘不显著。前额、头顶和头侧具细密的白色或皮黄色斑点，后颈具显著棕黄色或皮黄色领圈，两侧各具1个黑斑形成"假眼"。肩羽白斑形成两道显著的肩斑，其余上体暗褐色具棕色横斑。飞羽黑褐色，具棕红色、白色斑点，最内侧呈横斑状。尾上覆羽褐色，具白色横斑及斑点，尾暗褐色，具数道浅黄白色横斑和羽端斑。颊白色，向后延伸至耳羽后方，喉白色，具1道细的栗褐色横带。其余下体白色，具数条大型褐色纵纹。覆腿羽褐色，具少量白色细横斑。跗跖被羽。虹膜黄色，喙、跗跖黄绿色。少见留鸟，栖息于山地森林和林缘灌丛地带。国家二级重点保护野生动物。

(4) 斑头鸺鹠 *Glaucidium cuculoides* (附图106)

鸱鸮科。体长 20~26 cm，头、颈和整个上体包括两翅表面棕褐色，密被细狭的淡棕色或灰白横斑，头顶横斑细小而密。眉纹白色，较短。无耳簇羽，面盘不显著。部分肩羽和大覆羽具大的白斑，沿肩部形成白色线条；飞羽黑褐色，缀以棕色或棕白色三角形羽缘斑及横斑；尾羽黑褐色，具6道显著的白色横斑和羽端斑。颏、颚纹白色，喉中部褐色，具皮黄色横斑；胸白色，下胸具褐色横斑；腹白色，具褐色纵纹；尾下覆羽纯白色，跗跖被羽，白色杂以褐斑。幼鸟上体横斑较少，有时几乎纯褐色，仅具少许淡色斑点。虹膜黄色，喙、跗跖黄绿色。常见留鸟，栖息于阔叶林、针阔混交林、次生林和林缘灌丛，也出现于村寨和农田附近的疏林和树上。国家二级重点保护野生动物。

8.3.2.12 佛法僧目

(1) 三宝鸟 *Eurystomus orientalis*

佛法僧科 Coraciidae。体长 26~32 cm。雌雄相似，喙宽大。成鸟头部宽大，深褐色，喉部蓝紫色。翼上覆羽蓝黑色，初级飞羽黑褐色，基部具淡蓝色斑，飞行时极明显。其余上体及下体蓝黑色并具铜绿色光泽。尾羽蓝黑色。幼鸟羽色暗淡，喙黑色，喉无蓝色。虹膜褐色，喙橘红色，端黑，跗跖橘红色。少见夏候鸟，主要栖息于开阔的林缘及河谷附近，常停栖在高大的枯枝或电线上。浙江省级重点保护野生动物。

(2) 普通翠鸟 Alcedo atthis(附图107)

翠鸟科 Alcedinidae。体长 15~18 cm，雌雄相似。成鸟头部深蓝绿色，遍布亮蓝色斑纹。眼先、耳覆羽橘黄色，耳后具白色斑。肩羽和翼上覆羽墨蓝色，背部亮蓝色。喉部白色，胸腹及整个下体橙黄色幼鸟整体颜色暗淡。虹膜暗褐色，喙黑色，雌鸟下喙红色，跗跖橙红色。常见留鸟，活动于池塘、溪流和河边等多种水域环境。

(3) 冠鱼狗 Megaceryle lugubris

翠鸟科。体长 40~43 cm，雌雄相似。成鸟头顶具明显缀白斑的黑色羽冠，下喙基部具黑白色髭纹与胸带相连，至后颈具白色领环。上体及两翅灰黑色，遍布细碎白斑。喉部白色，胸腹部白色。雄鸟胸带黑白色带褐色，雌鸟黑白色。虹膜暗褐色，喙黑色，尖端白色，跗跖黑色。少见留鸟，常栖息于清澈河流及溪流，飞行沉稳有力。

(4) 斑鱼狗 Ceryle rudis

翠鸟科。体长 27~30 cm，似冠鱼狗但体型较小。冠羽较小，具显眼白色眉纹。上体黑而多具白点，飞羽及尾羽基部白色，末端稍黑。下体白色，雄鸟上胸具 2 条黑色条带，上宽下窄，雌鸟具 1 条模糊胸带，有时中间断开。虹膜深褐色，喙黑色，跗跖黑色。常见留鸟，常成对或集小群活动于低海拔的开阔水体，经常在空中振翅悬停。

8.3.2.13 啄木鸟目

(1) 大拟啄木鸟 Megalaima virens

拟啄木鸟科 Capitonidae。体长 32~35 cm，雌雄相似。头颈部淡黑色，背部及部分覆羽褐色，初级飞羽蓝绿色，其余飞羽、腰部及尾羽绿色。胸部深褐色，腹部淡绿色具褐色纵纹，尾下覆羽红色。虹膜深褐色，喙黄白色，上喙末端黑色，跗跖灰绿色。常见留鸟，喜栖息于中低海拔常绿阔叶林中上层。

(2) 斑姬啄木鸟 Picumnus innominatus(附图108)

啄木鸟科 Picidae。体长 9~10 cm。雄鸟额至后颈栗色或棕褐色，前额具橙红色斑点。耳羽栗褐色，形成眼后纹，上下白色眉纹和颊纹自眼先延伸至颈侧。上体橄榄绿色，两翅暗褐色，外缘沾黄绿色。尾羽黑色具白斑。下体灰白色，满布大的黑斑。雌鸟似雄鸟，但前额无橙红斑。虹膜深褐色，喙及跗跖灰褐色。常见留鸟，栖息于中低海拔林中，尤其喜欢活动在开阔的疏林、竹林和林缘灌丛。浙江省级重点保护野生动物。

(3) 星头啄木鸟 Dendrocopos canicapillus

啄木鸟科。体长 14~18 cm。雄鸟前额和头顶灰褐色，白色眉纹宽阔，枕侧具红色羽簇。眼先及耳羽淡褐色，后具 1 黑斑。上背、肩黑色，下背、腰黑色具白斑。覆羽和飞羽黑色具白斑。颊、喉灰白色，其余下体灰白色具黑褐色纵纹。尾羽黑色，最外侧尾羽白色具黑色横斑。雌鸟似雄鸟，头部灰色较多，枕侧无红羽簇。虹膜褐色，喙灰、跗跖铅灰色。常见留鸟，单独或成对活动于多种林地环境。浙江省级重点保护野生动物。

(4) 大斑啄木鸟 Dendrocopos major(附图109)

啄木鸟科。体长 20~25 cm。雄鸟头顶黑色，枕部红色，后枕具 1 条窄的黑色横带。额淡棕色，颊和耳羽白色。上体黑色，肩和翅上各具 1 个大白斑，飞羽具黑白相间横斑。尾黑色，外侧尾羽黑白相间。下体污白色，下腹至尾下覆羽鲜红色。幼鸟(雄性)整个头顶暗红色，枕、后颈、背、腰、尾上覆羽和两翅黑褐色，较成鸟浅淡。雌鸟头顶、枕至后颈黑色，无红斑，其余似雄鸟。虹膜深褐色，喙灰褐色，跗跖灰褐色。常见留鸟，栖息于各种林地、林缘及灌丛地带。浙江省级重点保护野生动物。

(5) 灰头绿啄木鸟 *Picus canus*

啄木鸟科。体长 24~33 cm。雄鸟前额、头顶红色，眼先黑色，颊纹黑色窄而明显，头颈其余部分灰色。背和翅上覆羽大部分黄绿色。初级飞羽黑色，具白色横斑；中央尾羽橄榄褐色，外侧尾羽黑褐色具暗色横斑。下体大体灰白色。雌鸟似雄鸟，额至头顶暗灰色。虹膜黄色，喙铅灰色，跗跖灰褐色。少见留鸟，主要栖息于低山阔叶林和针阔混交林，也出现于次生林和林缘地带。浙江省级重点保护野生动物。

8.3.2.14 隼形目

(1) 红隼 *Falco tinnunculus*

隼科 Falconidae。体长 26~35 cm。雄鸟头顶、头侧、后颈、颈侧灰褐色，具黑色细纹；前额、眼先和细窄的眉纹棕白色。眼下宽的黑色髭纹沿口角垂直向下。颏、喉乳白色或棕白色。上体砖红色，具三角形黑斑；腰和尾上覆羽蓝灰色。尾蓝灰色，具宽的黑色次端斑和窄的白色端斑。初级覆羽和飞羽黑褐色，具淡灰褐色端缘。胸、腹和两胁棕黄色，胸和上腹缀黑褐色细纵纹，下腹和两胁具黑褐色矢状斑。雌鸟体型略大，上体棕红色，脸颊和眼下口角髭纹黑褐色。头顶至后颈及颈侧具粗著的黑褐色纹；背到尾上覆羽具粗大黑褐色横斑；尾棕红色，具 9~12 条黑色横斑；翅上覆羽与背同为棕黄色，初级覆羽和飞羽黑褐色，具窄的棕红色端斑。下体乳黄色微沾棕色，胸、腹和两胁具黑褐色纵纹，覆腿羽和尾下覆羽乳白色，翅下覆羽和腋羽淡棕黄色，密被黑褐色斑点，飞羽和尾羽下面灰白色，密被黑褐色横斑。幼鸟似雌鸟，但上体斑纹较粗著。虹膜暗褐色，眼圈黄色；喙灰褐色，先端黑色，基部黄色，蜡膜黄色，跗跖深黄色。少见留鸟，栖息于森林、丘陵、草原、旷野、平原、灌丛、农田。国家二级重点保护野生动物。

(2) 燕隼 *Falco subbuteo*

隼科。体长 28~35 cm。无明显翼指，雌雄同型，身体修长，停落时翅尖略过尾端似燕。上体深灰色，具白色细眉纹；头部近黑色，于眼下、耳部伸出两道粗重的鬓斑，颊部垂直向下的黑色髭纹明显；颈部的侧面、喉部、胸部和腹部均白色，胸、腹部具黑色粗纵纹，下腹部至尾下覆羽棕红色。尾羽灰褐色，具棕色或黑褐色横斑。飞翔时翅膀狭长而尖，翼下白色，密布黑褐色横斑。亚成鸟似成鸟，但体色略暗黄，臀部无棕褐色；胸腹部纵纹细，跗跖、喙灰色。虹膜黑褐色，眼周黄色；喙灰色，尖端黑色，蜡膜黄色；跗跖、趾黄色，爪黑色。偶见夏候鸟，营巢于疏林或林缘和田间的高大乔木树上，通常很少营巢，而是侵占乌鸦和喜鹊的巢。常在田边、林缘和沼泽地上空飞翔捕食，有时也到地上捕食。国家二级重点保护野生动物。

8.3.2.15 雀形目

(1) 仙八色鸫 *Pitta nympha*

八色鸫科 Pittidae。体长 16~20 cm，雌雄相似。色彩艳丽，头大尾短。头顶深栗色，具不明显的黑色中央冠纹，眉纹淡黄色至近白色，自额基一直延伸到后颈两侧。黑色贯眼纹宽阔，经眼先、颊、耳羽一直到后颈左右汇合。背、肩及飞羽、覆羽蓝绿色，尾羽黑色；初级飞羽中段蓝白色，形成显著翼斑。下体大部分白色至淡灰色，腹中部及尾下覆羽鲜红色。虹膜深褐色，喙黑色，跗跖淡黄色。罕见夏候鸟或旅鸟，性隐匿，栖息于低山的次生阔叶林内。国家二级重点保护野生动物。

(2) 黑枕黄鹂 *Oriolus chinensis*

黄鹂科 Oriolidae。体长 23~27 cm。雄鸟额、头顶金黄色，黑色贯眼纹发达，延伸至后枕。上下体羽大都金黄色，飞羽大部分黑色，具黄绿色羽缘。尾羽黑色，外侧尾羽具黄色端斑。雌雄相似但羽色偏黄绿色。幼鸟与雌鸟相似，上体黄绿色，下体近白而具黑色纵纹。虹膜黄褐色，喙成鸟粉红色，幼鸟灰色，跗跖铅灰色。常见夏候鸟及旅鸟，主要栖息于低山丘陵和山脚平原地带的多种林地生境，多活动于树冠层。浙江省级重点保护野生动物。

(3) 小灰山椒鸟 *Pericrocotus cantonensis*（附图 110）

山椒鸟科 Campephagidae。体长 18~19 cm。雄鸟前额白色并延伸至眼上方，眼纹至头顶中部及枕部黑色。背羽及中小覆羽灰色，大覆羽和飞羽近黑色，翼斑不明显。尾羽深褐色，末端具白斑。下体白色，胸胁部略带灰色。雌鸟前额及头顶灰色，幼鸟似雌鸟，体羽和飞羽末端多白色，胸胁部具模糊横斑。虹膜深褐色，喙黑色，跗跖黑色。常见夏候鸟及旅鸟，栖息于各种林地，喜高空飞行，鸣叫时发出金属感的颤音。

(4) 灰喉山椒鸟 *Pericrocotus solaris*

山椒鸟科。体长 17~19 cm。雄鸟头顶至上体灰褐色，耳羽及两颊灰色，翼上覆羽及飞羽近黑色，大覆羽及初级飞羽具棕红色色斑。腰部棕红色，中央尾羽黑色，其余红色。喉部灰色，下体棕红色。雌鸟上体灰色，腰部、尾上覆羽及翼带近黄色，下体灰色至淡黄色。虹膜深褐色，喙、跗跖黑色。常见留鸟，栖息于开阔的林地，成对或集群活动。

(5) 灰卷尾 *Dicrurus leucophaeus*

卷尾科 Dicruridae。体长 23~30 cm，雌雄相似。喙周黑色，口裂基部具发达的触须。眼周大部分白色，其余体羽大部分灰色。尾长而分叉，尾叉末端略上卷。虹膜暗红色，喙黑色，跗跖黑色。常见夏候鸟及旅鸟，栖息于各种开阔生境，喜停栖树枝、电线等开阔处捕食空中飞虫。繁殖期领域性极强，常发出一连串婉转的哨音。

(6) 发冠卷尾 *Dicrurus hottentottus*

卷尾科。体长 25~32 cm，雌雄相似。通体黑色具蓝色金属光泽，喙长而下弯。繁殖期头顶具细长的羽冠。尾羽长而发达，最外侧羽端由两侧向背侧卷起。虹膜褐色，喙近黑色，跗跖黑色。常见夏候鸟及旅鸟，喜居森林开阔处，常聚集在一起鸣唱，领域性强，于树枝末端营悬巢。

(7) 寿带 *Terpsiphone incei*

王鹟科 Monarchidae。雌鸟体长 17~22 cm，雄鸟体长 35~49 cm，雌雄异形。雄鸟头部、颈部蓝黑色，具金属光泽，具短的羽冠；喙及眼周亮蓝色。上体其他部分、两翼及尾羽栗红色；胸和两胁淡蓝灰色，腹部及尾下覆羽白色（白色型雄鸟除头、颈蓝黑色外，其余均为白色)。中央尾羽延长。雌鸟与雄鸟相似,头部羽色较淡,羽冠稍短,中央尾羽不延长。虹膜深褐色,喙蓝色,宽阔而扁平,口裂大,跗跖蓝褐色。少见夏候鸟及旅鸟,繁殖期领域性较强,主要栖息于阔叶林和次生阔叶林中,尤其喜欢沟谷和溪流附近的阔叶林。浙江省级重点保护野生动物。

(8) 棕背伯劳 Lanius schach(附图 111)

伯劳科 Laniidae。体长 23~28 cm,中大型伯劳。额黑色,宽阔的黑色贯眼纹发达;头大,头顶至后枕部、上背部灰色,下背、腰部棕红色;翅短圆,两翅黑色,具白色翼斑。尾长,黑色。颏、喉、胸及腹中部白色,其余下体淡棕色或棕白色,两胁和尾下覆羽棕红色或浅棕色。亚成鸟色较暗,两胁及背具横斑,头及颈背灰色较重。虹膜深褐色,喙灰褐色,跗跖黑色。常见留鸟,主要栖息于低山丘陵和山脚平原地区的次生阔叶林和针阔混交林的林缘地带,有时也到园林、农田、村宅河流附近活动。浙江省级重点保护野生动物。

(9) 虎纹伯劳 Lanius tigrinus

伯劳科。体长 15~19 cm,小型伯劳。雄鸟头顶至上背部灰色;黑色贯眼纹宽阔。两翼、背至尾上覆羽棕褐色,密布黑色鳞状斑;尾羽棕褐色无斑纹。喉、胸腹部、两胁白色无斑纹。雌鸟似雄鸟,全身羽色较雄鸟暗淡。贯眼纹色淡,灰白色眉纹不清晰;胸腹部及两胁白色,具褐色鳞状斑。幼鸟头部棕褐色,具斑纹,贯眼纹色淡,下体胸、胁部满布褐色鳞状斑。虹膜深褐色,喙、跗跖灰褐色。少见夏候鸟及旅鸟,喜栖息在疏林边缘、灌丛。浙江省级重点保护野生动物。

(10) 牛头伯劳 Lanius bucephalus

伯劳科。体长 18~21 cm。雄鸟头顶至上背栗色;眉纹白色,贯眼纹黑色。背、腰、尾上覆羽及肩羽为灰褐色;内侧飞羽及覆羽外沿及羽端有淡棕色缘;初级飞羽基部白色,构成鲜明翅斑;中央尾羽黑褐色,其余尾羽灰褐,具淡灰色端缘。颏、喉污白,喉侧、胸、胁、腹侧及覆腿羽棕黄;腹中至尾下覆羽污白;颈侧、胸及胁部具细小而模糊不清的褐色鳞纹。雌鸟白色眉纹窄而不显著,贯眼纹栗色或淡褐色。上体羽色似雄鸟但更沾棕褐,无白色翅斑,下体似雄鸟。幼鸟额、头顶至上背棕栗,向后至尾上覆羽栗色稍淡;上体满布黑褐色横斑;贯眼纹黑褐,不具白眉纹;尾羽黑褐具淡棕端;覆羽及飞羽黑褐。下体污白色,自颏、喉至尾下覆羽有黑褐色鳞纹;在胸、胁部的横纹较粗重。虹膜深褐色,喙、跗跖灰褐色。少见旅鸟或冬候鸟,栖息于山地稀疏阔叶林或针阔混交林的林缘地带。浙江省级重点保护野生动物。

(11) 红尾伯劳 Lanius cristatus

伯劳科。体长 18~21 cm。额和头顶前部淡灰色(普通亚种)或红棕色(指名亚种),头顶至后颈灰褐色;眼先至眼后黑色贯眼纹发达,上方具 1 条窄的白色眉纹。上背、肩暗灰褐色(普通亚种)或棕褐色(指名亚种),下背、腰棕褐色。尾上覆羽棕红色,尾羽棕褐色具不明显暗褐色横斑。两翅黑褐色,翅缘白色。喉、颊白色,其余下体棕白色,两胁较多棕色。雌鸟和雄鸟相似,但羽色较淡,贯眼纹黑褐色。幼鸟上体棕褐色,各羽均缀黑褐色横斑和棕色羽缘,下体棕白色,胸和两胁满杂以细的黑褐色波状横斑。虹膜深褐色,喙灰褐色,跗跖灰色。少见夏候鸟或旅鸟,主要栖息于低山丘陵和山脚平原地带的灌丛、疏林和林缘地带。浙江省级重点保护野生动物。

(12) 红嘴蓝鹊 *Urocissa erythrorhyncha*(附图 112)

鸦科 Corvidae。体长约 53~68 cm，雌雄相似。头、颈及胸部黑色，头顶至枕部灰白色。上体、两翼蓝灰色，腹部及臀白色。尾羽锲形极长，羽端白色。虹膜红色或暗红色，喙、跗跖鲜红色或橙红色。常见留鸟，广泛分布于林缘地带、灌丛甚至村庄。性喧闹，结小群活动，常在地面取食。

(13) 灰树鹊 *Dendrocitta formosae*(附图 113)

鸦科。体长 32~39 cm，雌雄相似。头部黑褐色，枕部灰色延伸至胸腹部。背部棕褐色，两翼黑色为主，初级飞羽具白斑；腰、尾上覆羽灰白色，尾下覆羽棕褐色，尾羽凸形，灰黑色或黑色。虹膜棕褐色，喙灰黑色，跗跖近黑色。常见留鸟，一般活动于低山阔叶林。

(14) 喜鹊 *Pica pica*

鸦科。体长 38~48 cm，雌雄相似。头、胸、背部黑色，飞羽、覆羽黑色具墨绿色金属光泽，肩羽白色。腹、两胁纯白色。尾较长，黑色具墨绿色金属光泽。常见留鸟，栖息于林地、湿地、农田、村庄、城市等各种生境，多成对或结小群活动，叫声响亮，攻击性强。

(15) 松鸦 *Garrulus glandarius*

鸦科。体长 28~35 cm，雌雄相似。喙短而粗壮，头部黄褐色，具短羽冠和显著的黑色颊纹，上体、下体黄褐色为主。飞羽黑色至栗色，具白色翅斑；覆羽具密集的黑白蓝 3 色夹杂点斑。尾羽黑褐色，腰部、尾下覆羽白色。虹膜褐色，喙灰褐色，跗跖灰褐色至黄褐色。常见留鸟，栖息于各种类型林地及其周边地区，发出沙哑的"嘎、嘎"声。

(16) 黄腹山雀 *Pardaliparus venustulus*(附图 114)

山雀科 Paridae。体长 10~11 cm，雌雄相似。雄鸟头部大部分黑色，颊部及后颈白色。上背黑色，肩部蓝灰色，两翼及尾羽黑色。中覆羽和大覆羽及三级飞羽末端白色，形成白色翼斑。喉部蓝黑色，胸腹鲜黄色，两胁黄绿色。雌鸟似雄鸟，体羽大部分黄绿色，腹部黄色淡。幼鸟似雌鸟，但头侧和喉沾黄色。虹膜深褐色，喙、跗跖灰褐色。常见留鸟，主要栖息于山地各种林木中，冬季多下到低山和山脚平原地带，常集群活动。中国特产鸟类。

(17) 大山雀(远东山雀) *Parus cinereus*(附图 115)

山雀科。体长 12~15 cm，雌雄相似。头部整体为黑色，耳羽、颊部具大型白斑，头部其他部位黑色，上背灰绿色，上体其他部位灰色。大覆羽深灰色，末端白色形成醒目的白色翼斑。飞羽及尾羽深灰色至蓝灰色，最外侧尾羽近白色。喉部黑色，胸腹部大体灰白色，黑色条带纵贯胸腹中央，雌鸟纵带较窄。虹膜深褐色，喙、跗跖灰褐色。常见留鸟，栖息在山区和平原等各种生境。

(18) 家燕 *Hirundo rustica*(附图 116)

燕科 Hirundinidae。体长 15~19 cm，雌雄相似。前额深栗色，头顶、头侧及上体深蓝色具金属光泽。翼上覆羽深蓝色，飞羽黑色狭长。尾羽蓝黑色，深叉状，最外侧一对尾羽延长。颏、喉部棕栗色,上胸具 1 条黑色环带,下胸、腹和尾下覆羽白色或棕白色,无斑纹。虹膜暗褐色,喙黑褐色,跗跖黑色。常见夏候鸟,活动于各种开阔生境,巢多置于建筑物壁,呈碗状开口向上。飞行迅速敏捷,主要以昆虫为食。

(19) 金腰燕 *Cecropis daurica*

燕科。体长 16~20 cm,雌雄相似。眼先深色,耳羽棕色。头顶至背部及翼上覆羽深蓝色,具金属光泽,飞羽黑色狭长,腰部显著棕色。尾长蓝黑色,深叉形。颊、喉、下体棕白色,密布黑色细纵纹。虹膜深褐色,喙及跗跖黑色。常见夏候鸟,栖息于低山及平原的原野、村庄附近,善飞行,主要以昆虫为食。筑巢多在山地村落间,呈长颈瓶状开口于水平侧面。

(20) 烟腹毛脚燕 *Delichon dasypus*

燕科。体长 11~13 cm,雌雄相似。眼先黑色,头顶至背部蓝黑色,具深蓝色金属光泽。两翼深褐色,腰白色,具黑纹。尾羽黑色,浅叉形。颊、喉及颈侧白色,胸腹部淡灰色。虹膜深褐色,喙黑色,跗跖肉色,跗跖至趾被白色绒羽。常见夏候鸟,常见于中低海拔的山地及平原的各种生境,常筑巢于山壁或屋檐及桥梁下。

(21) 白头鹎 *Pycnonotus sinensis*(附图 117)

鹎科 Pycnonotidae,俗称白头翁。体长 17~21 cm。头顶黑色,略具羽冠,颊部黑色,眼上方至枕部白色。上体暗灰色,双翼橄榄绿色,具黄绿色羽缘形成暗纵纹。喉白色,臀白。胸部具不明显的灰褐色宽带。幼鸟头橄榄色,胸具灰色横纹。亚成鸟整体灰色,仅头部橄榄色,无成鸟标志性的白头。虹膜褐色,喙黑色,跗跖黑色。常见留鸟,多活动于丘陵或平原的树林灌丛中,栖息于灌丛和林缘地带,杂食性鸟类,性活泼,冬季多集群活动。

(22) 领雀嘴鹎 *Spizixos semitorques*(附图 118)

鹎科。体长 17~21 cm。额、头顶黑色,颊和耳羽黑色具白色细纹。头两侧略杂以灰白色,后头和颈部逐渐转为深灰色。背部和尾上覆羽橄榄绿色,尾具宽阔的暗褐至黑褐色端斑。翅上覆羽与背相似,飞羽暗褐色。颏、喉黑色,具半环状白色颈环;胸和两胁橄榄绿色,腹和尾下覆羽鲜黄色。虹膜褐色,喙粗短、厚圆,肉黄色,上喙略向下弯曲,跗跖淡褐色。常见留鸟,我国特有鸟类,主要栖息于低山丘陵和平原,常出现在庭院、果园和村舍附近。

(23) 黄臀鹎 *Pycnonotus xanthorrhous*

鹎科。体长 17~21 cm,雌雄相似。额部至后颈黑色,具 1 较短的黑色羽冠,耳羽灰褐色。背部、两翼灰褐色,翼外缘略带黄绿色,尾羽灰褐色,尾下覆羽(臀部)黄色。喉部白色,胸腹部、两胁近白色略带浅灰色。虹膜深褐色,喙黑色,跗跖深褐色。常见留鸟,栖息于低山、丘陵和山脚平原的次生阔叶林、针阔混交林、林缘等地带,常成群活动。

(24) 栗背短脚鹎 *Hemixos castanonotus*

鹎科。体长 18~22 cm,雌雄相似。头顶黑色,具显著羽冠,背部、颈部及耳羽栗红色。两翼黑褐色,尾羽灰黑色。喉部白色,胸部白色略带灰色,腹部、臀部白色。虹膜深褐色,喙黑色,跗跖黑色。栖息于低山、丘陵次生阔叶林、林缘灌丛、公园绿地、果园等生境，常成对或小群活动。

(25) 绿翅短脚鹎 *Ixos mcclellandii*

鹎科。体长20~24 cm，雌雄相似。头部棕褐色，颈部、颊部棕色，喉部白色或灰白色，夹杂褐色。背部灰褐色，两翼绿色，尾羽绿色。胸部淡棕褐色，具少量白色纵纹，腹部淡黄褐色。虹膜棕褐色，喙黑色，跗跖棕色。常见留鸟，栖息于常绿、次生阔叶林及针阔混交林等环境，亦见于林缘、果园、竹林等生境，常集小群活动。叫声单调而尖利。

(26) 黑短脚鹎 *Hypsipetes leucocephalus*

鹎科。体长20~26 cm，雌雄相似。幼鸟头部近黑色，亚成鸟时白色逐渐增加，成鸟略具羽冠，头颈部、上胸白色，背部、两翼尾羽及下胸、腹部均黑褐色。虹膜深褐色，喙棕红色，跗跖棕红色。常见留鸟，栖息于低山丘陵、山地森林的常绿阔叶林、针阔混交林及林缘等生境，常集群活动，有季节性垂直迁移习性。

(27) 黄腰柳莺 *Phylloscopus protegulum*

柳莺科 Phylloscopidae。体长8~11 cm，雌雄相似。头部暗褐色，顶冠纹黄色。眉纹长而宽，前半部黄色，后半部淡黄色或白色。上体橄榄绿色，腰淡黄色。两翼暗褐色，羽缘黄绿色，具2道淡黄色翼斑。下体灰白色。虹膜暗褐色，喙灰褐色，喙基部淡黄色，跗跖褐色。常见冬候鸟或旅鸟，迁徙过境和越冬时见于各类林地、灌丛。

(28) 黄眉柳莺 *Phylloscopus inornatus*

柳莺科。体长9~11 cm，雌雄相似。无顶冠纹，眉纹淡黄白色较长。上体橄榄绿色，两翼暗褐色，羽缘黄绿色，具2道明显的黄白色翼斑，三级飞羽具明显白色端斑。下体灰白色，尾羽暗褐色。虹膜暗褐色，喙暗褐色，跗跖棕褐色。常见旅鸟，迁徙时活动于林冠层。

(29) 冕柳莺 *Phylloscopus coronatus*

柳莺科。体长9~11 cm，雌雄相似。上体橄榄绿色，头部略偏灰绿色，灰色顶冠纹模糊，眉纹细长，淡黄白色。两翼暗褐色，具暗绿色羽缘和1条狭窄的淡黄色翼斑。下体灰白色，尾下覆羽稍黄。虹膜褐色，上喙深灰色，下喙黄褐色，跗跖黄褐色。旅鸟，主要活动于中低海拔各类林地。

(30) 褐柳莺 *Phylloscopus fuscatus*

柳莺科。体长11~13 cm，雌雄相似。上体褐色或灰褐色，具明显的淡黄色眉纹，贯眼纹暗褐色。颊及耳羽灰褐色，喉、胸部及腹部中央灰白色，两胁及尾下覆羽淡褐色。虹膜褐色，上喙黑褐色，下喙黄褐色，跗跖黄褐色。常见旅鸟，常见于各种林地及灌丛。

(31) 栗头鹟莺 *Seicercus castaniceps*

柳莺科。体长8~10 cm，雌雄相似。前额至头顶栗棕色，黑色侧冠纹后部清晰，前部模糊。头侧喉、颊灰色，眼圈白色。上体橄榄绿色，两翼暗绿色，具2道淡黄色翼斑。尾羽浅褐色。上胸灰色，其余下体黄色。虹膜深褐色，上喙灰褐色，下喙黄褐色，跗跖灰褐色。常见夏候鸟，主要栖息于低山阔叶林。

(32) 强脚树莺 *Horornis fortipes* (附图119)

树莺科 Cettiidae。体长10~13 cm，雌雄相似。成鸟眉纹皮黄色了，贯眼纹暗褐色，头颈、上体橄榄褐色，覆羽棕褐色，飞羽、尾羽暗褐色，羽缘棕褐色。颈侧、喉、胸灰白色，两胁褐色，尾下覆羽棕黄色。幼鸟体羽黄绿色。虹膜褐色，上喙黑褐色，下喙黑褐色，跗跖粉褐色。栖息于山地、丘陵及平原阔叶林或林下灌丛，单独或成对活动，多隐蔽于浓密的灌丛枝叶间，鸣声连续而渐高，接以 2~3 音节短促的哨音。

(33) 棕脸鹟莺 *Abroscopus albogularis*

树莺科。体长 10~13 cm，雌雄相似。头侧栗棕色，无眉纹；侧冠纹黑色，顶冠纹栗棕色。上体橄榄绿色，两翼暗绿色，无翼斑。尾羽暗褐色。喉部白色，密布黑色细纵纹。胸部浅黄绿色或淡黄色，腹部灰白色，尾下覆羽淡黄色。虹膜深褐色，上喙灰褐色，下喙偏黄，跗跖棕褐色。常见留鸟，主要栖息于中低海拔阔叶林及竹林，鸣声似一连串的电话铃音。

(34) 红头长尾山雀 *Aegithalos concinnus*（附图 120）

长尾山雀科 Aegithalidae。体长 10~13 cm，雌雄相似。前额、头顶至后颈栗红色，黑色贯眼纹宽而黑。背部、两翼及尾羽蓝灰色，最外侧尾羽白色，腰部浅棕色。喉部和上胸白色，中央具显著黑色块斑；胸、腹灰白色，胸部具栗红色宽胸带；两胁栗红色。虹膜橘黄色，喙黑色，跗跖淡褐色。常见留鸟，主要栖息于山地森林和灌木林间，常十余只或数十只成群活动。性活泼，不停地在枝叶间跳跃或来回飞翔觅食，边取食边不停地鸣叫。

(35) 银喉长尾山雀 *Aegithalos glaucogularis*

长尾山雀科。体长 13~16 cm，雌雄相似。前额及眼先淡黄色，耳羽及颊部灰褐色，头顶至枕部大部分黑色，至后颈逐渐过渡为蓝灰色，顶冠纹白色。背部及覆羽蓝灰色，飞羽及尾羽黑色。喉部隐约的黑色斑块繁殖期明显。下体灰白色，两胁淡粉色。虹膜深褐色，喙黑色，跗跖灰黑色。少见留鸟，多集群活动于林地、湿地生境，性活泼而好动。

(36) 棕头鸦雀 *Sinosuthora webbiana*（附图 121）

莺鹛科 Sylviidae。体长 11~13 cm，雌雄相似。头颈大部分棕色，背部和尾羽灰褐色，两翅覆羽棕红色，飞羽多为褐色或暗褐色。喉、胸粉红色或淡棕色，具细微的暗红棕色纵纹，腹、两胁和尾下覆羽淡灰褐色。虹膜暗褐色，喙铅灰色至肉色，跗跖灰褐色。常见留鸟，栖息于阔叶林和针阔混交林林缘灌丛地带、疏林草坡、竹丛、矮树丛和高草丛。常成对或成小群活动，性活泼而大胆，常边飞边叫或边跳边叫。

(37) 短尾鸦雀 *Neosuthora davidiana*

莺鹛科。体长 9~11 cm，雌雄相似。头颈部棕色，眼先淡灰色，具不太连续的黑色细眉纹。背部及两翼灰色，尾羽褐色具橙色外缘。喉部黑色具灰白色斑纹，下体淡灰褐色。虹膜深褐色，喙粉色，跗跖灰褐色。少见留鸟，栖息于中低海拔林下竹林及灌丛，常集群活动。国家二级重点保护野生动物。

(38) 灰头鸦雀 *Psittiparus gularis*

莺鹛科。体长 15~19 cm，雌雄相似。头颈大部分淡蓝灰色，黑色眉纹从前额延伸至后枕，颊部白色，眼周具灰白色眼圈。背部、两翼及尾羽棕褐色。喉部黑色，胸腹部白色。虹膜深褐色，喙橙黄色，跗跖深灰色。常见留鸟，常集群于中低海拔常绿阔叶林上层及灌丛活动。

(39) 栗颈凤鹛 *Yuhina castaniceps*

绣眼鸟科 Zosteropidae。体长 13~19 cm，雌雄相似。头部灰褐色，具稀疏白点斑，羽冠较短；耳羽、颊部至后颈深栗色，具白色细纹。背部、两翼、尾褐色，背部具白色细纹。后、胸腹部灰白色，两胁淡灰色。虹膜深褐色，喙暗褐色，跗跖淡粉色。常见留鸟，性活泼，常混群活动于森林中下层。

(40) 暗绿绣眼鸟 *Zosterops japonicus*

绣眼鸟科。体长 10~12 cm，雌雄相似。头颈部黄绿色，前额乳黄色，眼周具白色羽圈，眼先具黑褐色细纹，背、翅、尾羽绿色，飞羽末端褐色。喉及上胸黄绿色，胸腹部及两胁灰白色，腹部中央近白色。虹膜褐色，喙铅灰色至黑色，跗跖灰黑色。常见留鸟或夏候鸟，栖息于山地林间。

(41) 红头穗鹛 *Cyanoderma ruficeps*

林鹛科 Timaliidae。体长 10~12 cm，雌雄相似。通体橄榄绿色，前额及头顶橙红色，喉部具暗色细纹。两翼及尾羽灰褐色。虹膜棕褐色，喙灰褐色，跗跖肉黄色至淡灰褐色。常见留鸟，集小群活动于灌丛、林缘、竹丛等各种生境。

(42) 棕颈钩嘴鹛 *Pomatorhinus ruficollis*

林鹛科。体长 9~13 cm。具栗色的颈圈、白色长眉纹，眼先黑色，喉白，胸具纵纹。虹膜褐色，上喙黑色，下喙黄色，跗跖铅褐色。常见留鸟，栖息于针阔混交林、常绿林或有竹林的矮小次生林。

(43) 灰眶雀鹛 *Alcippe morrisonia*

幽鹛科 Pellorneidae。体长 12~14 cm，雌雄相似。头部大部分灰色，白色眼圈明显，具明显黑色侧顶冠纹，上体其余部分褐色。下体淡黄色，喉部灰色较淡。虹膜褐色，喙黑褐色，跗跖肉色至褐色。常集群活，动于中低海拔森林中深层，性吵闹而常加入混合鸟群，鸣唱婉转多变。

(44) 黑脸噪鹛 *Garrulax perspicillatus*（附图 122）

噪鹛科 Leiothrichidae。体长 27~32 cm。额及贯眼纹黑色，上体暗褐色；外侧尾羽端宽，深褐色；下体偏灰渐次为腹部近白，尾下覆羽黄褐色。虹膜褐色，喙近黑色，喙端色较淡，跗跖红褐色。常见留鸟，栖息于低地生境，喜结小群活动于浓密灌丛、竹丛、芦苇地、田地及公园。取食多在地面，性喧闹。

(45) 画眉 *Garrulax canorus*（附图 123）

噪鹛科。体长 19~26 cm，雌雄羽色相似。头顶至上背具黑褐色纵纹，眼圈白色并向后延伸成狭窄的眉纹。头侧暗棕褐色，其余上体包括翅上覆羽棕橄榄褐色，飞羽暗褐色，尾羽浓褐或暗褐色、具多道不明显黑褐色横斑，尾末端较暗褐。喉、上胸和胸侧棕黄色夹杂黑褐色纵纹，其余下体棕黄色，两胁较暗无纵纹，腹中部污灰色。虹膜橙黄色，喙黄色，跗跖黄褐色。常见留鸟，主要栖息于山区、丘陵和山脚平原地带的矮树丛和灌木丛中，常在林下的草丛中觅食，杂食性，不善远距离飞翔。雄鸟在繁殖期极善鸣啭，声音嘹亮。我国特有鸟类，作为观赏笼鸟而遭到大量捕捉。国家二级重点保护野生动物。

(46) 棕噪鹛 *Garrulax poecilorhynchus*

噪鹛科。体长 25~29 cm，雌雄相似。前额及眼先黑色，眼周蓝色。头胸及背部棕黄色，两翼及尾羽栗色，下体灰白色，外侧尾羽末端白色。虹膜褐色，喙基部蓝黑色，端部黄色，跗跖灰褐色。少见留鸟，分布于山区及丘陵地带，喜小群活动于林下灌丛或竹丛。国家二级重点保护野生动物。

(47) 小黑领噪鹛 *Garrulax monileger*

噪鹛科。体长 24~29 cm，雌雄相似。眉纹白色，黑色贯眼纹由颈侧延伸至胸部形成黑色领环，黑色颚纹不明显，耳羽白色。上体黄褐色，上背及两胁棕褐色，腹部白色。虹膜黄色，喙深灰色，跗跖浅灰色。常见留鸟，群栖息于林下，鸣声似一连串笑声哨音。

(48) 红嘴相思鸟 *Leiothrix lutea*

噪鹛科。体长 13~16 cm，雌雄相似。额、头顶、枕和上背橄榄绿色，眼周淡黄色，耳羽浅灰色。下背、腰和尾上覆羽暗灰色。覆羽大部暗橄榄绿色，飞羽黑褐色；黄色、红色羽缘形成明显的红色或黄色翅斑。尾略叉状，近黑色。喉黄色，上胸橙红色，形成1条明显胸带，下胸、腹和尾下覆羽黄白色，两胁浅黄灰色。虹膜暗褐色，喙赤红色，基部黑色，跗跖黄褐色。留鸟，主要栖息于山地常绿阔叶林、常绿落叶混交林、竹林和林缘疏林灌丛地带，冬季下迁到低山、山脚、平原与河谷地带。国家二级重点保护野生动物。

(49) 八哥 *Acridotheres cristatellus*

椋鸟科 Sturnidae。体长 23~28 cm，雌雄相似。前额具黑色羽簇。全身黑色，初级飞羽基部具白斑，展翅飞行时翅斑明显。尾羽黑色具白色端斑，尾下覆羽黑色具白色横纹。虹膜淡黄色，喙黄白色至灰白色，跗跖暗黄色。常见留鸟，结小群生活，一般见于旷野或城镇及花园，鸣唱婉转多变。

(50) 丝光椋鸟 *Spodiopsar sericeus* (附图 124)

椋鸟科。体长 20~23 cm，雄鸟头部灰白色，颈部、上胸具深灰色条带。背灰色，颈部及背部羽毛延长呈丝状。两翅和尾黑色具蓝绿色金属光泽，初级飞羽基部具白斑翼斑。下体灰白色。雌鸟似雄鸟，头部灰褐色较多。幼鸟体羽更偏灰褐色。虹膜深褐色，喙暗红色，尖端黑色，跗跖黄褐色。常见留鸟，栖息于低山丘陵和山脚平原地区的次生林、稀树草坡等开阔地带，主要以昆虫为食，也吃植物果实与种子，鸣声嘶哑。

(51) 灰椋鸟 *Spodiopsar cineraceus*

椋鸟科。体长 20~24 cm。头部黑褐色，前额、耳羽白色夹杂黑纹。上体及下体大部分深褐色，飞羽深褐色，次级飞羽具白色翼纹。尾羽黑色，末端具白斑。幼鸟耳羽灰褐色。虹膜深褐色，喙橙黄色，末端暗色，跗跖黄褐色。冬候鸟，栖息于农田、林缘次生阔叶林内。杂食性，常集大群活动，鸣声嘶哑。

(52) 鹊鸲 *Copsychus saularis* (附图 125)

鹟科 Muscicapidae。体长 18~22 cm。雄鸟头、胸及背蓝黑色，略具金属光泽。两翼近黑色，次级飞羽和部分覆羽白色，停歇时形成醒目的白色翼斑。中央尾羽黑色，外侧尾羽白色。腹部白色。雌鸟似雄鸟，整体暗灰色；亚成鸟似雌鸟，但胸部具褐色杂斑。虹膜褐色，喙、跗跖黑色。常见留鸟，栖息于各种生境，喜停于显著处鸣唱或炫耀，鸣声复杂多变。多地面取食，不停地把尾展开又骤然合拢。

(53) 北红尾鸲 *Phoenicurus auroreus* (附图 126)

鹟科。体长 13~16 cm。雄鸟头顶至枕部灰白色，背部黑色，头侧、喉部及上胸黑色，其余下体橙棕色。两翼黑色，次级飞羽基部白色，构成醒目的块状白翼斑。中央尾羽黑色，其余橙棕色。雌鸟全身灰褐色，白色翼斑似雄鸟但略小。虹膜深褐色，喙、跗跖黑色。冬候鸟及旅鸟，栖息于灌丛、林区，常单独或成对活动，行动敏捷，频繁地在地上和灌丛间跳来跳去啄食，偶尔在空中飞翔捕食。停歇时常不断地上下摆尾和点头。

（54）红尾歌鸲 *Larvivoraa sibilans*

鹟科。体长 12~15 cm，雌雄相似。上体褐色，具暗淡的灰白色或淡黄色眉纹，两翼和尾棕红色，雌性尾羽颜色较淡。下体近白色，胸部具深褐色鳞状斑纹，有时延伸至喉部和胁部。虹膜深褐色，喙近黑色，下喙基部粉色，跗跖粉褐色。旅鸟，常栖于森林中茂密多荫的地面或低矮植被覆盖处。

（55）红胁蓝尾鸲 *Tarsiger cyanurus*（附图 127）

鹟科。体长 12~15 cm。橘黄色两胁与白色腹部及臀部形成对比。雄鸟上体蓝灰色，前额、眉纹白色。下体白色为主，两胁橙色。飞羽和大覆羽褐色，其余蓝灰色，小覆羽多为鲜艳的辉蓝色。尾蓝色。雌鸟褐色，下体灰白色，两胁橙色，尾蓝色。虹膜深褐色，喙黑色，跗跖褐色。冬候鸟及旅鸟，活动于山地森林及林缘灌丛的近地面处。

（56）红尾水鸲 *Rhyacornis fuliginosa*

鹟科。体长 12~15 cm。雄鸟飞羽棕褐色，尾羽栗红色，其他部位蓝灰色。雌鸟上体灰褐色，下体白色，具细密的灰色鳞状斑。两翼灰褐色，翼上覆羽和部分内侧飞羽具小而清晰的白色端斑。中央尾羽深褐色，外侧尾羽白色逐渐扩展。幼鸟似雌鸟但上体密布白色点斑，全身片黄褐色。虹膜深褐色，喙黑色，跗跖灰色。留鸟，主要栖息在山地溪流石滩处，叫声尖锐，尾羽不断地重复打开、合拢。

（57）白额燕尾 *Enicurus leschenaulti*

鹟科。体长 25~30 cm，雌雄相似。头部至上背及喉、胸部黑色，额部白色；腰、腹部白色。两翼黑色，覆羽前端和次级飞羽末端白色，形成 1 道白色翼斑。部分个体飞羽基部具狭窄的白色端斑。尾长，深叉形，黑色，端部、基部白色，形成多个白斑。幼鸟无白色额头，上背及头胸棕褐色。虹膜深褐色，喙黑色，跗跖淡粉色至粉白色。留鸟，多活动于溪流附近。

（58）小燕尾 *Enicurus scouleri*

鹟科。体长 12~14 cm，雌雄相似。头、胸、背部黑色，前额至头顶前部白色。腰、尾上覆羽、腹部及尾下覆羽白色。两翼黑色，内侧飞羽基部和部分覆羽白色，形成 1 道白色翼斑。尾羽较短，中央尾羽黑色，其余大部分白色。虹膜深褐色，喙黑色，跗跖淡粉色。留鸟，主要栖息于山间溪流，水边活动时不停地打开尾羽。

（59）紫啸鸫 *Myophonus caeruleus*

鹟科。体长 28~33 cm，雌雄相似。通体蓝紫色，前额亮蓝色，眼先蓝黑色，头、背、胸、腹部密布金属光泽的亮蓝色或淡紫色点斑。虹膜褐色，喙黑色，跗跖黑色。留鸟，栖息于河流、溪流或密林中的岩石露出处。地面取食，受惊时慌忙逃至有覆盖的地方并发出尖厉的警叫声。

（60）灰纹鹟 *Muscicapa griseisticta*

鹟科。体长 13~14 cm，雌雄相似。上体灰褐色，眼先淡灰色，前额至头顶具深褐色细纹。两翼深褐色，翼羽具白色羽缘。飞羽较长，停栖时接近尾端。下体白色，胸部至两胁具清晰的黑褐色纵纹，尾羽灰褐色。虹膜深褐色，喙黑褐色，跗跖黑褐色。常见旅鸟，主要活动于林地，常静立于突出的树枝上，突然飞出于空中捕食昆虫，之后快速返回原处。

(61) 北灰鹟 *Muscicapa dauurica*

鹟科。体长 11~14 cm，雌雄相似。上体灰色至灰褐色，眼先及眼周灰白色。两翼深褐色，覆羽、飞羽具明显白色窄缘斑，尾羽深褐色。下体灰白色或灰褐色，无深色纵纹。虹膜深褐色，喙黑色，下喙淡黄色，跗跖近黑色。常见旅鸟，迁徙过境时见于各种林木，习性似灰纹鹟。

(62) 鸲姬鹟 *Ficedula mugimaki*

鹟科。体长 11~14 cm。雄鸟上体黑色白色眉纹较短。两翼黑褐色，覆羽处具明显白色翼斑。喉胸部橙红色，向腹部逐渐变淡，下腹及尾下覆羽灰白色；尾羽黑色，外侧基部白色。雌鸟上体灰褐色，两翼褐色，稍具细翼斑。喉部及胸部浅棕色，腹部灰白色。虹膜深褐色，喙黑色，跗跖灰褐色。常见旅鸟，主要活动于低海拔林地。

(63) 乌鸫 *Turdus mandarinus*（附图 128）

鸫科 Turdidae，体长 24~30 cm。雄鸟全身黑色，喙及眼圈橙黄色。雌鸟较雄鸟色淡，喙黄色至暗褐色，喉、胸有暗色点斑或纵纹。幼鸟似雌鸟但更偏浅褐色，喙深褐色或黑色，背部和腹部具淡黄色羽纹。虹膜深褐色，跗跖褐色。常见留鸟，栖息于各种不同类型的林中，尤其喜欢栖息在林区外围、林缘疏林、农田旁树林、果园和村镇边缘。常单独或三五成群地在地面奔跑、觅食。歌声嘹亮动听，并善于模仿其他鸟鸣。

(64) 虎斑地鸫 *Zoothera aurea*

鸫科。体长 28~31cm，雌雄相似。眼先白色，无眉纹。上体橄榄褐色，下体白色，各羽具黑色及淡棕色羽斑，形成覆盖全身的鳞状斑。翼上覆羽橄榄色、淡棕色及黑色，飞羽橄榄色，尾羽橄榄褐色。虹膜深褐色，喙深灰色，跗跖粉色。旅鸟，栖息于中低海拔的林地，于地面或树的中下部活动，一般不集群。

(65) 橙头地鸫 *Geokichla citrine*

鸫科。体长 19~22 cm，雌雄相似。头、颈、胸、腹部为鲜艳橙色，眼先、眼周、颊、喉部颜色稍淡，眼下和耳羽具两道黑色或深褐色纵向粗纹。背部及尾羽蓝灰色，两翼灰色或灰褐色，部分个体覆羽区具 1 短的白色翼斑。尾下覆羽白色。幼鸟背部及两翼偏褐色。虹膜深褐色，喙深灰色，跗跖粉色。罕见夏候鸟，主要栖息于低海拔常绿阔叶林和林缘灌丛，不集群。

(66) 灰背鸫 *Turdus hortulorum*（附图 129）

鸫科。体长 20~24 cm。雄鸟头、胸及上体其余部分均为灰色，喉灰白色，有时具深色细纵纹。腹部中央及尾下覆羽白色，两胁及翼下大面积橙色。尾灰褐色。雌鸟上体灰褐色较重，部分个体具不清晰的白色眉纹。喉及胸白色，具浓密的黑色点斑。两胁及翼下橙色稍淡。虹膜褐色，喙雄鸟黄色，雌鸟褐色，幼鸟深灰色，跗跖粉色。冬候鸟或旅鸟，于地面或树的中下部活动。

(67) 斑鸫 *Turdus eunomus*

鸫科。体长 21~25 cm，雌雄相似。成鸟眼先、耳羽、头顶、后颈至背部橄榄褐色或深褐色，眉纹白色，颊白色具褐色杂斑；喉白色，具深褐色短纵纹。胸腹部白色密布褐色斑。翼上覆羽栗色，具大块棕色斑。尾羽黑褐色。虹膜深褐色，喙褐色，跗跖灰褐色。冬候鸟或旅鸟，见于林地、开阔田野及城市等各种生境，冬季常集群。

(68) 白腰文鸟 Lonchura striata (附图 130)

梅花雀科 Estrildidae。体长 10~13 cm，雌雄相似。头部栗褐色，胸部、肩部及背部棕褐色；腰白色，飞羽及尾羽暗褐色。腹与两胁灰白色。幼鸟上体灰褐色，腰部、胸腹部淡黄色。虹膜深褐色，喙蓝灰色，跗跖深灰色。常见留鸟，栖息于低山、丘陵和山脚平原地带，尤以溪流、苇塘、农田耕地和村落附近较常见，平时集群生活，以植物种子为主食。

(69) 斑文鸟 Lonchura punctulata

梅花雀科。体长 10~13 cm，雌雄相似。头部栗褐色，额、颊、喉部颜色较深。上体及两翼棕褐色，稍具浅色斑纹。胸腹部灰白色，两胁粗大深褐色鳞状斑。幼鸟上体棕褐色，下体皮黄色，无鳞状斑。虹膜棕红色，喙蓝灰色，跗跖蓝灰色。常见留鸟，栖息于低海拔的低山、丘陵和山脚平原地带开阔生境，常集群活动。

(70) 麻雀 Passer montanus (附图 131)

雀科 Passeridae。体长 13~15 cm，雌雄相似。成鸟头顶至后颈棕栗色，眼先及眼周黑色，脸颊至颈侧白色，耳羽具黑斑。肩背部棕褐色，遍布黑色纵纹，腰、尾暗褐色。翅膀暗褐色具 2 道浅色翼斑。喉部黑色，胸腹部淡灰色。幼鸟颜色较淡。虹膜深褐色，喙黑色，跗跖粉褐色。常见留鸟，栖息于居民点和田野附近，喜群居。

(71) 山麻雀 Passer cinnamomeus

雀科。体长 13~15 cm。雄鸟头顶至上体栗红色，背部具黑色纵纹。眼周、喉部黑色，颊部灰白色。肩部栗红色，翅膀大部分深褐色，具浅色翼斑，尾部灰褐色。胸腹部灰白色。雌鸟背部棕褐色，贯眼纹褐色，眉纹淡黄色；颊、喉及胸腹部灰白色。虹膜深褐色，喙深褐色，跗跖肉褐色。留鸟，栖息于稍高海拔的森林林缘及村镇附近。

(72) 白鹡鸰 Motacilla alba (附图 132)

鹡鸰科 Motacillidae。体长 17~20 cm。前额和脸颊白色，头顶和后颈黑色。上体灰色，下体白色，两翼及尾黑白相间。头后、颈背及胸部具明显黑斑。雌鸟似雄鸟，颜色较暗；幼鸟体羽灰色。虹膜褐色，喙及跗跖黑色。有多个亚种，冬候鸟、旅鸟或留鸟，常栖息于近水的开阔地带、稻田、溪流及村落，常单独成对或成小群活动，主要以昆虫为食。多在地面活动，步行频率快，停栖或步行时尾巴有上下摆动的习性，飞行轨迹波浪形。

(73) 山鹡鸰 Dendronanthus indicus

鹡鸰科。体长 16~18 cm，雌雄相似。头颈橄榄褐色，颊、喉白色，眉纹细白，背部橄榄绿色。下体白色，胸前具两条黑色胸带，下侧黑带有时不完整。飞羽、覆羽黑褐色，末端白色形成 2 道翼斑。外侧尾羽褐色。虹膜灰色，上喙浅褐色，下喙色淡，跗跖粉棕色。夏候鸟或旅鸟，栖息、活动于林间，发出"嘎吱，嘎吱"的清脆鸣声。

(74) 灰鹡鸰 Motacilla cinerea

鹡鸰科。体长 17~20 cm，雌雄相似。头部、背部灰色，腰部黄色。白色眉纹较细，颊纹白色。下体灰色。飞羽和覆羽黑褐色，具 2 条白色翼斑。尾羽褐色，尾下覆羽黄色。

繁殖期雄鸟喉部黑色，胸腹部鲜黄色，两胁灰色。虹膜褐色，喙黑褐色，跗跖粉灰色。夏候鸟或旅鸟，栖息于近水沼泽、溪流、草甸、沙地等附近。

(75) 树鹨 *Anthus hodgsoni* (附图 133)

鹡鸰科。体长 15~17 cm，雌雄相似。上体大部分浅棕色，背部具浅黑褐色纵纹，翅上具 2 道灰白色翼斑。眉纹白色，耳后具深色斑，颚线黑色。下体乳白色，胸部、两胁具黑色纵纹。虹膜深褐色，喙粉褐色，跗跖粉色。常见冬候鸟或旅鸟，成群活动于草地、林地，受惊扰时飞到树上隐蔽。

(76) 燕雀 *Fringilla montifringilla*

燕雀科 Fringillidae。体长 15~16 cm。雄鸟繁殖羽头背部、飞羽、尾羽黑色，中小覆羽浅棕色，大覆羽黑色具浅棕色羽端。喉、胸部橙色，腹部白色，两胁具黑色点斑。非繁殖羽头背部黑色羽毛具明显棕色羽缘。雌鸟头部灰褐色，头顶至枕部具 2 道黑色纵纹，背部棕褐色具黑色点斑。虹膜褐色，喙黄色，喙端灰黑色，跗跖褐色。常见冬候鸟或旅鸟，栖息于林地灌丛，喜集群活动。

(77) 金翅雀 *Chloris sinica* (附图 134)

燕雀科。体长 13~14 cm。雄鸟头部灰绿色，眼先灰褐色，背部及部分翼上覆羽栗褐色。飞羽黑色，具黄色及白色翼斑。尾羽黑色，腰部黄色。喉部黄绿色，胸部、腹部淡褐色，尾下覆羽黄色。雌鸟似雄鸟，体色稍淡，颈、背部具模糊纵纹。虹膜褐色，喙粉色，跗跖棕褐色。常见留鸟，多见于林缘、灌丛、果园、公园等生境，主要以植物果实、种子、草子和谷粒等农作物为食。

(78) 黄雀 *Spinus spinus*

燕雀科。体长 11~12 cm。雄鸟头部、耳羽褐色，眉纹黄色。背部黄色或黄绿色，具清晰的褐色纵纹。覆羽黑褐色，具宽阔的黄绿色翼斑。颏部褐色，下体黄绿色，两胁具黑色纵纹。雌鸟似雄鸟，头顶、耳羽色浅，全身黑色纵纹明显而密集。虹膜褐色，喙灰褐色，跗跖褐色。常见冬候鸟或旅鸟，见于较低海拔的各种林地。鸣声具金属感似多变哨音。

(79) 黑尾蜡嘴雀 *Eophona migratoria* (附图 135)

燕雀科。体长 17~20 cm。雄鸟喙厚大而浑圆。头部黑色，颈部灰色，背灰褐色或棕褐色，腰和尾上淡灰色，尾羽黑色。翅上覆羽和飞羽黑色，略具金属光泽，具 2 个白色翼斑。下体浅灰褐色，两胁橙色。雌鸟头和上体灰褐色，飞羽翼斑较窄。下体淡灰褐色，两胁浅橙色。幼鸟和雌鸟相似，但羽色较浅淡。虹膜褐色，喙基部蓝灰色中间橙黄色，端部黑色，跗跖粉褐色。常见冬候鸟或旅鸟，栖息于低山和山脚平原地带的林缘疏林、河谷、果园、城市公园以及农田，主要以种子、果实、草子、嫩叶、嫩芽等为食。

(80) 灰头鹀 *Emberiza spodocephala* (附图 136)

鹀科 Emberizidae。体长 14~16 cm。雄鸟头、颈、喉、上胸灰色，眼先及颏黑色。背部浅褐色，具明显的黑色纵纹。两翼棕褐色，具 2 条浅色翼带，尾淡棕色，边缘白色。下体浅黄，体侧具深褐色纵纹。雌鸟及冬季雄鸟头部橄榄色，头顶具浅褐色纵纹。眉纹灰褐色，皮黄色颊纹明显。虹膜深褐色，喙暗褐色，下喙偏浅，跗跖粉褐色。常见冬候鸟或旅鸟，常集小群越冬于灌丛及林缘，不断弹尾以显露外侧尾羽的白色羽缘，性机警。

(81) 三道眉草鹀 *Emberiza cioides*

鹀科。体长15~18 cm。雄鸟眉纹白色，与颈部灰白色颈环左右相连。耳羽褐色，颊纹白色，髭纹黑褐色。头顶、背部棕褐色，背部具明显黑色纵纹。两翼棕褐色，具黑色纵纹。尾羽褐色，尾下覆羽白色。喉部白色，胸腹部棕栗色。雌鸟颜色较淡，眉纹及颊纹皮黄色，胸部皮黄色，幼鸟色淡且多细纵纹。虹膜深褐色，喙灰黑色，跗跖粉褐色。常见留鸟，常于突出处鸣唱。

(82) 白眉鹀 *Emberiza tristrami*

鹀科。体长14~15 cm。雄鸟头颈黑色，喉黑色。顶纹、眉纹、颊纹白色，耳羽后方具白斑。背灰褐色，具深褐色纵斑。腰至尾羽棕褐色，两翼棕褐色，羽缘色淡。胸、两胁淡褐色，具暗褐色纵斑，腹部灰白色。非繁殖羽顶冠纹、眉纹色浅，耳羽、喉褐色。雌鸟似雄鸟但侧冠纹、耳羽褐色。虹膜深褐色，上喙蓝灰色，下喙粉色，跗跖粉色。冬候鸟或旅鸟，单独或成对活动于灌丛、草丛及林缘地带，性机警。

(83) 小鹀 *Emberiza pusilla*

鹀科。体长12~14 cm。雄鸟头顶、颊部红褐色，侧冠纹、耳羽外缘及髭纹黑色。背部灰褐色具黑斑，羽缘红褐色。尾羽黑褐色，外侧白色。喉淡棕色，胸腹部灰白色，胸部及两胁具黑色纵纹。雌鸟似雄鸟但色淡，非繁殖期雌雄均色淡。虹膜深褐色，喙灰褐色，跗跖棕褐色。常见冬候鸟或旅鸟，活动于农田、旷野及林缘地带，性机警。

(84) 黄眉鹀 *Emberiza chrysophrys*

鹀科。体长14~14 cm。雄鸟头部黑褐色，顶冠纹后部白色，眉纹前部黄色，后部白色，颊纹白色。耳羽后部具白斑。背部棕褐色，具黑色纵纹，尾羽黑褐色，外侧白色，下体灰白色，喉、胸及两胁具褐色纵纹。非繁殖期顶冠纹白色，耳羽褐色。雌鸟似雄鸟，顶纹白色，耳羽棕褐色。虹膜深褐色，喙浅褐色，喙尖黑色，跗跖粉色。常见冬候鸟或旅鸟，单独或小群出现于次生灌丛及开阔田野，性机警。

(85) 黄喉鹀 *Emberiza elegans*

鹀科。体长15~16 cm。雄鸟头上具黑褐色羽冠，眼先至耳羽及脸颊黑色，眉纹鲜黄色。背部棕褐色或灰褐色，具黑色纵纹。尾羽黑褐色，外侧白色。喉部黄色，胸腹部灰白色，上胸具三角形黑斑，胸侧及两胁具褐色纵纹。雌鸟羽冠浅褐色，眉纹黄褐色，眼先至耳羽及脸颊棕褐色，背羽色淡。喉、胸淡黄褐色，腹部灰白色。虹膜暗褐色，喙浅灰色，跗跖肉粉色。常见冬候鸟或旅鸟，单独或成群出现于林缘、灌丛地带，性机警。

第 9 章　兽类

全世界现存兽类5400余种，是脊椎动物中最高等的类群。兽类的消化系统出现了口腔消化，包括物理消化和化学消化。口腔结构更加复杂而完善：牙齿为异型齿，通过切割、撕裂、磨碎食物在口腔完成物理消化；出现了肌肉质的唇，使口裂缩小，可以防止磨碎的食物掉落。次生腭完整，使内鼻孔后移，把口腔和咽腔分开，从而在口腔进行物理消化时不会影响呼吸。整个消化管有了严格的分化，小肠、盲肠和大肠界限明显，消化吸收能力增强。兽类的肺结构复杂，气体交换面积更大，气体交换能力更强。循环系统结构更加完善，形成完整的双循环。兽类具有高度发达的神经系统，能有效地协调体内环境的统一并对复杂的外界刺激迅速作出反应。兽类繁殖方式更加完善，胎生、哺乳大幅提高了幼仔的成活率并使其能良好的发育成长。

9.1 兽类的基本形态特征

9.1.1 兽类躯体外部形态及量度(图9-1)

体长(头躯长)：自吻端至肛门或尾基部的长度。

尾长：由尾基部(或肛门)至尾尖的长度，尾端毛长不计入。

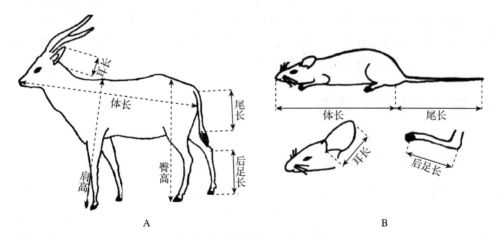

图 9-1　兽类的外部形态及量度(引自诸葛阳等,1989)
A. 大中型兽类　B. 小型兽类

耳长：由耳尖至耳壳基部缺口的长度，不包括耳尖毛长。
后足长：后肢跗跖部连趾的全长（不计爪），有蹄类则到蹄尖。
肩高：肩部背中线至前肢指末端，包括蹄的长度。
臀高：臀部背中线至后肢趾末端，包括蹄的长度。

9.1.2 翼手目的外部形态特征（图9-2）

翼手目动物为了适应飞行生活，前肢发生了明显的特化，前臂、掌骨和指骨特别延长，第3指特长。第1指短，具钩爪，便于攀爬。从指末端上至肩部，向后至体侧、后肢及尾间具薄而多毛的翼膜。后肢短小，后足5趾，具锐利钩爪。后肢间相连的翼膜称为股间膜，包围着尾（有的种类无），有助于飞行。后足基部软骨质或骨质的棒状结构称为距，用于支撑股间膜。

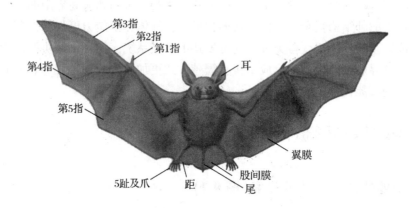

图 9-2 翼手目的外部形态（引自胡杰等，2017）

有的蝙蝠鼻孔周围具有特别精细而杂乱的皱褶称为鼻叶，常见于菊头蝠科和蹄蝠科的种类。有的蝙蝠种类在外耳基部有一片皮肤瓣称为耳屏，不同的种类其形状各异。一般有复杂鼻叶的蝙蝠大多数没有耳屏，而有耳屏的种类一般都没有复杂的鼻叶。这些结构与蝙蝠的回声定位有关，也是分类时常用的识别特征。

9.2 兽类的识别与调查

9.2.1 常见兽类的野外识别

9.2.1.1 外形特征

（1）体型大小

小型兽类指体型大小如鼠类的兽类，主要包括食虫类、翼手目、兔形目及啮齿类的大多数种类。大中型兽类主要包括灵长目、食肉目、偶蹄目和奇蹄目等类群的种类。

(2) 毛被颜色

不同的兽类有着不同的毛被颜色，包括整个身体的基本毛色及各个部位特殊的斑纹。如獾类大部分全身以灰褐色为主，头颈部具不同大小和形态的斑块或条纹，而梅花鹿全身夏季棕黄色具白色斑点，冬季则以灰褐色为主。

(3) 特殊形态

鼹鼠亚科动物往往有一对外翻的前掌，兔科动物有长长的耳朵，菊头蝠科的种类往往有特殊而复杂的鼻叶。鹿科动物尾的长短、角的有无及其形状（角的外形、分叉情况）等都是重要的野外识别依据。

9.2.1.2 生境

不同的兽类往往需要不同的生境。例如，毛冠鹿通常在一些比较平缓的森林中活动；华南梅花鹿则喜欢在森林和灌丛交错地带活动、取食；中华鬣羚则主要活动于海拔较高的林灌草丛及岩石密布的区域。因此，在野外识别动物时要结合动物的生境进行分析。

9.2.1.3 活动痕迹

兽类活动痕迹指兽类活动时留下的所有痕迹，主要包括足迹、粪便、食迹、卧迹及爪痕等。这些痕迹在兽类野外调查中是重要的间接证据，可以为我们了解兽类的活动状况提供许多重要的信息。

(1) 足迹

足迹在野外最容易见到，如河边沙滩或雨后泥地上，雪后雪地上留下的足迹，因此，在兽类的野外识别中比较重要。一般根据足迹印的特点分为单足迹、足迹组和足迹链3种。

①单足迹：指动物的单个脚印。不同的种类足迹有不同的形状，如足型属于蹠行性的猴科动物前后足似人手，均具5指（趾），但后足印显著大于前足印；熊科动物前后足均5趾着地，前端具5爪，趾间靠近，爪印清晰。前足趾间垫宽，掌垫小而圆，后足似人脚印。趾行性足型如犬科动物前后足均4趾着地，前端具4爪，而猫科动物前后足4趾着地，前端无爪印。蹄行性的猪科动物3、4趾着地，足印较大而钝；鹿科动物3、4趾着地，左右蹄印多紧靠，前部窄而略尖。

②足迹组：指动物前后四足的脚印组，常因种类、性别、行为特点等不同而有很大的变化。根据足迹组的长度（步距）可以估计兽类个体的大小。

③足迹链：指动物行走时在地面留下的成行脚印，常常随着动物种类、行走姿势和活动特点的不同而有所差异。

(2) 粪便

在野外，动物的粪便是相对容易见到的动物活动痕迹。可以从3个方面考虑利用动物的粪便判断动物种类。

①粪便形态：扁球形的粪便是兔科动物鉴别特征；多数偶蹄类动物粪粒常呈子弹形，一端突起，一端常有凹陷。食肉目犬科动物粪便常呈粗的绳索状；猫科动物粪便为断节绳索状，鼬科动物粪便通常更细，且两端具长尾的绉索状；豪猪粪粒常呈花生粒大小、粗短

的散粒或颗粒黏呈节筒状，猪獾的粪便常呈盘曲的长条形。

②粪便粗细：粪便大小一般与动物的体型大小相关，体型越大，粪便直径也越大。例如，食肉目的赤狐粪便直径小于 18 mm；狼的粪便直径在 25 mm 以上。

③发现粪便的位置：不同动物排便位置通常与其生活习性有关。例如，猫科动物粪便具有标记作用，常在一些道路旁见到；鼬科动物通常将粪便排在兽道的倒木上；中华鬣羚喜欢在岩石下固定的场所排便。

(3) 食迹

指动物采食时留下的痕迹。例如，被取食的草本植物、嫩枝嫩叶；果实成熟的季节通常会见到被采食折断的树枝、被啃食的枝条等。

(4) 卧迹

动物躺卧休息留下的痕迹。根据卧迹的大小可以初步判断动物的大小。在卧迹及其周围往往可能会发现动物留下的毛发或粪便。

(5) 爪痕

一些善于爬树的种类常在一些树干上留下爪痕。猫科一些种类常在一些显眼的树干上留下抓痕显示其领地权。

9.2.2 兽类调查方法

9.2.2.1 直接调查法

(1) 路线调查法

选择一条长 2~3 km 的路线，路线两侧最好能包括各种生境类型，路线宽度视具体情况而定，以视野清晰为准，一般可为 20~30 m，记录可见种类和数量。

(2) 标准地法

划定一定面积的标准地，在标准地内采用铁锹、鼠笼、哄赶、标志等方法统计种类和数量。对小型啮齿类动物常用下面两种方法进行调查统计。

(3) 铁日法

在单位面积内放置一定数量的鼠铗，依据捕获的百分率来确定某种鼠类的数量。一个鼠铗放置一个昼夜即为一个铗日。

(4) 标志流放法

对鼠笼中捕得的个体进行标记再释放出去，可用剪掉脚趾或耳朵作为不同数量等级的标志。

9.2.2.2 间接调查法

由于动物在自然环境中进行各种活动，必然会在野外留下各种各样的痕迹，这些痕迹可以作为调查中的主要依据。通过调查野外环境中兽类遗留下来的各种痕迹，包括足迹、粪便、食物残余、洞穴及各种隐蔽场所、抓痕等来判断和确定动物的种类和数量。

穴居型动物会挖掘各种各样大小和形状的洞穴或利用现成的石堆、土洞作为庇身之所，可以通过寻找动物的巢穴来判断动物类型。各种动物粪便的大小、形状及色泽皆有不同，如食肉目动物粪便中常有兽毛或羽毛。雪地、疏松或潮湿的林地以及荒地上兽类活动时常会留下明显的足迹，是识别兽类的主要标志。例如，野猪的脚印特别深，和家猪的脚印相似；狍子蹄印较尖，从前蹄尖到后脚趾长度通常不超过 10 cm；熊的胼胝、趾和爪印非常清晰；狼的脚印和狗相似，主要区别是狼的脚印线大多是直的；狐狸的脚趾比较靠拢，只能看出裸出趾端的印，脚掌肉垫被毛，印记不清晰；野兔具两个并列的椭圆形比较宽大的后脚印，前掌脚印较小，常为一前一后。

另外，野外还可以通过监听动物发出的各种叫声、特殊的活动声音来判断、确定动物的种类。例如，猿类特有的啸声、犬科的吠叫、松鼠追逐、警告的叫声等。

9.2.2.3 红外相机自动监测法

红外触发相机监测野生动物方法是一种新型调查手段，特别适用于对活动隐秘的大中型、珍稀兽类、鸟类的记录。红外触发相机在野生动物研究、监测、保护的应用主要包括证实某物种的存在、种群密度预测、个体识别、标记—重捕、计算物种相对丰度、研究动物活动模式、偷盗猎行为监控等。

(1) 红外相机类型

①主动式红外相机：由分置的红外线发射器、接收器和拍照相机等部分组成。发射器发射一束人眼视力不可见的红外线光束，正对着接收器上相应的接收窗口，当移动的物体从发射器和接收器之间经过时，红外光束被隔断，从而引发相机拍摄照片。

②被动式红外相机：包括红外传感器、控制线路板、拍照相机、供电系统和外壳。被动式红外传感器能够探测前扇形区域内热量、红外能量的突然变化。其基本工作原理是当温血动物从装置前方经过时，动物体温与环境温度造成的温差引起相机周围热量的变化，这种温度(热量)的变化由红外传感器接收后，产生一个脉冲信号，从而触发相机拍摄。

同上原理，红外触发相机经过改造，可以加装摄像机而成为红外触发摄像机。目前，数码技术在红外触发相机中广泛应用，使同一个产品同时具备获取相片和视频片段的功能，增加了采集的信息量。

(2) 拍摄方式

①固定时间间隔拍摄：多应用于研究对象频繁出现的情况下，特别是针对特定动物个体或家庭的行为学研究，如鸟类筑巢行为、育雏行为的研究。

②目标动物触发拍摄：更适合于在目标动物的出现频率很低且不可预测的情况，例如，对鸟巢掠食者的确定、大型兽类的记录等。由目标动物触发的无人自动拍摄装置也被称作"相机陷阱"，运用这种装置来记录、调查野生动物的方法也称作"相机陷阱调查法"。

红外触发相机具有物种鉴定准确，受不同的栖息地、环境类型影响小，可 24 小时持续工作，适合监测活动隐秘的动物，对动物的干扰比较小等优点，对野外工作人员的专业知识要求相对较低。但是红外触发相机对一些小型野生动物无能为力，在潮湿或高温环境中常会出现问题。

9.2.3 不同类群兽类的调查

9.2.3.1 大中型兽类的数量调查

(1) 直接计数法

对于栖息在特定范围内的昼行性、群栖性的大中型兽类可以通过直接计数法进行数量统计。例如，调查天目山区的华南梅花鹿可以选择在繁殖季节进行集中统计，调查前根据常年监测资料确定恰当的观察地点和观察时间，在各调查点同步利用望远镜、单反相机和摄像机等进行统计记录。重复计数取最大值进行最后的数据汇总，即得到本区域华南梅花鹿的种群数量。

(2) 样线法

根据调查区域基本情况，设置数条 3~5 km 长、贯穿各主要生境的调查样线。调查时行进速度以每小时 1~2 km 为宜，直接计数样线上遇到的动物实体，估算动物距离样线的距离，记录到的动物数量除以样带宽度与样线长度的乘积，推算得到动物种群的密度。种群密度乘以研究区域总面积即可得到研究区域内动物的种群数量。样线法是进行大中型兽类数量调查的基本方法，受环境条件限制较少，需要调查人员少。

9.2.3.2 小型兽类调查

(1) 翼手类的调查

调查前通过查阅相关文献资料，对当地居民进行访问调查，确定蝙蝠的栖息地，了解蝙蝠的数量和活动范围。调查时首先观察、拍摄和记录栖息环境，然后采用昆虫网、雾网、竖琴网等工具进行网捕采集标本，带回室内进行整理种类和性别鉴定。

(2) 食虫类的调查

①陷阱法：调查时首先观察和寻找食虫类适宜栖息地，准备好直径、深度合适的塑料桶，傍晚时在栖息地每隔数米挖一个合适大小的坑放入塑料桶，次日清晨收集桶中的动物。

②铗日法：傍晚于栖息地每隔 5 m 放置一个鼠铗，次日清晨收集鼠铗并记录捕获的动物，带回室内进行种类、性别鉴定。

(3) 啮齿类的调查

常见调查方法包括铗日法和笼捕法。傍晚在调查区域合适距离放置鼠铗或捕鼠笼，次日清晨收集捕获的动物带回室内进行分类鉴定。

9.3 天目山区常见兽类分类与识别

9.3.1 天目山区兽类系统分类

世界上现存兽类约有 5500 余种，我国记录有 650 余种。浙江省兽类资源丰富，其中天目山区兽类种类和数量相对丰富，分布有东北刺猬、华南兔、中华鬣羚、中华斑羚、中华穿山甲、华南梅花鹿等代表性物种。

(1) 翼手目 Chiroptera

四肢和尾之间覆盖薄而坚韧的皮质膜。前肢拇指和后肢各趾具爪，可以抓握，胸骨具龙骨突。头骨愈合程度高，轻而坚固，吻部较短，牙齿属异型齿。耳廓大，许多种类具发达的耳屏，听力发达。食性广泛，有些种类以花蜜、果实等植物性食物为食，有的捕食鱼类、青蛙、昆虫，吸食动物血液，甚至捕食其他翼手目动物。以昆虫为食的种类在不同程度上都有回声定位系统，口鼻部具鼻叶，周围具复杂的特殊皮肤皱褶。

(2) 劳亚食虫目 Lipotyphla

体型较小，吻部多细尖，活动灵活。门齿大而呈钳形，犬齿小或无，臼齿多尖，齿尖多呈"W"字形，适于食虫。四肢短小，通常5趾，跖行性。身体被以柔毛或硬刺。生活方式多样，有地上生活、地下穴居、半水栖及树栖者。食物一般都是动物性，如无脊椎动物、昆虫、小型蛙、蛇、蜥蜴、小鱼等，也有部分食用水果。

(3) 兔形目 Lagomorpha

上颌具两对前后重叠的门齿，前1对较大，前方具明显纵沟；后1对极小，隐于前1对后方，圆柱状。下颌具门齿1对，无犬齿，门齿与前臼齿之间具长齿隙。上唇中部具纵裂，耳长。尾巴短小，后肢显著长于前肢，善于跳跃。典型的食草动物，以草本植物及树木的嫩枝、嫩叶为食，有的冬季还啃食树皮。

(4) 鳞甲目 Pholidota

头、嘴和眼均小，耳壳有或缺；四肢短粗，各具5指(趾)；尾扁平而长；躯体披以暗褐或浅黄色鳞片，覆瓦状排列，可防御天敌侵害；舌细长，能伸缩，适于舔食蚁类及其他昆虫。地栖或树栖，独居或雌雄结对。性怯懦，遇敌即将躯体蜷曲呈球状，把头部埋在其中，耸起鳞片保护自己，有时从肛门排出恶臭液体以驱避天敌。尾可缠绕，极善攀缘。挖洞或利用他种动物的弃洞作为巢穴。晚上活动，食白蚁、蚁类及其他昆虫。

(5) 食肉目 Carnivora

牙齿尖锐而有力，具裂齿。犬齿异常粗大，长而尖，锋利。大多体型矫健，趾端具锐爪，利于捕捉猎物。掠食性，猎物多为有蹄类、各种鼠类、鸟类以及某些大型昆虫等，捕杀方式多种多样，部分种类杂食性。绝大多数食肉动物单独生活，每个成体往往占据一定面积的活动区域。不少种类具较为发达的分泌腺。

(6) 偶蹄目 Artiodactyla

多为大型、中型的草食性有蹄类。第3和第4趾(指)特别发达，长短相等；第1趾完全退化，第2和第5趾不发达或缺如，趾为双数，趾端具鞘状蹄。根据动物的消化方式和胃的结构，可分为反刍类和不反刍类。

(7) 灵长目 Primates

眼眶朝向前方，眶间距窄；手和脚的趾(指)分开，大拇指灵活，多数能与其他趾(指)对握。具颊囊和臀胼胝，前肢长于后肢，尾长。多为杂食性，每年繁殖1次，每胎1仔，幼体生长较慢。

(8) 啮齿目 Rodentia

牙齿高度特化。上下各有1对门齿，无犬齿，留有齿隙，前臼齿消失或1~2枚，臼齿

3枚。门齿无齿根，能终生生长。具发达的颌骨以及咀嚼肌。啮齿目动物一般比较小，多数在夜间或晨昏活动，少数种类白昼活动。多数种类取食植物，有些也吃动物性食物。冬季活动量一般减少，在冬季到来前在体内贮存脂肪或秋季开始储存食物，有些有临时贮放食物的颊囊。繁殖能力很强。

天目山区常见兽类分科检索

1. 前肢特别发达，具翼膜，善于飞行 ············· 翼手目 Chiroptera 2
   无翼膜，不适于飞行 ························· 3
2. 鼻叶明显 ····························· 菊头蝠科 Rhinilophidae
   鼻叶不明显，尾端不穿出股间膜 ············· 蝙蝠科 Vespertilionidae
3. 体被鳞甲，无牙齿 ····················· 鳞甲目 Pholidota 鲮鲤科 Manidae
   体无鳞甲，具牙齿 ······························· 4
4. 体型较小，鼠形或具尖刺 ····················· 5
   体稍大或中大型 ···························· 11
5. 吻部尖长，超过下唇，正中门齿明显较大 ········· 劳亚食虫目 Lipotyphla 6
   吻部正常，上颌仅具1对门齿 ··············· 啮齿目 Rodentia 8
6. 体表密布细刺，尾短 ······················ 猬科 Erinaceidae
   体表无刺，密布短毛 ···························· 7
7. 前足铲状适于掘土，体表被以软毛 ············· 鼹科 Talpidae
   前足正常，毛弱似鼠 ····················· 鼩鼱科 Soricidae
8. 有颊囊，尾粗大，长而多毛，四肢强健，善跳跃攀爬，趾端具锐爪 ··· 松鼠科 Sciuridae
   无颊囊，尾细小少毛，四肢弱 ······················· 9
9. 体小型或中型，吻尖，耳大，尾长 ·················· 10
   体型粗壮，吻钝，眼和耳极小，尾短；四肢短，爪发达；营地下生活 ····· 鼹形鼠科 Spalacidae
10. 小型鼠类，尾长超过体长，尾梢部松散呈毛簇；树栖 ······ 刺山鼠科 Platacanthomyidae
    中小型鼠类，尾长小于体长，尾梢不呈毛簇状 ············ 鼠科 Muridae
11. 体型较大，四足3、4趾发达特化，余趾退化 ········ 偶蹄目 Artiodactyla 12
    体型中小，四肢正常，趾不特化，具爪 ················ 14
12. 四肢短小，无角，吻部延长，具发达獠牙 ············· 猪科 Suidae
    四肢发达，善于跳跃；多数具角 ····················· 13
13. 雄性具洞角，雌性有或无；无上犬齿 ················ 牛科 Bovidae
    雄性多数具实角，上犬齿发达 ····················· 鹿科 Cervidae
14. 体型兔形，头大，耳长，尾短，锄状门齿发达 ····· 兔形目 Lagomorpha 兔科 Leporidae
    体型非兔形，四肢发达 ·························· 15
15. 体被硬刺 ························· 啮齿目 Rodentia 豪猪科 Hystricidae
    体无硬刺，密布体毛 ··························· 16
16. 犬齿发达。指趾分离，末端具爪。四肢发达，善于奔跑 ······ 食肉目 Carnivora 17
    前肢灵活，拇指(趾)与他指(趾)相对。善于直立攀爬活动
    ································· 灵长目 Primates 猴科 Cercopithecidae
17. 四肢短，体型细长，后足5趾，多数具腺体 ············· 18
    四肢长，体型正常，后足4趾 ······················· 19
18. 个体小，头颈部常具各种黑白斑，具臭腺，适于穴居 ······ 鼬科 Mustelidae
    个体稍大，全身常具深浅不一斑纹，常树栖 ············ 灵猫科 Viverridae
19. 头部狭长，爪较钝，不能伸缩，善于奔跑 ·············· 犬科 Canidae
    头部短圆，爪锐利，能伸缩，善于攀爬跳跃 ············· 猫科 Felidae

9.3.2 天目山区常见兽类

9.3.2.1 翼手目

(1) 中华菊头蝠 *Rhinolophus sinicus*

菊头蝠科，中型大小。前臂长 45~52 mm，颅全长 19~23 mm。耳大而宽阔，无耳屏。鼻叶复杂，扁平的马蹄状叶较大，两侧下缘各具一片小型附页；鼻孔开口于马蹄状叶的中央，列纵的鞍状叶左右两侧平行状，连接叶顶端阔而圆滑，顶叶近似三角形。全身体毛栗色或棕褐色，翼膜黑褐色。常见种类，栖息于自然岩洞、坑道等处，可聚集成百只的群体，以蚊虻类为食。

9.3.2.2 劳亚食虫目

(1) 东北刺猬 *Erinaceus amurensis* (附图 137)

猬科，俗称刺球子。体长 150~290 mm，尾长 17~42 mm，后足长 34~54 mm，耳长 16~26 mm。全身棕灰色或至污黄色，体背和体侧满布棘刺，刺不能脱落。头、尾和腹面被毛，吻部较长，耳小，四肢、尾短；前后足均具 5 趾，蹠行。受惊时头朝腹面弯曲，身体蜷缩呈刺球状，头和四足均不可见。齿具尖锐齿尖，适于食虫。栖息于多种生境，夜间活动，触觉和嗅觉发达，杂食性，取食各种昆虫、蠕虫、青蛙、蜥蜴以及水果等植物性食物。冬季会进行冬眠。

(2) 华南缺齿鼹 *Mogera insularis*

鼹科。缺失下犬齿。体形甚小，头体长 80~108 mm，通体软密绒毛，体背茶褐色或棕褐色。下体比体背多灰黑色，颏、喉和胸灰色较多。鼻吻尖长微上翘。背面无毛区长方形，中有纵沟。眼极小为皮肤所盖，该区缺毛，透过皮肤可见眼球。无耳壳。尾粗短，略长于后足，末端有白色或淡棕簇毛。前足特化，掌宽 11~11.5 mm，爪扁长而壮；另有前拇趾，其上无爪。多栖息于低山林缘，也有在菜园地，喜土壤疏松、腐植质较多、湿润的环境。终生营地下生活，食物以蚯蚓为主，也食一些昆虫及其幼虫和蛹。长期适应洞穴生活，视觉退化，听觉和鼻吻的触觉均发达。

(3) 山东小麝鼩 *Crocidura shantungensis*

鼩鼱科。体小型，体形似鼠。头体长 50~80 mm，尾长 35~53 mm，后足短，长 10~13 mm。体背面毛色银灰色，腹面毛色略浅于背部。牙齿物色素沉积，比臭鼩类少 1 枚上单尖齿，齿式 1313/1113=28。栖息于各种生境，全年可育。

(4) 臭鼩 *Suncus murinus*

鼩鼱科。体较大型。头体长 119~147 mm，尾长 60~85 mm，后足长 19~22 mm，耳长 8~16 mm。通体浅灰至深灰色，背腹颜色相近，腹部略浅。外耳耳廓明显，尾粗大，皮肤裸露，直径远大于麝鼩属物种。牙齿无色素沉积，齿式 1413/1113=30。栖息于各种自然、人工环境，适应能力强，全年可育。

9.3.2.3 兔形目

(1) 华南兔 *Lepus sinensis*

兔科。个体较小，体长一般 40 cm 左右，体重 1~2 kg。耳短，一般不超过 80 mm，尾短，一般不超过 55 mm。体背通常棕褐色至黄褐色，毛短，具针毛。上唇及鼻部毛色较淡，额及头棕灰至棕黄色，具短的黑色毛尖。耳及耳基下方，黑色毛尖较长，毛色较暗，耳内侧着生淡黄色的稀疏短毛。鼻部两侧毛色较浅，形成狭长的淡色区，并向后延伸经眼周达耳基部。颈背中央棕黄色，体背中部至臀部黑色毛尖较长，毛色较暗。体侧黑毛较少，呈浅黄色。颈下棕黄色，腹部、四肢内侧白色或稍沾黄色，四肢外侧棕黄色。尾背侧棕褐色，腹侧淡黄色。栖息环境多样，主要分布于农田与森林、灌丛的交错带，纯草食性动物，采食各种杂草、树叶、花芽、果实、种子、蔬菜、瓜果、根茎等。

9.3.2.4 偶蹄目

(1) 中华鬣羚 *Capricornis milneedwardsii*（附图 138）

牛科。外形似山羊，雄雌相似，四肢较长。头体长 140~190 cm，尾长 9~16 cm，肩高 86~110 cm，体重 50~100 kg。吻鼻部黑色，吻端裸露，唇、颌部灰白色，唇周具髭毛；喉部常呈白色至浅棕黄色，形成 1 块浅喉斑。眼前方具明显的眶下腺。耳长似驴，端部较尖。雌雄均有 1 对短而尖的黑角，平行而稍呈弧形向后伸展，末端较尖而光滑；角表面具环状棱及不规则纵行沟纹，长 20~26 cm，粗 13~16 cm。全身毛发较为粗糙，毛色较深，以黑色为主。四肢下部和臀部为对比明显的棕褐色至锈红色，腹部毛色较背部浅；颈部背侧具十几厘米长的灰白色鬣毛，暗黑色的脊纹贯穿整个脊背。见于多种类型的森林，分布的海拔跨度大，属典型林栖动物，是亚热带地区的典型兽类之一，活动隐蔽，一般独居生活，偶有三五成群，有比较固定的家域。常在海拔 800~1500 m 针阔混交林或多岩石的杂灌林中活动，大部分夜间活动，善于在悬崖峭壁间攀跳。国家二级重点保护野生动物。

(2) 毛冠鹿 *Elaphodus cephalophus*

鹿科。小型鹿类动物。头体长 85~170 cm，尾长约 12 cm，肩高 49 cm，体重 15~30 kg。全身棕褐色至黑褐色，冬毛几近黑色，夏毛棕褐色。四肢颜色较深，头颈部毛色稍浅。鼻端裸露，眼较小，无额腺，眶下腺显著。耳较圆阔，上部、基部外缘近白色，耳背尖端白色，形成耳部独特的黑白斑纹。上吻基部两侧及眼周毛色灰白。额部具一簇浓密黑色长毛，眼周毛色与额部毛冠明显分界。尾短，背侧暗褐色或棕褐色，尾腹侧及两侧、鼠蹊部和腹部纯白色。成年雄鹿角极短，不分叉，尖略向下弯，隐藏于额顶毛冠中不易观察，雌鹿无角。幼兽毛色暗褐色，背中线两侧具不显著的白点，排列呈纵行。成年雄性上犬齿发达，突出嘴外形成獠牙。栖息于山区、丘陵地带天然林、灌丛及各种次生植被以及人工林，活动海拔范围广。听觉和嗅觉较发达，晨昏时活动觅食，一般成对活动。食性较广，喜食植物枝叶。国家二级重点保护野生动物。

(3) 黑麂 *Muntiacus crinifrons*（附图 139）

鹿科。大型鹿类动物，体型粗壮。头体长 100~130 cm，尾长 16~24 cm，肩高 60 cm，体重 21~28 kg。全身棕黑色至黑色，冬毛上体暗褐色，夏毛棕色增加。颈部毛色稍浅，头顶、耳基及两颊棕黄色或橙黄色。额部具长达 5~7 cm 的鲜棕色、棕褐色或淡黄色簇状毛丛。尾较长，背侧黑色，腹及两侧毛色纯白，颜色醒目。雄性具角，较短，角柄较长且覆有长毛，角尖常隐于毛丛中不可见。角基前部背毛形成两条黑线向下延伸至前额两眼正中，形成 1 明显的黑色"V"字形。半成体毛色多为暗褐色，胎儿及初生幼仔体具浅黄色圆形斑点。主要栖息于海拔 1000 m 左右的山地森林，尤其偏好干扰较少的原始亚热带常绿阔叶林及常绿、落叶阔叶混交林和灌木丛中，具领域性，一般雄雌成对或独居，多在晨昏活动，通常性情机警，活动隐蔽，对人为活动干扰极为敏感。国家一级重点保护野生动物，中国特有物种。

（4）小麂（黄麂）*Muntiacus reevesi*（附图 140）

鹿科。小型鹿类。头体长 64~90 cm，肩高 43~52 cm，体重 11~16 kg。个体毛色变异较大，夏毛通常淡栗红色或棕黄色，混杂淡黄色斑点，冬毛通常棕褐色；喉部发白略呈淡黄色，胸腹部毛色较浅。颈背部色深，颈背黑线不明显或向后伸延至颈背 1/2。脸部较短而宽，眶下腺大，呈弯月形裂缝，后弯浅沟直达眼窝前缘。雄性前额橙栗色，耳背暗棕色，雌性前额毛色暗棕，耳背黑褐色。尾巴较长，背侧浅棕色，腹侧亮白色。雄性具角，角尖向内向后弯曲，角端较尖，近基部具 1 短分叉。角基前部被毛黑色，并向下延伸至前额，形成一个明显的黑色"V"字形。雌性无角，前额中央具 1 菱形的黑色斑块。幼兽体表具不明显的浅色斑点，随年龄增长逐渐消失。栖息于中低山区的森林和灌丛中，喜独居或成对活动，昼夜活动，有比较固定的家域。取食多种灌木和草本植物的枝叶、幼芽，也吃花和果实，受惊时常发出短促洪亮的吠叫声。主要分布于中国的亚热带地区，中国特有鹿科动物。

（5）梅花鹿 *Cervus hortulorum*（附图 141）

鹿科。大型鹿类。头体长 105~170 cm，尾长 12~13 cm，肩高 70~95 cm，雄性体重 60~150 kg，雌性 45~60 kg。夏季整体呈棕红色，背部和体侧具显眼的白斑；脊背中央具 1 条较宽的黑色或深色纵纹，纵纹两侧各具 1 条或 2 条白色斑点紧密排列形成的条带。腹部近白色，臀部具显眼的白色臀斑，臀斑上缘具较宽的深色带，与背部中央深色纵纹相接。尾部较短，背侧近黑色，边缘和尾下白色。冬季全身烟褐色，白斑不显著。成年雄性颈部具长而蓬松的鬣毛，第二年起长角，可有 3~5 个分支，长达 30~80 cm，雌性无角。群居性不强，雄鹿往往独自生活，活动时间集中在晨昏。栖息于林下植被丰富的落叶林和针叶林，喜欢到林中的小片空地或林缘觅食，主要以草本植物、乔灌木嫩叶、果实、农作物为食。生活区域随季节变化而改变，春季多在半阴坡，夏秋季迁到阴坡的林缘地带，冬季则喜欢在温暖的阳坡。国家一级重点保护野生动物。

（6）野猪 *Sus scrofa*（附图 142）

猪科。体型粗壮，体型似家猪但头吻部更长，被毛长而浓密。头体长 150~200 cm，肩高 90 cm 左右，体重 90~200 kg。体色变化较大，从深灰色、棕色至深褐色或黑色，成年个体背及颈部具长鬃毛。头较长，耳小并直立，吻部突出，顶端软骨垫发达。犬齿发达，成年雄性上犬齿粗壮且显著延长，向上翻转呈獠牙状；雌性犬齿较短，不露出嘴外。四肢粗短，足 4 趾，具硬蹄，仅中间 2 趾着地。尾部细短。幼崽体表具棕色和浅黄色相间的纵向条纹，并随年龄增长在第1年逐渐消失。适应能力极强，栖息于各种类型的环境，包括山地、丘陵地带的森林、草地和灌丛间，杂食性，可取食遇到的所有能吃的食物。通常群居，繁殖能力强。

9.3.2.5 鳞甲目

（1）中华穿山甲 Manis pentadactyla

鲮鲤科。地栖性哺乳动物，全身被鳞甲。体型细长，体长30～92 cm，尾长21～38 cm，体重一般2～5 kg，雄兽常较雌兽大。头部呈圆锥状，头、嘴和眼均小，耳壳瓣状不发达。自额部、背部至尾部以及四肢外侧被以黑褐色或棕褐色覆瓦状鳞片，鳞片间夹杂数根刚毛。体侧背鳞与体轴平行，15～18列，腹侧自下额至尾基和四肢内侧无鳞片，着生细短的毛发。舌细长，能伸缩，适于舐食蚁类及其他昆虫。尾扁平而长，背部略隆起，尾侧缘鳞片14～20枚。四肢短而粗壮，前后肢均5趾，爪强大锐利，特别是前肢中趾及第2、4趾具强大的挖掘能力。栖息于丘陵、山麓、平原的树林潮湿地带，尾可缠绕，极善攀缘。地栖或树栖，独居或雌雄结对。嗅觉灵敏，视听觉基本退化。穴居生活，善于掘洞，白天隐于洞中，夜晚外出觅食，取食白蚁、蚁类及其他昆虫。国家一级重点保护野生动物。

9.3.2.6 食肉目

（1）狗獾 Meles leucurus

鼬科。身体肥壮，体型较大。头体长50～90 cm，尾长11～20 cm，体重3.5～17 kg。头部圆锥形，吻鼻部突出，鼻垫与上唇间被毛；耳壳短圆，眼小，颈部粗短。颜面两侧从口角经耳基至头后各具1条白色或乳黄色纵纹，头顶纵纹1条从吻部到额部，3条纵纹间夹杂2条黑褐色纵纹，从吻部两侧向后延伸，穿过眼部到头后与颈背部深色区相连。耳背及后缘黑褐色，耳上缘白色。下颌至尾基及四肢内侧黑棕色或淡棕色。喉部黑色，胸腹部及四肢灰黑色至黑色。体侧及背部灰白色至灰褐色，尾背与体背同色。四肢短健，尾短，肛门附近具臭腺。栖息于森林或山地灌丛、田野、沙丘、草丛及湖泊、河流等各种生境，活动以春、秋两季最盛。穴居，有冬眠习性。杂食性，以植物的根、茎、果实和蛙、蚯蚓、小鱼、蜥蜴及啮齿类动物等为食，为害刚播下的种子和即将成熟的玉米、花生、马铃薯、白薯、豆类及瓜类等。

（2）猪獾 Arctonyx albogularis（附图143）

鼬科。别称沙獾，山獾。头体长54～70 cm，尾长11～22 cm，体重5～10 kg，体型粗壮，整体黑白混杂。头部呈长圆锥形，肉粉色吻鼻部裸露突出似猪鼻，颈部粗大，眼小、耳小。头部正中从吻鼻部向后至颈后具1条白色条带，前部毛白色而明显，向后至颈部颜色渐深，并向两侧扩展至耳壳后两侧肩部。吻鼻部两侧贯穿两眼至耳壳为1黑褐色宽带，向后渐宽。颊部白色，中间具明显黑色条斑。耳壳上缘白色长毛，向两侧伸开。下颌及颏部白色，下颌口缘后方略有黑褐色与脸颊黑褐色相接。身体及背部棕黑色或灰褐色，腹部、四肢和足均为黑色或暗棕色，前后肢5趾，爪发达。尾巴蓬松，白色至灰白色。栖息于高、中低山区阔叶林、针阔混交林、灌草丛、平原、丘陵等环境中，喜穴居，有冬眠习性。夜行性,性情凶猛。杂食性,主要以蚯蚓、青蛙、蜥蜴、泥鳅、黄鳝、甲壳动物、昆虫、蜈蚣、小鸟和鼠类等动物为食,也吃玉米、小麦、土豆、花生等农作物。

(3) 鼬獾 *Melogale moschata*

鼬科。体型小而纤细。头体长31~42 cm,尾长13~21 cm,体重0.5~1.5 kg。吻鼻部发达,鼻垫与上唇间被毛,颈部粗短,眼小且显著,耳壳短圆而直立。前后足具5趾,趾垫较厚,爪侧扁而弯曲,前爪特长,尤以第2、3爪发达,适于挖掘生活。毛色变异较大,体背及四肢外侧灰褐色到棕褐色,头部和颈部色调较体背深。吻鼻部肉粉色,额部近黑色,头顶具1条白色斑块,颊部白色具黑斑,两眼间具1心形白斑,眼周具1个近似三角形的黑色眼罩。耳内、耳缘被有白色或乳白色短毛,耳背与体背同色。下体从下颌、喉、腹部直至尾基白色至黄白色。栖息于森林、灌丛和草地以及农田等多种生境中。夜行性,活动的季节性变化较明显,春、冬季节常活动于阳坡林缘和灌丛间;夏、秋季节多活动于阴坡林内和河谷的灌丛间。杂食性,以蚯蚓、虾、蟹、昆虫、泥鳅、小鱼、蛙和鼠形动物等为食,亦食植物的果实、种子和根茎。

(4) 黄鼬 *Mustela sibirica*

鼬科。中小体型鼬类。头体长25~40 cm,尾长12~25 cm,体重0.3~0.5 kg。身体细长,头小,颈较长,耳壳短而宽。四肢较短,均具5趾,尾长约为体长之半。整体毛色棕黄色,色泽较淡,腹毛稍浅于背侧,四肢、尾与身体同色。鼻基部、前额及眼周深褐色,形成暗色面罩。鼻垫基部及上、下唇白色,喉部及颈下常具白斑。夏毛颜色较深,冬毛颜色较浅。肛门两旁具1对臭腺。栖息于山地和平原等多种生境,适应能力极强,见于林缘、河谷、灌丛和草丛中,也常出没在村庄附近。居于石洞、树洞或倒木下,夜行性,尤其是夜间和晨昏活动频繁,有时也在白天活动。通常单独行动,善于奔走。杂食性,取食啮齿类、食虫类、鸟类、蛙类、昆虫,也吃浆果、坚果。浙江省重点保护野生动物。

(5) 花面狸(果子狸) *Paguma larvata*

灵猫科。头体长48~87 cm,尾长50~64 cm,体重3~5 kg。体毛短而粗,全身大部灰褐色至棕褐色,头颈、肩部、双耳、四肢末端及尾巴中后部黑色。头部毛色较黑,由鼻梁经额头延伸至枕部具1条明显的白色带,眼下白斑较小,耳下具较大弧形白斑。腹部毛色较体背、体侧浅。四肢短壮,各具5趾,趾端具爪;尾粗壮而长,超过头体长之半。肛门附近具臭腺。栖息在森林、灌木丛、岩洞、树洞或土穴中,为林缘兽类。夜行性动物,喜欢在黄昏、夜间和日出前活动,善于攀缘。杂食性,食物包括鸟类、啮齿类、昆虫,以及植物根茎、果实,喜食各类浆果。浙江省重点保护野生物种。

(6) 貉 *Nyctereutes procyonoides*

犬科。头体长49~71 cm,尾长15~23 cm,体重3~5 kg。整体形态似浣熊,身体矮壮,四肢与尾均较短,双耳小而圆,头吻部较短,具棕黑色眼罩。额部、吻部白色或浅灰色,耳部近黑色,两颊至颈部的毛发较长,形成明显的环颈鬃毛。身体和尾巴棕灰色,毛尖黑色,尾毛长而蓬松。常见于开阔或半开阔生境,如稀疏的阔叶林、灌丛、草甸、湿地。通常独居,夜行性。杂食性,喜好于下层植被丰富的林地觅食,主要食物为啮齿类,也捕食两栖类、软体动物、鱼类、鸟类、昆虫等,取食食物的根、茎、种子和各类浆果。

国家二级重点保护野生动物。

(7) 豹猫 *Prionailurus bengalensis*

猫科。体形似家猫，头体长 36~75 cm，尾长 15~37 cm，雄性体重 1~7 kg，雌性体重 0.6~4.5 kg。体型匀称，头圆吻短；眼大而圆，瞳孔直立；耳朵小，圆形或尖形；尾粗大。犬齿长而极为发达。眼圈黑色，头、背、体侧及尾淡黄色至浅棕色，胸腹部及四肢内侧灰白色至白色。全身密布棕褐色至深褐色斑点或条纹，鼻至枕部具深浅不一的多条纵纹，两眼内缘向上至额部白纹明显。肩背部具数条粗大的纵向条纹，前胸及前肢上部具多条深色横纹，尾部背侧具多条深褐色带斑。主要栖息于山地林区、郊野灌丛和林缘村寨附近。攀爬能力强，夜行性，晨昏活动较多。独栖或成对活动。捕食多种小型脊椎动物，包括啮齿类、两栖类、爬行类、鸟类、鱼类。国家二级重点保护野生动物。

9.3.2.7 灵长目

(1) 猕猴 *Macaca mulatta*

猴科。体长 47~64 cm，尾长 19~30 cm，雄性体重 7~8 kg，雌性 5~6 kg。猴类中个体稍小，颜面瘦削，裸露无毛。头顶棕色，无旋毛；额略突出，眉骨高，眼窝深，具颊囊。肩毛较短，尾较长，约体长 1/2。背部棕灰或棕黄色，下部橙黄或橙红色，腹面淡灰黄色；胸腹部、腿部灰色较浓。面部、两耳多为肉色，臀胼胝发达，多为肉红色。前、后肢约同长，拇指可与其他四指相对。主要栖息在悬崖峭壁、溪流沟谷和江河岸边的密林中或疏林岩山上，以树叶、嫩枝、野菜等为食，也吃小鸟、鸟蛋、各种昆虫，捕食其他小动物。适应性强，喜群居，有猴王，常成十余只乃至数百只大群。相互之间联系时会发出各种声音或手势。国家二级重点保护野生动物。

9.3.2.8 啮齿目

(1) 中国豪猪 *Hystrix hodgsoni*

豪猪科。体型粗壮，体长 50~75 cm，尾长 8~11 cm，体重 10~20 kg。全身棕褐色至黑色，头颈部具细长而后弯的鬃毛，耳裸出，具少量白色短毛。前背棘刺基部淡棕色，末端灰白色，后背黑白相间的圆形棘刺粗而长，臀部刺长而密集，尾部具特别的管状刺，顶端膨大，形似铃铛，运动时互相撞击发出响亮声音。四肢和腹面覆短小柔软的刺毛。栖息于森林、林下灌丛，家族性群居，夜间沿固定线路集体觅食，报警时振动尾棘作响。食物包括根、块茎、树皮、草本植物和落下的果实。浙江省重点保护野生动物。

(2) 赤腹松鼠 *Callosciurus erythraeus*（附图 144）

松鼠科。体型细长，体长 17~23 cm。尾较长，吻较短。全身大部浅棕至灰褐色，夹杂有黑毛，腹面栗红色、橙黄色或灰白色。尾毛长而蓬松，与体背基本同色，常具多条黑色纵纹，部分个体尾端黑色。眼周淡棕色，耳、颊、吻灰色。前足裸露，掌垫 2 枚，指垫 4 枚；后足跖部裸出，跖垫 2 枚，趾垫 5 枚。栖息于热带、亚热带雨林、常绿阔叶林、次生林及农田、果园、村庄附近，林区优势物种。于高大乔木的树洞或树杈间筑巢，早晨或黄昏活动频繁，善于树枝间攀爬。喜群居，食性较杂，主要以植物果实、嫩芽、花及昆虫等为食，也偷食鸟卵等。

(3) 珀氏长吻松鼠 *Dremomys pernyi*

松鼠科。体型细长,体长 18~20 cm,尾长不及体长,尾毛蓬松。眼周淡棕色,耳后具浅黄或红褐色斑块。背部、体侧、四肢外侧浅棕至灰褐色,腹面白色。背部中央黑色毛较多,毛被色暗,两侧较浅。大腿内侧、尾基腹侧及肛周红褐色,尾腹面浅棕色。足背与体背同色。前肢 4 指,后肢 5 趾;前足掌垫 2 枚,指垫 3 枚,后足跖垫 2 枚,趾垫 4 枚。栖息于亚热带森林及农田附近灌丛,在树洞或树根下筑巢,多在山谷、溪流附近的树上,晨昏活动,警觉性很高。主要采食各种果实、种子、嫩叶等,亦食少量昆虫。

(4) 褐家鼠 *Rattus norvegicus*

鼠科。体型较大,体长 17~26 cm,尾长 19~25cm,后足长 3.8~5 cm,耳长 1.9~2.6 cm,体重 0.23~0.5 kg。耳短而厚,向前翻不达眼部。后足粗大,趾间具微蹼。头骨成年、老年个体顶嵴几乎平行。体背灰褐色,老年个体通常呈黑褐色,黑色针毛多而长。体侧多灰色,腹面灰白色。足肉粉色,尾黑褐色,鳞片发达。雌性具 6 对乳头。分布广泛,主要活动于村舍房屋,夏季房屋周边农田也有分布。

(5) 武夷山猪尾鼠 *Typhlomys cinereus*

刺山鼠科。小型鼠类,体长 6.7~9 cm,尾长 10~13.8 cm,后足长 1.9~2.3 cm,耳长 1.4~1.7 cm,体重 15~32 g。体背被细密绒毛,眼极小,耳大而薄,被以短毛。唇白或灰白色,耳暗棕色,体背为均匀暗褐色;腹面毛灰白微染黄色毛尖,尾暗棕色,端部白色;四肢灰白色,后足较细长。尾自端部 1/3 起具逐渐变长的细毛直至尾端,呈毛簇状,似猪尾。门齿细小,上颌两列间的腭骨上具小孔 3 对。鼻骨较长,颧骨、眶间宽较宽。栖息于海拔 300~1000 m 的河谷、石穴附近。中国特有物种,仅分布于福建、江西、浙江和安徽等地。

(6) 中华竹鼠(普通竹鼠) *Rhizomys sinensis*

鼹形鼠科。体型粗壮,体重 1.8~3.0 kg,体长 21~38 cm,尾长 5~10 cm,后足长 3.8~6.0 cm,耳长 1.5~1.9 cm。眼小耳小,耳突出毛外;尾短,裸露无毛;四肢短小。头骨粗大,枕骨高斜,门齿极其强大,垂直向下。皮毛浓密柔软,成体背部灰色,亚成体和幼体灰白色,老年个体略显棕黄色。终生地下穴居,以竹鞭和竹笋为食。广布中国南方大部分地区。

参考文献

彩万志，庞雄飞，花保祯，等，2001. 普通昆虫学[M]. 北京：中国农业大学出版社.
陈水华，童彩亮，2012. 清凉峰动物[M]. 杭州：浙江大学出版社.
蔡如星，黄惟灏，1991. 浙江动物志——软体动物[M]. 杭州：浙江科学技术出版社.
费梁，叶昌嫒，江建平，2013. 中国两栖动物及其分布彩色图鉴[M]. 成都：四川出版集团.
费梁，胡淑琴，叶昌嫒，等，2006. 中国动物志. 两栖纲上卷：总论，蚓螈目，有尾目[M]. 北京：科学出版社.
费梁，胡淑琴，叶昌嫒，等，2009. 中国动物志. 两栖纲中卷：无尾目[M]. 北京：科学出版社.
费梁，叶昌嫒，胡淑琴，等，2009. 中国动物志. 两栖纲下卷：无尾目蛙科[M]. 北京：科学出版社.
费梁，1999. 中国两栖动物图鉴[M]. 郑州：河南科学技术出版社.
甘西，蓝家湖，吴铁军，等，2017. 中国南方淡水鱼类原色图鉴[M]. 郑州：河南科学技术出版社.
郭东生，张正旺，2013. 中国鸟类生态大图鉴[M]. 重庆：重庆大学出版社.
国家林业和草原局，农业农村部. 国家重点保护野生动物名[EB/OL]. 20210205[20210208]. ht tp://www.moa.gov.cn/govpublic/YYJ/202102/t20210205_6361292.htm.
胡杰，2012. 脊椎动物学野外实习指导[M]. 北京：科学出版社.
胡杰，胡锦矗，2017. 哺乳动物学[M]. 北京：科学出版社.
季达明，2002. 中国爬行动物图鉴[M]. 郑州：河南科学技术出版社.
蒋志刚，2017. 中国哺乳动物多样性及地理分布[M]. 北京：科学出版社.
蒋志刚，江建平，王跃招，等，2016. 中国脊椎动物红色名录[J]. 生物多样性，24(5)：500-551.
蒋志刚，刘少英，吴毅，等，2017. 中国哺乳动物多样性(第2版)[J]. 生物多样性. 25(8)：886-895.
周婷，李承鹏，2013. 中国龟鳖分类原色图鉴[M]. 北京：中国农业出版社.
李建华，岛谷幸宏，2016. 东苕溪鱼类图鉴[M]. 北京：科学出版社.
李泽建，赵明水，刘萌萌，等，2019. 浙江天目山自然保护区蝴蝶图鉴[M]. 北京：农业科学技术出版社.

参考文献

刘凌云，郑光美，2009. 普通动物学[M]. 4版. 北京：高等教育出版社

刘少英，吴毅，2019. 中国兽类图鉴[M]. 福州：海峡书局.

马世来，马晓峰，石文英，2001. 中国兽类踪迹指南[M]. 北京：中国林业出版社.

齐硕，2019. 常见爬行动物野外识别手册[M]. 重庆：重庆大学出版社.

童雪松，1993. 浙江蝴蝶志[M]. 杭州：浙江科学技术出版社.

王义平，陈建新，2017. 浙江青山湖国家森林公园动植物多样性[M]. 北京：中国林业出版社.

武春生，徐堉峰，2017. 中国蝴蝶图鉴[M]. 福州：海峡书局.

吴鸿，王义平，杨星科，等，2013—2021. 天目山动物志（1~9卷）[M]. 杭州：浙江大学出版社.

吴岷，2016. 常见蜗牛野外识别手册[M]. 重庆：重庆大学出版社.

徐卫南，王义平，2018. 临安珍稀野生动物图鉴[M]. 北京：中国农业科学技术出版社.

约翰·马敬能，卡伦·菲利普斯，等，2000. 中国鸟类野外手册[M]. 长沙：湖南教育出版社.

朱建青，谷宇，陈志兵，等，2018. 中国蝴蝶生活史图鉴[M]. 重庆：重庆大学出版社.

张春光，赵亚辉，2017. 中国内陆鱼类物种与分布[M]. 北京：科学出版社.

张浩淼，2018. 中国蜻蜓生态大图鉴[M]. 重庆：重庆大学出版社.

张孟闻，宗愉，马积藩，1998. 中国动物志. 爬行纲第一卷：总论，龟鳖目，鳄形目[M]. 北京：科学出版社.

张巍巍，2015. 中国昆虫生态大图鉴[M]. 重庆：重庆大学出版社.

张志升，王露雨，2017. 中国蜘蛛生态大图鉴[M]. 重庆：重庆大学出版社.

赵尔宓，黄美华，宗愉，等 1998. 中国动物志. 爬行纲第三卷：有鳞目蛇亚目[M]. 北京：科学出版社.

赵尔宓，赵肯堂，周开亚，等，1999. 中国动物志. 爬行纲第二卷：有鳞目蜥蜴亚目[M]. 北京：科学出版社.

赵尔宓，2006. 中国蛇类[M]. 合肥：安徽科学技术出版社.

赵欣如，2018. 中国鸟类图鉴[M]. 北京：商务印书馆.

浙江动物志编委会，1990. 浙江动物志. 鸟类[M]. 杭州：浙江科学技术出版社.

浙江动物志编委会，1989. 浙江动物志. 兽类[M]. 杭州：浙江科学技术出版社.

浙江动物志编委会，1991. 浙江动物志. 两栖类爬行类[M]. 杭州：浙江科学技术出版社.

浙江动物志编委会，1991. 浙江动物志. 淡水鱼类[M]. 杭州：浙江科学技术出版社.

浙江省林业厅. 浙江省重点保护陆生野生动物名录. [EB/OL]. 20160302[20190705] http://www.zjly.gov.cn/art/2016/3/2/art_ 1275955_ 4716029. html.

郑乐怡，归鸿，1999. 昆虫分类[M]. 南京：南京师范大学出版社.

郑光美，2017. 中国鸟类分类与分布名录[M]. 3 版. 北京：科学出版社.

郑曙明，吴青，何利君，等，2015. 中国原生观赏鱼图鉴[M]. 北京：科学出版社.

周尧，1998. 中国蝴蝶原色图鉴[M]. 郑州：河南科学技术出版社.

周尧，1994. 中国蝶类志[M]. 郑州：河南科学技术出版社.

诸立新，刘子豪，虞磊，等，2017. 安徽蝴蝶志[M]. 合肥：中国科学技术大学出版社.

Andrew T. Smith，解焱，2009. 中国兽类野外手册[M]. 长沙：湖南教育出版社.

Chen Shuihua, Huang Qin, Fan Zhongyong, et al., 2012. The update of Zhejiang bird checklist[J]. Chinese Birds, 3(2): 118-136.

附图1　中国圆田螺
Cipangopaludina chinensis

附图2　褐带环口螺
Cyclophorus martensians

附图3　康氏奇异螺
Mirus cantori

附图4　短须小丽螺
Ganesella brevibaribis

附图5　同型巴蜗牛
Bradybaena similaris

附图6　灰尖巴蜗牛
Bradybaena ravida

附图 7　黄蛞蝓
Limax flavus

附图 8　双线嗜黏液蛞蝓
Philomycus bilineatus

附图 9　舟形无齿蚌
Anodonta euscaphys

附图 10　河蚬
Corbicula fluminea

附图 11　棒络新妇
Nephila clavata

附图 12　星豹蛛
Pardosa astrigera

附图 13　类小水狼蛛
Piratula piratoides

附图 14　森林漏斗蛛
Agelena silvatica

附图 15　三突艾奇蛛
Ebrechtella tricuspidata

附图 16　鞍形花蟹蛛
Xysticus ephippiatus

附图 17　晓褐蜻
Trithemis aurora

附图 18　红蜻
Crocothemis servilia

附图 19　玉带蜻
Pseudothemis zonata

附图 20　透顶单脉色蟌
Matrona basilaris

附图 21　勇斧螳
Hierodula membranacea

附图 22　中华屏顶螳
Kishinouyeum sinensae

附图 23　中华螽斯
Tettigonia chinensis

附图 24　黄脸油葫芦
Teleogryllus emma

附图 25　东方蝼蛄
Gryllotalpa orientalis

附图 26　棉蝗
Chondracris rosea

附图 27　中华剑角蝗
Acrida cinerea

附图 28　黑斑丽沫蝉
Cosmoscarta dorsimacula

附图 29　斑衣蜡蝉
Lycorma delicatula

附图 30　红蜡蚧
Ceroplastes rubens

附图 31　竹茎扁蚜
Pseudoregma bambusicola

附图 32　麻皮蝽
Erthesina fullo

附图 33　绿岱蝽
Dalpada smaragdina

附图 34　宽棘缘蝽
Cletus schmidti

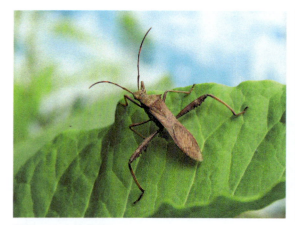

附图 35　点蜂缘蝽
Riptortus pedestris

附图 36　筛豆龟蝽
Megacopta cribraria

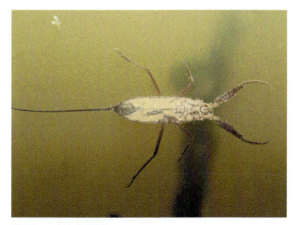
附图37　日壮蝎蝽
Laccotrephes japonensis

附图38　拉步甲
Carabus lafossei

附图39　硕步甲
Carabus davidis

附图40　中国虎甲
Cicindela chinensis

附图41　七星瓢虫
Coccinella septempunctata

附图42　甘薯蜡龟甲
Laccoptera quadrimaculata

附图 43　光肩星天牛
Anoplophora glabripennis

附图 44　星天牛
Anoplophora chinensis

附图 45　苎麻双脊天牛
Paraglenea fortunei

附图 46　十星瓢萤叶甲
Oides decempunctata

附图 47　松瘤象
Hyposipalus gigas

附图 48　碧凤蝶
Papilio bianor

附图49　青凤蝶
Graphium sarpedon

附图50　金凤蝶
Papilio machaon

附图51　玉带凤蝶
Papilio polytes

附图52　苎麻珍蝶
Acraea issoria

附图53　斐豹蛱蝶
Argynnis hyperbius

附图54　黄钩蛱蝶
Polygonia c-aureum

附图 55　美眼蛱蝶
Junonia almana

附图 56　柳紫闪蛱蝶
Apatura ilia

附图 57　密纹矍眼蝶
Ypthima multistriata

附图 58　曲纹黛眼蝶
Lethe chandica

附图 59　亮灰蝶
Lampides boeticus

附图 60　东方菜粉蝶
Pieris canidia

附图 61　苎麻夜蛾
Arcte coerula

附图 62　重阳木锦斑蛾
Histia rhodope

附图 63　丝棉木金星尺蛾
Calospilos suspecta

附图 64　黑带食蚜蝇
Erisyrphus balteatus

附图 65　金环胡蜂
Vespa mandarinia

附图 66　墨胸胡蜂
Vespa velutina

附图 67　圆吻鲴
Distoechodon tumirostris

附图 68　鲢
Hypophthalmichthys molitrix

附图 69　鲫
Carassius auratus

附图 70　鲤鱼
Cyprinus carpio

附图 71　泥鳅
Misgurnus anguillicaudatus

附图 72　黄颡鱼
Pelteobagrus fulvidraco

附图 73　鳜
Siniperca chuatsi

附图 74　河川沙塘鳢
Odontobutis potamophila

附图 75　东方蝾螈
Cynops orientalis

附图 76　安吉小鲵
Hynobius amjiensis

附图 77　中华蟾蜍
Bufo gargarizans

附图 78　镇海林蛙
Rana zhenhaiensis

附图 79　黑斑侧褶蛙
Pelophylax nigromaculatus

附图 80　天目臭蛙
Odorrana tianmuii

附图 81　大树蛙
Zhangixalus dennysi

附图 82　泽陆蛙
Fejervarya multistriata

附图 83　黄缘闭壳龟
Cuora flavomarginata

附图 84　铜蜓蜥
Sphenomorphus indicus

附图 85　北草蜥
Takydromus septentrionalis

附图 86　福建竹叶青
Trimeresurus stejnegeri

附图 87　短尾蝮
Gloydius brevicaudus

附图 88　赤链蛇
Lycodon rufozonatum

附图 89　王锦蛇
Elaphe carinata

附图 90　颈棱蛇
Macropisthodon rudis

附图 91　虎斑颈槽蛇
Rhabdophis tigrinus

附图 92　勺鸡
Pucrasia macrolopha

附图 93　白鹇
Lophura nycthemera

附图 94　白颈长尾雉
Syrmaticus ellioti

附图 95　斑嘴鸭
Anas zonorhyncha

附图 96　绿翅鸭
Anas crecca

附图 97　小䴙䴘
Tachybaptus ruficollis

附图 98　珠颈斑鸠
Streptopelia chinensis

附图 99　黑水鸡
Gallinula chloropus

附图 100　青脚鹬
Tringa nebularia

附图 101　白鹭
Egretta garzetta

附图 102　夜鹭
Nycticorax nycticorax

附图 103　林雕
Ictinaetus malaiensis

附图 104　凤头鹰
Accipiter trivirgatus

附图 105 黑鸢
Milvus migrans

附图 106 斑头鸺鹠
Glaucidium cuculoides

附图 107 普通翠鸟
Alcedo atthis

附图 108 斑姬啄木鸟
Picumnus innominatus

附图 109 大斑啄木鸟
Dendrocopos major

附图 110 小灰山椒鸟
Pericrocotus cantonensis

附图 111　棕背伯劳
Lanius schach

附图 112　红嘴蓝鹊
Urocissa erythrorhyncha

附图 113　灰树鹊
Dendrocitta formosae

附图 114　黄腹山雀
Pardaliparus venustulus

附图 115　大山雀
Parus cinereus

附图 116　家燕
Hirundo rustica

附图 117　白头鹎
Pycnonotus sinensis

附图 118　领雀嘴鹎
Spizixos semitorques

附图 119　强脚树莺
Horornis fortipes

附图 120　红头长尾山雀
Aegithalos concinnus

附图 121　棕头鸦雀
Sinosuthora webbiana

附图 122　黑脸噪鹛
Garrulax perspicillatus

附图 123　画眉
Garrulax canorus

附图 124　丝光椋鸟
Spodiopsar sericeus

附图 125　鹊鸲
Copsychus saularis

附图 126　北红尾鸲
Phoenicurus auroreus

附图 127　红胁蓝尾鸲
Tarsiger cyanurus

附图 128　乌鸫
Turdus mandarinus

附图 129　灰背鸫
Turdus hortulorum

附图 130　白腰文鸟
Lonchura striata

附图 131　麻雀
Passer montanus

附图 132　白鹡鸰
Motacilla alba

附图 133　树鹨
Anthus hodgsoni

附图 134　金翅雀
Chloris sinica

附图 135　黑尾蜡嘴雀
Eophona migratoria

附图 136　灰头鹀
Emberiza spodocephala

附图 137　东北刺猬
Erinaceus amurensis

附图 138　中华鬣羚
Capricornis milneedwardsii

附图 139　黑麂
Muntiacus crinifrons

附图 140　小麂
Muntiacus reevesi

附图 141　梅花鹿
Cervus hortulorum

附图 142　野猪
Sus scrofa

附图 143　猪獾
Arctonyx albogularis

附图 144　赤腹松鼠
Callosciurus erythraeus